愤怒的囚徒

Prisoners of Hate

［美］
阿伦·贝克
（Aaron T. Beck）
著

汪瞻 位照国 陈宇然 译

The Cognitive Basis of
Anger, Hostility, and Violence

中信出版集团｜北京

图书在版编目（CIP）数据

愤怒的囚徒 / （美）阿伦·贝克著；汪瞻，位照国，陈宇然译 . -- 北京：中信出版社，2024.1
书名原文：Prisoners of Hate: The Cognitive Basis of Anger, Hostility, and Violence
ISBN 978-7-5217-5264-9

Ⅰ . ①愤… Ⅱ . ①阿… ②汪… ③位… ④陈… Ⅲ . ①愤怒－研究 Ⅳ . ① B842.6

中国国家版本馆 CIP 数据核字 (2023) 第 161419 号

Prisoners of Hate: The Cognitive Basis of Anger, Hostility, and Violence
Copyright © 1999 by Aaron T. Beck, M.D.
This edition arranged with Arthur Pine Associates, Inc.
through Andrew Nurnberg Associates International Limited
Simplified Chinese translation copyright © 2023 by CITIC Press Corporation
ALL RIGHTS RESERVED
本书仅限中国大陆地区发行销售

愤怒的囚徒
著者：　　[美] 阿伦·贝克
译者：　　汪瞻　位照国　陈宇然
出版发行：中信出版集团股份有限公司
　　　　　（北京市朝阳区东三环北路 27 号嘉铭中心　邮编 100020）
承印者：　北京盛通印刷股份有限公司

开本：880mm×1230mm　1/32　　印张：10.75　　字数：260 千字
版次：2024 年 1 月第 1 版　　　　印次：2024 年 1 月第 1 次印刷
京权图字：01-2023-3956　　　　　书号：ISBN 978-7-5217-5264-9
定价：69.00 元

版权所有·侵权必究
如有印刷、装订问题，本公司负责调换。
服务热线：400-600-8099
投稿邮箱：author@citicpub.com

赞誉

这本书深刻地分析了人类面临的最紧迫的挑战——仇恨的成因和预防。在阿伦·贝克写过的许多重要著作中,这本可能是他给人类最好的礼物。
——**丹尼尔·戈尔曼** | 畅销书《情商》作者

在这本重要的书中,美国最杰出的精神病学家之一利用他丰富的临床经验、个人智慧和学术知识,为人类心灵的黑暗面提供了一个迷人的描述。
——**罗伊·鲍迈斯特** | 心理学家、畅销书《意志力》作者

一份发人深省且符合时宜的时代报告。
——**《科克斯书评》**

阿伦·贝克在这本书中总结了其一生的科学研究和治疗经验……为了克服进化的无情产物和因个人创伤而带来的悲剧,他一直致力于展示如何训练人性中理性的一面。判断错误和一时冲动容易引起冲突,而这本书通过减少这种非利益冲突来达到帮助他人理性思考的目的。
——**伊恩·卢斯蒂克** | 宾夕法尼亚大学政治系主任兼教授

这部伟大的综述为认知行为疗法的成就加冕。它指出,能够解释个人暴力的公式同样适用于解释集体暴力。在冷战期间,西方国家有一个便于利用的远方敌人;现在,北约主宰了世界,而邻国之间却仍在互相攻击。这是一本恰逢其时的书,论证严密,例证生动。
——**戴维·戈德堡** | 伦敦精神病学研究所教授

这位研究抑郁症的权威将他的临床攻克方向对准了愤怒和敌意的认知来源。正如贝克博士所描述的那样，仇恨和暴力不仅给受害者带来痛苦，也给施暴者带来痛苦。敌意和愤怒会变成一种习惯，正如其他坏习惯，而这本好书会对改掉这些坏习惯有所帮助。

——戴维·莱肯｜明尼苏达大学心理学名誉教授

这是一本当今世界十分需要的书，精彩绝伦。贝克博士运用渊博的知识和创造性的智慧铸就了这本书，他在书中总结了无数令人惊叹的建议和见解，并能付诸实践。

——爱德华·哈洛韦尔｜医学博士，《忧虑与联系》（Worry and Connect）作者

这本有价值的书表明，即使是最极端形式的仇恨和暴力，也源于对他人的贬低和非人化，将他们视为敌人，即使他们是我们的妻子和丈夫。非常重要的是，这本书还提供了改变我们思维的补救方法，这样我们就能过上更有爱的生活。

——欧文·斯托布｜马萨诸塞大学社会心理学名誉教授

阅读这本书是一次激动人心的经历。贝克的解释如此清晰、明显和实用，让你找到希望。《愤怒的囚徒》是对世界上最重要的心理学理论的清晰回顾，实际上也是一本关于如何防止暴力的工作手册……一本在许多重要方面都做得如此出色的书，只能被称为杰作。

——《费城问询报》

贝克视野广阔，在这本书中，他对偏见、利他主义和政治心理学进行了总结。

——《图书馆学报》

目录

中文版序   IX
译者序　拆掉愤怒的囚牢   XI
序言   XIII

第一部分　愤怒的根源

第 1 章
愤怒的囚牢：心灵是如何被劫持的

个人经历	004
愤怒的共性	007
"我恨你"	011
暴力殊途	016
内疚、焦虑、羞愧和克制	020
道德悖论：一个认知问题	022
认知问题的解决方案	023

第 2 章
风暴之眼("我"):利己偏见

关于成为"受害者"	027
个人主义和利己主义	031
原始信念	032
积极的信念和情感	037
敌意的起源	039

第 3 章
从伤害到愤怒:脆弱的自我形象

意义的价值	045
恶变	047
应该和不应该	050
自尊	054
社会意象投射	058

第 4 章
让我算一算你有哪些地方对不起我

焦虑还是愤怒?	062
自我意象和社会意象	065
侵犯与违犯	067
横向与纵向标尺	071
恰当回应感知到的侵犯	077

第 5 章
最原始的思考方式：认知的错误和扭曲

泛化和过度概括　081

自我参考、个性化和参与　084

二分法思维　087

因果思维和思维问题　090

单一原因　093

第 6 章
愤怒的公式：权利、不道德行为和报复

恢复权力平衡的反击　101

从思考到行动：敌对模式　102

自动化建构　106

"可以"和"应该"　109

应该的暴政　112

强制性规则：保护权利，满足需求　114

强制性规则的进化论　116

第 7 章
亲密的敌人：爱与恨的转化

矛盾心理　121

惊天逆转：由爱生恨　123

期望和规则　126

不和谐的演化　128

致命的信息　132

第二部分 暴力：个人和群体

第 8 章
个人暴力：犯罪心理学

虐待伴侣	144
问题父母和失足儿童	149
被动性犯罪者和心理变态者	153
原发性心理变态者	155
性暴力	157

第 9 章
集体幻觉：群体偏见和暴力

想象和集体歇斯底里	165
成见和偏见	168
封闭性心理	172
群体仇恨和恐怖主义	174
美国民兵组织的心理状态	176
左翼恐怖主义	179
群体的偏执	180
文化规则	182

第 10 章
迫害和种族灭绝：创造怪物和魔鬼

因果关系和阴谋论　　　　　　　　　　　192

纳粹大屠杀　　　　　　　　　　　　　194

其他种族灭绝：柬埔寨、土耳其和苏联　209

宣传和敌人意象　　　　　　　　　　　213

第 11 章
战争中的形象和误解：构建"致命的敌人"

不同的战争观　　　　　　　　　　　　220

认知维度　　　　　　　　　　　　　　222

敌人意象　　　　　　　　　　　　　　225

集体自我意象　　　　　　　　　　　　227

国家形象的冲突：战争的前奏　　　　　232

领导人的想法　　　　　　　　　　　　236

动员公众舆论支持战争　　　　　　　　240

杀人许可证　　　　　　　　　　　　　243

第三部分 从黑暗到光明

第 12 章
人类天性中光明的一面：依恋、利他主义和合作

改变的潜力	251
拓宽看待问题的视角	254
同理心	258
道德版图的颠覆	261
正义和关爱的道德观念	265
利他主义	268
社会应用	274

第 13 章
走出愤怒：心理干预策略

识别事件的意义	277
心理干预策略的应用	279
处理困境：是恶意还是偶然？	285
管理预期系统："你没有权利这样对我"	288
处理愤怒与冲突的技巧	289
控制暴力冲动	294
"打她没关系"：抑制辩解借口	296

第 14 章
前景与展望: 运用理性, 创造美好生活

暴力认知具有连续性	302
愤怒和敌意的层次及演化	304
干预和预防	313
未来展望: 听见理性的声音	317

中文版序

在我年近百岁之时，欣闻拙作《愤怒的囚徒》中文版即将出版，这让我雀跃不已。期盼本书能为中国的读者们带来有关愤怒与仇恨的崭新理解和启迪。

我的研究领域大部分集中在抑郁、焦虑等临床认知问题，在过去的几十年中，我也发现它们很多会伴随愤怒的问题。所幸心理学的发展和进步有益于我们更有效地处理这些问题，甚至可以推广到全人类的范围去重新理解愤怒与仇恨是如何影响我们的生活和整个世界的。

这些进步所汇聚成的方法之一是我所提出的认知疗法，它为人们如何运用大脑解决问题、制造问题或加剧问题提供了新的思路。当我们的认知能够保持灵活，具有适应性时，我们将有能力活在真实的客观世界里达成目标，走向成功，以及享受我们的人生。而当我们的认知变得扭曲、脱离现实且不具备适应性时，则会让我们陷入"视而不见，充耳不闻"的褊狭主观陷阱里，杞人忧天，害人害己。当现实冲突和认知歪曲交叠时，愤怒与仇恨的种子就已埋下，伤害自己或至亲的同时，可能还会招来令人痛苦的报复。

全世界有很多精神科医生、心理学家和社工都是我的学生，就如担当本书审校与翻译工作的黄炽荣博士和汪瞻博士一样，他们具有丰富的临床经验及科研底蕴。在与他们共事期间，我发现认知疗法能够有效消解由认知扭曲带来的误解，解开仇恨的心结，降低人们的易激惹[1]倾向，并实实在在地帮助了很多陷入愤怒困境的"囚徒"。

过去的数十年间，随着认知疗法完善为认知行为疗法并在全球范围内广泛运用，大量的临床案例和实证研究结果表明，认知行为疗法的确能解决很多愤怒与仇恨的问题。希望本书的中文版面世后能够帮助中国的心理工作者们重新审视愤怒和仇恨，并以更为精确的方式定义它们的性质，开阔解决这些问题的思路。

当今世界因为疫情、战争、恐怖主义等负性事件而仇恨频生，对全球的民众而言，在此刻掌握更多心理学对于愤怒与仇恨的知识、见解及应对方式尤为紧要。由衷地期待本书可以为中国的读者们带来切实的帮助和改变。

---

[1] 易激惹指反应过度的一种精神病理状态，如烦恼、急躁或愤怒，经常见于疲劳状态或慢性疼痛，或者作为器质异常的临床特征伴发于老年、脑外伤、癫痫状态和双相障碍患者。——译者注

译者序　拆掉愤怒的囚牢

2021年初，我有幸受到中信出版社邀请，与我的好友深圳市康宁医院的位照国主任，以及我的学生香港中文大学（深圳）应用心理学专业的博士研究生陈宇然共同接手了这本书的翻译工作。

这是一部论述愤怒与仇恨的心理学专著，其英文书名为 Prisoners of Hate，考虑到大众认知中对愤怒的了解更多，我们最后将中文版书名定为《愤怒的囚徒》。本书的作者阿伦·贝克先生是一代心理学巨匠，创立了当今最具实证研究支持并应用最广的认知行为疗法。我赴美留学期间也受到了香港中文大学黄炽荣教授的鼎力推荐，于2018年前往宾夕法尼亚大学贝克认知行为疗法研究院跟随阿伦·贝克先生系统学习认知行为疗法。

关于贝克先生所创立的认知行为疗法，容我介绍一下：这个疗法与之前的心理疗法截然不同的是，它不再注重执着找寻童年创伤或潜意识冲突以定位情绪问题的根源，而是更为关注来访者当下可以掌握的隐性和显性问题，通过培育功能良好的认知与行为策略来应对具体的心理挑战。在临床实践中，贝克先生擅长为每一位来访者绘制专属于他们的"认知侧写"，以突出其特定的问题领域。他的写作也保持了这种高度有序、结构且具体的风格。

在这本书的第一部分，贝克先生站在人类认知发生与发展的视角，探讨了愤怒是怎样形成又为何会失控的系列问题：（1）利己主义缘何会滋生仇恨；（2）自我中心倾向如何通过偏见来放大憎恨；（3）脆弱的体验何以会燃起怒火；（4）亏欠的感知又如何激起恨水滔滔；（5）在怒与恨恶化之前认知扭曲所起的作用；（6）权利、错误和报复各自在愤怒的公式中扮演了什么样的角色；（7）导致爱意消亡并转化为愤恨的误解与敌视。

在第二部分，贝克先生更是高瞻远瞩、立意深远地讨论了从个体到群体被仇恨与愤怒裹挟时会产生的暴力、冲突乃至战争。通过从微观临床案例到宏观历史事件的旁征博引，为我们谱写了一部匹夫之怒如何上升至战火纷飞的心理史诗。

第三部分则介绍了各种认知行为疗法对于遏制家庭暴力、挽救失足青年等不同领域的仇恨与愤怒的具体应用，以及如何通过唤醒依恋、利他及合作等人类特有的积极心理品质来净化仇恨的阴霾。这些行之有效的方法让每个人都能清晰地认识到无论愤怒、仇恨的情绪如何猖獗，我们都拥有不同的选择和具体的办法来打破它们苦心经营的情绪囚笼。

基于这本书独树一帜的论点与翔实丰富的论述，我认为它是一部高质量的心理学专著，也是心理专业人士，以及对情绪调节有所需求的普罗大众参阅的首选读物。在翻译这本书的过程中，我数度折服于贝克先生作为学者的伟大洞见和他作为医者的一颗济世仁心。我很喜欢这部心理学巨作，也将其纳入我临床教学的必读教材，并在此诚挚地向所有人推荐这本书。

汪瞻

临床心理学家

斯坦福大学心理学博士

中华医学会第七届委员会委员

深圳市循程与元认知心理科学研究中心研究员

2023年春于深圳

序言

当我在早期进行心理治疗工作的时候，就已经开始了有关人际关系和社会问题的研究。大约四十年前，我观察到了一系列现象，促使我改变了对患者精神问题的理解和治疗措施。在我对患者进行经典精神分析治疗时，我偶然发现他们并没有报告他们在自由联想时产生的某些想法。尽管他们相信自己遵循了在治疗期间需要他们坦诚说出脑海中所联想到的一切这个基本准则，我也认为他们努力做到了。但是，我仍然能注意到他们的意识边缘存在一些非常重要的想法。患者们几乎没有意识到它们的存在，自然也就无法集中注意力到这些存在于前意识中的想法。

在引导患者将注意力集中到这些想法时，我意识到用这种方式去解释他们的情绪体验会比我一直以来提供的抽象化的精神分析式解释要更通俗易懂。例如，一个年轻女性的治疗过程中，在面临一次焦虑发作之前，她察觉到自己产生了类似"我是不是让他厌烦了"的想法。另一个患者也在感受到悲伤情绪之前，会先有"治疗是没有用的，我只会变得越来越糟糕"这样的想法。以上的例子中，意识和感觉之间都有一个合情合理且合乎逻辑的联系。为了捕捉这些转瞬即逝的自动化想法，我会询问我的患者："你现在心里在想什么？"通过思考这个问题，患者很快就学会如何将注意力集中到这些想法上。

很明显，这些想法是造成这些情绪的原因。

关注于这些想法可以提供非常丰富的内在信息，这些信息不仅可以用来解释患者的情绪，还可以用来解释其他心理现象。例如，我发现患者一直在观察自己以及周围人的行为。他们会命令自己去做或者不做某些事情。当他们的行为没有达到预期时，他们会自我批判，而当他们成功时，他们会自我庆祝。

他们的想法有助于澄清能够产生特定情绪的心理模式。例如，患者关于失败、被拒绝或失去生命中有价值的东西的想法会让他们感到悲伤。关于获得和自我提升的想法会让他们感到快乐。关于危险或威胁的想法会引起焦虑。本书的主题是关于因被别人冤枉的想法而产生愤怒和报复的欲望。许多一闪而过的想法，如"我应该报复她""打她没关系"等甚至可能引起暴力行为。

这些想法有一个有趣的共同特点，就是它们转瞬即逝的性质。在我意料之外的是，即使是一个相对短暂的边缘想法，也能产生深刻的情感。此外，这些认知是不由自主产生的，患者既不会激发也不能压抑它们。尽管这些认知通常具有适应性，并且真实反映了他们的损失、收获、危险或违法行为，但它们往往与触发它们的情境并不相称。例如，一个易怒的人会把别人对他不经意的轻视夸大，并想要狠狠地惩罚冒犯了他的人。

令我吃惊的另一件事是，这些患者出现了一种有规律的思维错误（认知扭曲）模式。他们会过分夸大有害事件的重要性，并虚假提高这类事件的发生频率，例如，"我的助手总是把事情搞砸"，或者"我从来没有把事情做对过"。他们会把偶然发生或环境原因引发的困难归咎于对方的不良意图或性格缺陷。

这类患者的特点是对他们夸大或错误的肤浅理解过分认同。然而，当患者学会将注意力集中在这些解释并评估和质疑它们时，他们通常会意识到这些解释是不当或错误的。届时，患者就能够对这些反应有正确的认知，并且能够在大多数情况下纠正它们。例如，一位易怒的母亲，首先观察到她因为孩子的小错误而发火。但当她能够认识到她的批判性想法（"他们是坏孩子"），并以"他们只是跟其他孩子一样"的观点来纠正时，她发现自己的愤怒不会持续很久。在反复纠正她的批判性、惩罚性想法之后，这些想法出现的频率也就慢慢降低了。

然而，我依旧十分疑惑为什么接受精神分析治疗的患者无法自发地报告这些想法呢？特别是他们确实已经很认真地表达了脑海中想到的任何东西，无论这些东西多么令他们难堪。难道他们在日常生活中没有意识到这些想法吗？我得出的结论是，这些想法与人们通常向其他人倾诉的那种想法不同。它们是面向自我的内部交流系统的一部分，旨在提供对自己的持续观察，对自己和他人行为的解释，以及对未来会发生什么的期望。例如，一个中年患者在与他的哥哥愤怒地争吵时捕捉到了以下一系列的自动化想法："我说话太大声了。他没有在听我说话。我让自己出丑了……他胆敢无视我的发言。我应该斥责他吗？他可能会让我看起来很傻。他从来不听我的话。"我的患者变得越来越愤怒，但在后来反思这次谈话时，他意识到他的愤怒并不是因为争吵本身，而是因为他认为"我哥哥不尊重我"。

再举个例子，一位妻子可能会有这样一个转瞬即逝的想法："我丈夫之所以回家晚，是因为他就爱下班后和其他人出去鬼混。"然后她会感到很难过，这其实是她向自己传达的信息。之后她便会对她的丈夫脱口而出："你从不按时回家。你这么不负责任，我怎么为家人准备晚餐呢？"实际上，她的丈夫会和其他男人一起喝啤酒，只是想着在辛苦工作一天后放松一下。她的责骂掩盖了她丈夫和她自己被拒绝的感受。

人际交往系统还包括人们对自己和他人的期望和要求，这被称为"应该的暴政"。重要的是需要认识到这些禁忌，因为过于僵化刻板的个人期望或强迫性地试图规范他人的行为注定会导致失望和沮丧。

我还对观察到的一个现象感到好奇——每个患者对特定情况都有自己独特的一套反应体系，即对某些刺激总是过度反应，而对其他刺激则没有。我能够预测一个特定的患者在应对某一特定情况时会做出哪些解释或误解。这些过度反应会在他们对特定情况的自动反应中表现出来。这些患者的特点是会歪曲、过度概括或夸大某些情况，而其他患者则不会对这些情况过度反应。

某些信念模式会被一组特定的环境条件激活，从而产生想法。这些公式或信念构成了一种特殊的弱点——当相关情境被激活时，它们会形成患者对情境的自动解释。这些信念非常具体，例如，"如果有人打断我，就意味着他们不尊重我"，或者"如果我的爱人不满足我的要求，就意味着她不在乎我"。这些信念提供了情境的意义，然后在自动化思维中表达出来。

我之前描述过一位愤怒的母亲，她抱有这样的信念——"如果孩子们不听话，就意味着他们是坏孩子"。这种伤害来自这个信念所产生的更深层次的意义——"如果我的孩子表现不好，就说明我是个坏妈妈"。过分概括的信念导致了过于概括的解释。这位母亲通过指责她的孩子来转移她对自己负面形象的痛苦的注意力。每位患者都有自己的一套特定的敏感带。

当一个人从事类似开车的日常活动时，也会发生类似的自动化思维和行动。例如，当我在城市街道上开车时，我会减速让行人过马路，绕开路上的大坑，或者超过前面的一辆慢车（同时也在和朋友进行严肃的谈话）。如果我把注意力转移到我对驾驶的自动思考上，我就会意识到一个非常快速的序列——"注意前面的大坑，绕开它。那个人开得太慢了，有空间超过他的车吗？"这些想法与我和朋友的谈话毫不相干，但却控制着我开车时的行为。

一种新的疗法

由于我的观察集中在患者的问题思维（或认知）与他们的感觉和行为之间的关系上，我开发了一种心理障碍的认知疗法。运用这一理论，我发现可以有效帮助患者改善他们的认知。因此，我将认知疗法融入我的治疗方法。认知疗法以多种方式解决患者的问题。首先，我试图让患者更加客观地对待他们的想法和信念。为了实现这一点，我鼓励他们质疑自己脑海中的解释——你的结论是根据事实得出的吗？是否还有其他解释？你的结论的证据是什么？同样，我们会评估潜在的信念和思维公式——它们是否过于僵化或极端，以至于被不当和过度地使用？

这些治疗策略可以帮助患者避免对某些情境反应过度。在我构思自己的理论和疗法的同时，我很高兴地发现了阿尔伯特·埃利斯的著作。他的著作比我的早出版了好几年，也是基于与我相似的观察所创作的。我从他的作品中获得了许多关于治疗的新想法。刚才描述的几种策略都是改编自埃利斯的研究成果。

我观察到，这些发现并不局限于患有抑郁症和焦虑症等常见的"普通"精神疾病患者。同样的错误信念也影响着有婚姻问题、成瘾和反社会行为的人的感觉与行为。其他在这些领域的专家也发展并应用了认知理论和治疗到他们的专业领域。大量文献研究了各种形式有关反社会行为的认知疗法：家庭暴力和虐待儿童、刑事犯罪和性侵害。我们观察到这些不同形式的有害行为都有一个共同点，即受害者被视为敌人，而施暴者却将自己视为无辜的受害者。

因为我相信，无论是个人还是群体暴力中，人们都有相同的心理过程，所以我研究了关于偏见、迫害、种族灭绝和战争等社会弊病的文献。尽管在社会、经济和历史原因上存在很大的差异，但最后的共同点都是：侵略者对自己持有积极的偏见，对通常被视为敌人的对手抱有消极的偏见。对于被配偶疏远的丈夫形象，激进分子对种族或宗教少数群体的形象，以及士兵对从高塔上向他射击的狙击手的形象之间所存在的相似之处，令我大为震惊。这些人经常用怪物、邪恶或杂种等词语来指代危险的他人。当他们被这些极端的思维模式控制时，他们对所谓敌人的评价就会被仇恨扭曲。

我写作本书的目的是想澄清导致愤怒、仇恨和暴力的典型心理问题，并且试图阐明这些问题是如何在朋友、家庭成员、群体和国家之间的冲突中表现出来的。深化我们对认知因素（解释、信念、形象）的洞察力，可以为纠正现代社会中的个人、人际关系和社会问题提供一些线索。

在筹备本书的过程中，自然会面临一些问题。这种方法有什么新的启示和有用的地方？有什么证据表明这种方法是有效的，而不仅仅是在陈述观点？当我第一次提出我的抑郁症认知理论和疗法时，我也不得不思考类似的问题，首先是1964年，然后研究直到1976年。从那时起，我和我的同事们已经审阅了近千篇评估该理论具体成效的文章。这些文章在很大程度上支持了该理论和疗法的实证基础及有效性。这些研究中得到验证的大量假设也构成了本书所提供的概念基础。

除了临床材料外，本书的另一个重要组成部分是基于临床、社会、发展和认知心理学文献中关于愤怒、敌意与暴力的认知方面的知识。许多关于更广泛的问题的表述，如群体暴力、种族灭绝和战争，都是从政治学、历史学、社会学和犯罪学的文献中发展起来的。

我计划在本书中按顺序介绍这些相互关联的概念，尽管它们都是同一矩阵的组成基础。我将从澄清日常生活中的敌意和愤怒开始，因为这是一个可能与读者自己的经历有关的主题。接着我会谈到一些具有重要社会意义的话题——家庭虐待、犯罪、偏见、大规模屠杀和战争。尽管这些现象与大多数读者的个人经历相去甚远，但其潜在的心理特征却是相似的。最后，我会就如何将这些见解应用于个人和社会问题提出一些建议。

第一部分
愤怒的根源

第 1 章

愤怒的囚牢：
心灵是如何被劫持的

从直观上互不相干的复杂现象中找到统一性是一件极其美妙的事情。

——阿尔伯特·爱因斯坦（1901 年 4 月）

人类之间的暴力令人震惊，而且时至今日仍在对人们造成伤害。我们这个时代的技术正在飞速进步，然而我们却像是回到了黑暗时代的野蛮状态：难以想象的恐怖战争和肆意毁灭种族、宗教和政治群体。我们成功战胜了许多致命的疾病，但我们也目睹了成千上万被谋杀的人的尸体在卢旺达的河流中漂流，被赶出家园的平民在科索沃被屠杀，柬埔寨的杀戮场上血流成河的恐怖景象。无论看向哪里，东方还是西方，北方还是南方，我们都能看到迫害、暴力和种族灭绝。

在不太引人注目的地方，犯罪和暴力正在我们的国家和城市中蔓延。人们相互施加的痛苦似乎永无止境。在失控的愤怒影响下，亲近甚至是亲密关系也濒临崩溃。虐待儿童和虐待配偶向法律与心理健康机构提出了挑战。偏见、歧视和种族主义正在分裂我们多元化的社会。

令人感到讽刺的是，我们理解并解决人际关系和社会问题的能力无法与这个时代的科学进步速度相匹配。我们能做些什么来阻止孩子和妻子们受虐待呢？我们怎样才能减少愤怒带来的医疗并发症，例如血压飙升、心脏病发作和中风？需要制定什么样的规范才能制止那些广泛存在的撕裂文明秩序的敌对行为呢？政策制定者和社会工程师以及普通公民能做什么呢？社会学家、心理学家和政治学家已在一致努力对导致犯罪、暴力和战争的社会与经济因素进行分析，然而，仍然存在很多问题。

个人经历

有时，一个相对孤立的经历可以揭示一个现象的内部结构。多年前，当我成为他人愤怒与敌对的目标时，我对这个问题的本质有了清晰的认识。在一家大书店的签售活动中，我像往常一样得到了赞赏性的介绍，刚对一群同事和其他学者说了几句开场白。突然，一个名叫罗布的中年男子充满怒意地走近我，他看起来似乎"与众不同"，肢体紧绷并且十分紧张。我们当时的交流如下。

罗布：（讽刺的语气）：恭喜！你现在可是全场的焦点了。
贝克：谢谢，我喜欢和朋友们聚在一起。
罗布：我想你很喜欢成为众人瞩目的对象吧。
贝克：嗯，这有助于卖书。
罗布：（愤怒的语气）：我估摸你肯定觉得自己比我强吧。
贝克：不，我只是另一个普通人。
罗布：你知道我怎么看你吗？你就是个骗子。
贝克：我希望自己不是。

到了这个时候，罗布的怒意很明显在上升，后来他开始失去控制。我的几个朋友走了进来，经过短暂的混战后把他带出了书店。

虽然这一幕可能会被认为是一个精神失常的人的非理性行为，但我认为它清晰地展现了敌意的几个特点。临床患者夸张的思维和行为常常能折射出他心理反应的适应性或过度的特征。现在回想起这件事，我可以看出一些敌意被激发和表达的共同机制特征。

首先，为什么罗布会认为我的言辞是在侮辱他，好像我在某种程度上伤害了他？令我震惊的是，他的反应是以自我为中心的：他把我所得到的认可理解为以某种方式对他的贬低。这种反应虽然极端，但还是可以理解的。在场的其他人可能一直在思考自己的职业地位，他们是否值得被认可，也可能经历了遗憾或嫉妒。然而，罗布完全沉浸在我的经历对他的影响中，他把自己代入了我的经历，就好像他和我是竞争同一个奖项的对手。

罗布的过分自我关注为他的愤怒和攻击我的冲动创造了条件。他不自觉地在我们之间进行恶意比较，在他自我中心的视角下，他认定周围人觉得我重要而他不重要，也可能他不如我有价值。同时，他感到自己被冷落了，因为他没有得到我所得到的关注和友情。

这种被社会孤立、被群体其他成员忽视的感觉无疑伤害了他，这也是类似情况下患者常见的反应。但为什么他不只是单纯地失望或遗憾呢？为什么还会愤怒和仇恨呢？毕竟我并没有对他做什么。然而，他认为这个活动不公平：我不配获得比他更多的认可。因此，既然他被冤枉了，他就有权感到愤怒。但他又进一步深入解释说，"你肯定觉得自己比我强"，这表明他把我们之间的交流在相当程度上个人化了。他想象我可能对他有什么看法，然后认为我就是这么想的，就好像他知道我在想什么一样（投射）。实际上，罗布采取了（实际上是滥用）一种常用的主要适应性策略：读心术。

在某种程度上，读懂别人的想法是一种重要的适应性机制。如果我们不能相对准确地判断别人对我们的态度和意图，我们就会一直易受伤害，在生活中容易无端遭遇挫折磕碰。一些研究者曾提出自闭症儿童存在这种能力的缺陷，他们对别人的想法和感觉一无所知。与之相反的是，罗布的人际关系敏感度和读心术被夸大与扭曲了。他所投射的社交意象对他而言变成了现实，在没有任何证据的情况下，他相信他知道我对他的看法。他认为我有诋毁他的想法，这使他更加愤怒。根据他的逻辑，因为我错怪了他，所以我是敌人，然后就需要对我进行报复。

罗布展现出来的行为，即个体以自我为中心评估判断事件是否重要，在整个动物王国是随处可见的，这种方式已深植人类的基因。自我保护和自我发展的机制对我们人类的生存至关重要，这两者都能助人察觉侵犯，并及时采取相应的防御行动。当然，如果没有这种自我中心特质，人类也将不再会去寻求亲密关系、友谊和群体关系中的快乐。然而，当个体过度地以自我为中心而又缺乏爱、同情和利他主义等社会特质的平衡时，自我中心方式就成了问题，尽管这些社会特质可能也能通过我们的基因组有所表达。有意思的是，他人身上这种自我中心行为充斥我们的双眼，但我们却极少有人想去寻找自身的自我中心特质。

日常争吵中一旦一个人被激怒，他所有的注意力就会都集中在"敌人"身上。在有些情况下，如身体被攻击时，这种注意高度狭窄集中和攻击行为的启动可能救命。然而，在大多数情况下，反射性的"敌人"形象会在个人和群体之间制造破坏性的仇恨。这些人或群体可能会认为自己克服了对假想敌攻击的冲动，但实际上他们放任了选择的自由，放弃了他们的理性，真正成为原始思维方式的囚徒。

我们要怎样才能让人们认识和控制这种自动机制，让他们能以一种更深思熟虑、更道德的方式对待对方呢？

愤怒的共性

通过对病人的专业工作，我证实了愤怒和攻击的自我中心特质成分，其中公共活动经历中印象最深刻的就是与罗布的接触。多年来，我一直在想，在对问题来访个体心理治疗过程中萌发的对人类问题的洞见，是否可以推广适用于家庭、社区、民族团体和国家的暴力问题。两者似乎没什么关系，但亲密关系中表现出来的愤怒和仇恨与敌对群体和国家的表现看起来类似。你的朋友、同事和伴侣在认为自己被冤枉或冒犯时的过激反应，与那些面对异族或异教徒的敌意反应是类似的。一位丈夫或恋人因被背叛而震怒，此时的他如同一名愤怒的激进组织分子——他认为自己的政府违背了他的信仰原则和价值。最后，偏执狂患者的偏见和歪曲思维与那些种族灭绝暴行者的思维也是雷同的。

在最初做夫妻心理治疗时，我发现仅靠指导他们改变问题行为，即如何"正确行事"，显然不能持久解决问题，至少那些问题严重的案例是如此。无论他们多么努力遵循事先制订的建设性行动计划，一旦对对方生气，他们在沟通时就会失去理智和礼貌。

在沟通时如果他们感受到伤害或威胁，就会导致对对方行为的误解，这会让他们无法再坚持定好的规则。彼此对对方动机和态度的"致命"歪曲会导致双方感到被困住、受伤和被忽视。这些看法（或是误解）让他们愤怒——甚至是仇恨——这驱使他们报复对方或退避而敌视孤立对方。

夫妻长期不和显然会对对方心生敌对意象。其中典型的情形就是，夫妻都认为自己是受害者而对方是元凶。双方都忘却了对方的优点和平静日子里的愉快回忆，或者认为那些都不是真的，是自己当时被蒙蔽了。在这个过程中，他们互相怀疑对方的动机，对对方的缺点或"坏"做出偏见性的概括。这种僵化的负性思维与他们在解决婚姻之外的问题时灵活多样的思维形成了鲜明对比。从某种意义上说，他们的头脑被原始思维占据，这使得他们不自觉地认为自己受到了虐待，并对假定的敌人持敌对态度。

不过，临床上的这种情况好的一面是，在我帮助他们聚焦于他们对对方的偏见思维并重构对方的负面形象时，他们通常能做到以一种不那么贬低的、更客观的方式来评判对方。大多数情况下，他们能重拾以前的感情并开始构建一种更稳定和满意的婚姻关系。有时，他们的偏见烙印太深，以致双方决定分手，但也是以友好的方式分开的。这样我们就能实现一种温和的家庭分裂。只有在放下对对方的仇恨后，他们才可能就监护权和财务问题制定出合理的解决方案。由于这种解决夫妻问题的方法侧重于处理他们的偏见思维和认知扭曲，我将这种疗法称为"婚姻认知疗法"。

我发现同样的敌对意象和偏见也会发生在兄弟姐妹、父母和孩子、雇主和雇员之间的互动中。敌对者都不可避免地会认为自己是冤枉的，而对方卑鄙可耻，总要操控他人。他们武断——常常是歪曲——解读冲突者的动机。他们会把不带个人感情的陈述解读为对个人的侮辱，把无意间的冒犯归结为恶意，会过于笼统地概括他人不友好的行为，例如，"你总是贬低我……你从不把我当人看"。

我注意到，非精神病患者也容易受到这种功能不良思维的影响。非我族类，其心必异，他们习惯性地对非同类人怀有负面意象，就像他们恶意推定与之冲突的平常朋友或亲戚一样。这种负面意象似乎也是消极社会刻板印象、宗教偏见和不宽容的核心所在。

类似的偏见思维似乎也是意识形态侵略和战争的驱动力。

冲突的人是觉察到源自敌对方形象中的威胁而做出反应,而不是基于对对手的真实评价做出反应的。他们误以为他们头脑中的那个形象就是那个人。对敌对方最消极的意象范式中充满危险、恶毒和邪恶。不管是有敌意的配偶,还是不友好的外国势力,贴在他们身上的这一顽固的负面标签都是人们在对或真或假的前尘往事的选择性记忆和恶意归因之上形成的。他们的心灵被"愤怒的囚牢"裹挟。种族冲突、国家纷争或国际冲突让"敌人"的谬传广泛散播,让人际的敌对意象愈加丰满。

人们对伤害行为的认识来自大量临床观察。治疗中的药物滥用患者、诊断为"反社会人格"者,他们都为我们理解愤怒和破坏性行为的机制提供了丰富的素材。

比尔是位35岁的推销员,他沉迷于各种街头毒品,他特别易怒,有殴打妻子和孩子的行为,还经常和别人打架。在我们一起探讨给他的各种心理体验排序时,我们发现,不管是妻子还是外人,只要有人让他觉得不"尊重"他时,他就会变得非常愤怒,想要打那个人,甚至要杀了他。

通过对比尔快速心理反应的"微观分析",我们发现,从对方开口或行动到他自己的情绪爆发之间,他心里冒出来一种"有损自尊"的念头和一种"受到伤害"的感觉。这种典型的自贬式解读导致他"受到伤害"的不愉快感觉几乎在瞬间发生:"他认为我是一个懦夫",或"她(妻子)不尊重我"。

当比尔学会察觉和评估这种干扰性的痛苦想法后,他就可以意识到,他对自己被贬低的思维解释并非是由他人的实际评论或行为造成的。然后我就能够将那些激发他敌意反应的信念阐释清楚。比如,比尔的一个重要信念是"一个人不赞同我,就意味着他不尊重我"。而激怒比尔导致他攻击当事者的则是这些下意识的和不可抗拒的后继想法："需要让他们知道他们不能这么做，这样他们就会知道我不是一个懦夫，他们就不能摆布我。"对比尔来说，他被伤害的感觉导致了这些惩罚性思维，能认识到这一点很重要，但这却被他的愤怒掩盖了。我们的治疗则包括评估比尔的信念，帮助他理解保持"冷静"和克制而非好战与易怒更能让他获得家人及熟人的尊重。

通过对比尔等易怒者心理反应的分析可以发现，这些人非常重视自己的社会形象和地位。他们的个人信念系统定义了他们对所谓侵犯者做出的推断。心理学家肯尼思·道奇发现，许多有伤害行为倾向的人普遍存在这类信念及其后继事件解释。例如，后来成了少年犯的儿童也持有与比尔所表达的相同类型的攻击性信念，包括以下内容。

- 侵犯者在某种程度上冤枉了他们，因此要对他们受到的伤害和痛苦负责。
- 对他们的伤害是故意的、不公平的。
- 侵犯者应受到惩罚或被消灭。

这些结论在某种程度上源自他们施加于他人身上的行为准则。那些要求和期望类似于精神科医生卡伦·霍尼所说的"应该的暴政"现象。像比尔这样的人相信：

- 人们在任何时候都必须对我表示尊重。
- 我的伴侣应该很敏锐地关注我需要什么。
- 人们必须按照我的要求去做。

在处于剧烈冲突中愤怒的偏执狂患者身上，我们有可能会观察到这种敌意范式以一种夸张的形式呈现出来。这些患者一贯推定他人心怀恶意并且急切渴望要为他们所谓的敌意行为而惩罚他们。有些偏执狂患者有被害妄想症，这种妄想是受一些具有贬低自尊影响的创伤事件激发而产生的，例如，未能获得预期的职位晋升。他们的被迫害妄想，在某种程度上，似乎是一种保护他们自我形象的辩解，就仿佛他们在想："你认为我有毛病，那是因为你对我有偏见"，或者"因为你图谋对我不利"。大多数这类患者会因此恐惧，而少数患者则会变得愤怒而想要攻击所谓的施害者。

"我恨你"

我们经常会听到人们在愤怒的时候说"我恨你"。然而，有时强烈的愤怒确实会膨胀成一种"仇恨"状态，尽管这种状态很短暂。

下面是一位父亲和他14岁女儿之间的对话。

父亲：你在搞什么鬼？

女儿：我现在要出门去听摇滚音乐会。

父亲：不，你不能！你知道你被禁足了。

女儿：这不公平……这是一个监狱。

父亲：你早该想到这一点。

女儿：我受不了你了……我恨你！

此时，女儿巴不得父亲立刻消失，在她的意象中父亲变成了一头野兽困住了她，让她无法做她想要做的事情。敌对冲突到极致时，人们会相互把对方视为战士而随时准备进攻。父亲被女儿显而易见的任性威胁了，而女儿则被父亲明显不公正地控制和干涉。当然，他们实际上是被对方精简的形象投射干扰了。不过，大多数这样的亲子冲突中，最终孩子的仇恨都会随愤怒平息而一起消退。而如果长期持续受到父母的虐待或挫败，孩子的强烈愤怒可能会转化为长期的仇恨，在孩子心里父母就是一头倔强的怪兽，自己将永远被折磨下去。

同样，一位父亲或母亲如果认为他的孩子不可靠、不诚实或叛逆，可能会感到急剧的或长期的愤怒，而不是仇恨。但是一旦他/她觉得自己无能为力，认为孩子不可救药，就可能由爱生恨。父母子女间、离异伴侣间或兄弟姐妹间的仇恨可能会延续几十年，甚至终生。仇恨的体验深刻而强烈，与日常的愤怒体验可能有本质上的不同。一旦仇恨凝结，它就像一把冰冷的刀时刻准备刺入敌对者的后背。

在严重的冲突中，敌对者可能会被视为无情的、充满恶意的，甚至是凶残的。以下是一位妻子的陈述，她正在与丈夫争夺孩子的抚养权。"他是个不负责任的人，脾气很坏，他总是把气撒在我和孩子身上。我知道他会虐待孩子们，所以我不能相信他……我恨不得杀了他。"她对丈夫的这种负面看法有时可能是对的，但大多数情况下都被夸大了。

想象的敌人看起来可能很危险、很凶恶或很邪恶，所以所谓的受害者会被迫要逃跑或通过消灭敌人，以及令其失能来解除威胁。平民冲突中实际的危险程度常常——但不总是——是被显著夸大的。冲突中的威胁往往不是针对人们的身体，而是针对他们的心理——他们的荣誉、他们的自我意象——尤其是当他们认为对手已经占了上风的时候。通常来说，人们易受伤害的感觉往往超出了敌对方的实际侵害程度。

在某些情况下，双方的恶意意象在相互影响下会导致杀人的冲动。心怀嫉妒的丈夫幻想对前妻报复，他的前妻获得了孩子的单独监护权，正与另一个男人在一起生活。他感到无能为力、无法自拔、绝望。他痴痴地想："她夺走了我的一切——我的孩子、我的尊严。我现在一无所有。"他觉得自己无法忍受这样的痛苦，也无法继续这样恐惧地生活下去，所以他制订了一个计划，要杀死他的前妻和她的情人，然后自杀。这样他就可以报仇雪恨，不再那么痛苦，而在自杀之前重获力量。

如果此时他接受治疗，治疗师能证明他的主要问题并非妻子，而是他受伤的自尊心和无力感。当他对这一过程能够洞察时，他的问题也就可以获得解决。

这个案例中，这个男人对所谓折磨者有着如此强大而本能的报复冲动，以至让人怀疑这可能是在远古人类生存环境中进化而来的。那种情况下，对"背叛"和"不忠"的严厉惩罚能提高族群的生存机会。有人认为，这种机制是人类与生俱来的，是进化的结果。

个体化敌人的概念在集体战争中也有对应内容。在武装冲突中，对敌人的仇恨是具有功能适应性的。一名士兵在想象敌人的步枪瞄准镜十字星对准他的情景时会点燃他的仇恨，这是一种本能性的生存策略。关于对手的强大范式意象有助于士兵将注意力高度集中在敌人的弱点上，并调动资源来保护自己。"杀人或被杀"，这条简洁明了的战场准则准确地回答了这个问题。

在采取行动惩罚所谓的侵犯者时，同样的原始思维会在群体成员头脑中被激活。群体暴力事件中，暴徒对他人非理性的敌人范式化是非常明显的。杀人暴徒或疯狂残害无辜村民的士兵毫不在意他们正在毁灭的是和他们一样的人。他们意识不到的是，是高度亢奋的原始思维驱动了他们的暴力行为。他们对受害者的恶意意象如野火燎原般在暴徒人群中四下散播。他们认为受害者是坏人或是恶魔，因此报仇的想法控制了他们。他们认为自己正在做正义的事情——为恶者必被诛，因此对杀戮的抑制自动解除了。暴力行为的回报立竿见影：平息愤怒，赋予权力感，伸张了正义而获得满足感。

抢劫团伙分子认为他们是在行使选择的自由。实际上，杀人决策是他们的精神器官——大脑——自动做出的，而他们的精神器官却已被出于消灭对他们有威胁或令他们厌恶的事物的本能需要所控制。不过，虽然在敌意意象循环的这一环节上伤害或杀戮冲动在某种意义上是不由自主下意识的动作，但士兵或暴徒个人仍然是有能力去主动控制它的。如果要持久矫正这种破坏倾向，需要针对三个系统进行修正：核心信念系统——构建了受害者是恶魔的意象；规则系统——规定了受害者应当受到惩罚；许可信念系统——解除了伤害他人的禁忌规则。

历史上的仇恨公案数不胜数，所谓家仇国恨，那些家庭间、宗族间、部落间、种族间抑或国家间的世仇宿怨常常代际相传。有些恩怨颇具传奇色彩，如《罗密欧与朱丽叶》中哈特菲尔德家族和麦考伊家族、蒙太古家族和凯普莱特家族之间的恩仇。《罗密欧与朱丽叶》的第一幕第一场中王子告诫他不安分的臣民道：

> 目无法纪的臣民，扰乱治安的罪人，
> 你们的刀剑都被你们邻人的血玷污了。
> ——他们不听我的话吗？喂，听着！你们这些人，你们这些畜生，
> 你们为了扑灭你们怨毒的怒焰，

不惜让殷红的流泉从你们的血管里涌出,
要是仍然畏惧刑罚,赶快将血腥的凶器从你们的手中丢弃,
静听你们震怒的君王的判决。
凯普莱特,蒙太古,
你们已经三次为了一句口头上的空言,
引起了市民的械斗,扰乱了我们街道上的安宁……
如果你们胆敢再来我们的街道寻衅,
你们的生命将作为扰乱治安的代价。

较近的内乱战争案例有卢旺达的胡图族和图西族,中东的犹太人和阿拉伯人,以及南亚的印度教教徒和穆斯林。

夸大敌人形象也是国家领导人为军事或经济失利辩解推责的一种便宜做法。把军事失利的责任推给污名化的少数人,可以改善国家软弱和脆弱的形象。例如,希特勒利用犹太人的存在来解释德国在第一次世界大战中的失败、停战后的政治耻辱,以及随后的通货膨胀和经济萧条。通过把犹太人描绘成战争贩子、国际资本家和布尔什维克,他把邪恶的形象投射到这个弱势群体身上。

替罪羊是在给纳粹赋权。对犹太人的贬低和迫害更加深了犹太人的恶魔形象。如此一来,顺理成章的做法就是消灭敌人,这样他们就不能再进行所谓的破坏(引发战争,在经济上压榨国家,污染文化)。希特勒把他的追随者描绘成被犹太人控制、颠覆和腐蚀的受害者形象,从而在他们中间制造同情和自怜。然后这群"受害者"摇身一变成了迫害者——他们掌握着高效的战时政府机构的所有权力来执行"犹太人灭绝计划"。

一个把国家带入战争的领导人可能对敌人保持着清醒的认识。征服之战并不要求领导人憎恨他们的对手。不过,如果战士和民众

把敌方视为魔鬼并要消灭他们时，军事行动就更有可能成功。对政府领导人来说，军事冒险可能是一场政治赌博，但对士兵们来说，这是一场生死较量，他们会把个人的牺牲视为英雄的行为。

从个人言语辱骂到歧视和偏见，再到战争和种族灭绝，有可能在这个愤怒、敌意和敌对行为谱系背后隐藏着一个共同统一的主题。愤怒就是愤怒，无论是由叛逆的孩子还是反叛的群体引起的；仇恨就是仇恨，也不管是由暴虐的配偶还是无情的独裁者引起的。不管引发敌对行为的外部原因是什么，敌对行为的唤醒和觉醒所涉及的总是同一套内部机制或心理机制。这与破坏性的人际行为一样，是认知扭曲激发了愤怒，引起了敌对行为。所以，那些源自歧视、偏见、种族主义或军事入侵的无依据的人身攻击行为，也涉及人基本的思维结构：一方面是绝对化的分类认知，另一方面是对受害者的人类身份的健忘。

如果某些认知统一共性的确存在，我们就可以利用它们简化不断增加的心理矫正干预工作。它们也能为矛盾的个体和群体解决方案提供一个统一的理论框架，并为制订切实可行的犯罪和大屠杀问题解决方案奠定基础。我们在对这些统一共性进程及其背后的核心信念系统的理解、澄清和修正基础上，识别认知偏差并予以矫正，这将开辟心理治疗经验的新篇章。

暴力殊途

暴力会通过各种途径和方式变成破坏性行为。例如，冷漠、精心预谋的暴力，施暴者不一定对受害者有任何敌意。劫持便利店员的武装匪徒，不一定对店员或店主有任何仇恨。同样，军官按下控制台的导弹发射按钮，他也不一定对被轰炸的平民感到愤怒。蒙古军队包围抵抗的城市而后屠城横扫欧洲，他们对城市居民并没有特定的敌意。在入侵前，成吉思汗精心做了战争规划，他要求彻底毁灭那些反抗的城市，对其他城市形成威吓，这样就可以不战而屈人之兵。掠夺带来的快感和不论原因的暴力一样，无疑是对军队的强化。

历史上不乏暴君为了侵略邻国或迫害国内少数族群而做出冷血决定来煽动本国人民。1939 年，希特勒散布谣言称捷克人正在迫害捷克斯洛伐克苏台德地区的少数德裔人。后来，他入侵波兰着手实施其清除人口计划，好为大德国腾出地盘。斯大林、波尔布特为了推行他们倡导的意识形态和巩固他们的权力，在国内搞大清洗，流放和杀害了各行业非常多的民众。这种暴力是工具性暴力，是为了政治和意识形态目的而进行的任务。工具性暴力普遍地以"为达目的不择手段"为信条，因而尤其危险。

长期以来，作家们一直在谴责这种辩解信条，但它仍然在国际关系运作中发挥着重要作用。赫胥黎的散文集《美丽新世界的美德与见识》对此做了哲学分析，并批驳这一信条。尽管如此，为了达成他们所谓有意义的目的，暴君们照旧入侵弱小邻国，民族族群照旧大肆屠杀弱势族裔。纳粹死亡集中营的守卫把无数犹太人送上死亡之路，但他们认为自己是模范公民。虽然全世界舆论都谴责这种行为，但问题仍在：邪恶行为只存在于旁观者眼中，而非犯罪者眼中。

反应性（热）暴力的特征是对敌人仇恨。大屠杀和私刑杀人者的思维器官的注意力都集中在敌人身上，而且会持续不断地制造出更极端的敌人形象。首先，反抗一方的人会被同质化，他们会失去作为独特个体的身份。所有受害者都是可以互相替代的，都是可有可无的。其次，受害者会被去人化。他们不再被当作人对待而能得到同情。他们可能就是一件无生命的物品，就像射击场中的机械鸭子或电脑游戏中的靶子。最后，他们会被妖魔化：恶魔的化身。杀死他们不再是选项，他们必须被消灭。他们的继续存在将会成为一种威胁。魔鬼和敌人的抽象概念由此被转化为一个实实在在的实体或人物形象，这个形象似乎威胁到了攻击者的生存或核心利益。这些具象化概念被投射到受害者身上。我们攻击的是投射的形象，但伤害和杀害的是真实的人。

热暴力在本质上是反应性的：外部局势，如感觉有威胁，会让群体领导人及成员进入战斗状态。外部环境在多个层面上产生影响。例如，第一次世界大战前夕，军备竞赛制造了欧洲的不稳定局势。而随着欧洲国家间的结盟站队，对立双方皆视对方为强敌。而就群体领导人及其成员而言，这种局势给他们制造了越来越多的恐惧和憎恨，而这些恐惧和憎恨导致德国先发制人发起战争。

家庭暴力则截然不同，婚姻关系不稳定是夫妻相互攻击的温床，双方都视对方为死敌，结果就是大打出手，直至妻子被丈夫打到服输。在这些争吵中，妻子也有可能出现暴力行为。酒精往往让人更加丧失理性和失去克制。

家庭暴力中的施暴者完全沦陷于原始思维模式，这种思维模式下施暴者的注意力全部集中在敌人意象上，根本不可能同情受害者，也不会关心后果影响。很多家暴的施暴者在后来恢复客观判断力之后会由衷地感到内疚（也可能更加冷静了）。这里的问题是，并非是道德沦丧而是原始思维的禁锢将人导向了对抗。在本书后面，我将介绍这个问题的最终治疗方法，即澄清和修正某些信念系统——它们使人易于对假想威胁过度反应，建立有效策略——在一开始就中止敌意链条，摒弃暴力（不再以暴力为手段解决问题）。

工具性（冷）暴力特点是蓄意的计划性思维，反应性（热）暴力则是反射性思维，除此之外，我们发现，在执行毁灭任务时还涉及一种程序性思维。这种"低级"思维特征显著者会全神贯注地投入到他们的毁灭计划细节。程序性思维是那些一丝不苟地执行毁灭任务的公职人员的典型特征，显然他们根本不在意这事的价值或意义。这些人做事如此地专注（一种管状视野），以至于对自己正在犯下反人类罪行的事实视而不见。很可能即便他们真的想到了这一点，他们也会认为受害者微不足道。这种思维显然是纳粹官员的典型思维。

要给这两种敌意攻击形式赋予罪责应当从哪里着手呢？显然，那些宏观规划、意识形态或政治口号的设计制定者应当承担这个罪责，他们声称预期目标的实现决定手段的合理性。不过，如果没有追随者、官僚的合作，以及在许多情况下，如果没有普通老百姓的配合，群体暴力行为也不可能发生。像成吉思汗或萨达姆·侯赛因，全凭个人好恶，精心谋划按照清晰的既定计划大肆掠夺弱小国家来攫取大量财富。同样，中世纪十字军在圣地大肆屠杀"异教徒"，他们在以自己的方式做"上帝的工作"，他们也是在实施一个精心谋划的思想理论。而斯大林也是以成千上万人民的死亡为手段来巩固他的政治和经济改革成果的。

前述这些重大暴力计划制订者在心理上是自由的，他们能想到他们的目标实现将会给人类造成什么样的后果。在衡量计划的成本和收益时，他们有能力考虑顾及其行动的受害者。他们本可以站在更高的道德层面上阻止杀戮，但他们选择了不这样做。

国际社会需要明确指出，毁灭命令执行者与发布命令者一样需要承担责任。对卢旺达大屠杀作恶者的国际审判就是朝着强化这一原则迈出的重要一步。

内疚、焦虑、羞愧和克制

罗伊·鲍迈斯特等作家曾提出，内疚是伤害行为的主要遏制因素，但这些感觉在敌意链条中很少出现。人们会评价自己的行为，一旦认为自己不应该伤害他人时，就会内疚。这又会对再次出现类似情形时人们的行为造成影响。这种内疚记忆是一种威慑，它会阻止人做那些令他以后会内疚的事情。

假设我过度批评了一位助手，事后我意识到我伤害了他，我会因此内疚。这件事会让我形成一个经验规则："今后在批评人时我要更克制。"当助手再次犯错，我想责备他时，此事的记忆和我由此形成的要更克制的行事规则就会让我感到一阵内疚。我会克制批评的冲动，中止批评行为。在我想对其他人批评时，这一经验规则也起了作用。

对敌对者的同情经常可以遏制人们在受到伤害时的立即反击。我们在认知疗法中就成功利用移情训练技术提升了愤怒者对愤怒对象的认同（详见第8章）。

我们小时候被灌输的某些戒律会成为我们后来的行为规则构建参照标准。即便是很小的孩子也知道，伤害玩伴或给他人造成麻烦是不对的。然而，当伤人冲动太强烈时，他们会允许自己违背规则：冲动的力量会为冲动找到借口（例如，"是她先打的我"）。同样，成人通常会认为故意对他人进行人身攻击是不道德的。对他人的同情心有助于提醒我们"这样做不对"。

有很多关于士兵或警察无法执行近距离处死囚犯的报道。克里斯托弗·布朗宁曾描述过一些在波兰负责处死犹太人的德国警察营警察在处决现场感到恶心而不得不离开的经历。不幸的是，士兵和秘密警察虽然在第一眼看到酷刑或杀戮时还会下意识地反感，在多次经历后他们会对此变得麻木不仁。实际上，有些人已经开始享受这种权力和正义担当的感觉了。这个反应表明，他们最初的反感与对受害者的同情性认同有关，而与内疚感无关。当这种认同消退后，反感也就消失了。

对伤害行为后果的焦虑体验会激发另外一种重要的自动化抑制机制。一个人被激发企图向他人施暴时，对对方报复或官方惩罚的恐惧会遏制他的敌意冲动。例如，年长的孩子要打弟弟妹妹时，他脑海里可能会闪过父母生气的样子，然后自己就住手了。害怕对方的羞辱也会阻止我们在与对手或竞争者打交道时跨越合理行为的界限。我们的公众形象对我们的行为具有强大的控制力，因为它能唤起我们的痛苦和羞耻感。

除了对反社会行为的反遏制，还有一些积极因素能助长良性行为。我们通常喜欢把自己想象成成熟和善良的人。冲动的行为意味着不成熟，而自我控制会让我们自我感觉良好。自我控制也有助于提升我们有价值的理想自我形象。我们每个人都有自己的理想、价值观、标准和对自己的期望，这些往往都被封藏在我们的强制指令和禁忌系统中，成为各种"应该"和"不应该"。通常来讲，当我们达到理想自我形象标准时，我们会对自己感到满意，反之，背离它时则会沮丧。我们可能会反思，认为我们不应该伤害他人，我们会感到内疚、会忏悔。终于，我们很慎重地决定要控制自己的敌意冲动，这并非是因为羞愧、内疚、焦虑或自我批评，而是因为我们意识到伤害他人使我们自己不能接受。

虽然焦虑、内疚和羞愧可能会延缓敌意的表达，但它们的机制却影响不了那些最初激发敌意的因素。再者，个人秉持的不能杀人或害人的戒律信条可能对敌意冲动有刹车作用，但并不能扑灭它。所以，关键还是要搞清楚那些让人能够无视戒律信条的许可性信念和解释。

道德悖论：一个认知问题

1994年2月25日，巴鲁克·戈尔茨坦博士在巴勒斯坦希伯伦的"始祖墓穴"（阿拉伯人称易卜拉欣清真寺）里，用机枪扫射打死打伤了至少130名正在做礼拜的穆斯林。他认为他是在遵循上帝的旨意，被以色列定居者强硬派誉为英雄。1993年美国世贸中心大楼爆炸惨案中的伊斯兰原教旨主义者嫌犯在被宣判时齐声高呼："真主是伟大的。"迈克尔·格里芬是一名"反堕胎"激进主义者，他杀害佛罗里达州彭萨科拉一家堕胎诊所的主治医生时，认为自己在履行一项基督教使命。

这些杀戮行为引出一个悖论。犹太教、伊斯兰教和基督教都是致力于爱与和平的，然而却被这些极端分子拿来为他们的杀戮辩护。每个宗教都有激进分子，他们都将类似这样的暴行视为他们在信仰上的圆满，而不是对信仰的否定。有意思的是，他们的杀戮行动很少能取得他们预期的理想结果。相反，尽管他们的小团体把他们当成英雄颂扬，但他们的暴行往往招致更广泛的社会舆论反对他们。

这些作恶者的思维是典型的二元对立思维——把受害者标为罪犯，罪犯反而被美化成救世主。这种二元论思维是世界文化信念系统的特征，主流宗教思想中充斥着这种思维。《圣经》和《古兰经》将道德宇宙一分为二成绝对的善与恶、上帝与撒旦。这些"虔诚"的杀人信徒（亵渎了他们信仰宗教的基本教义）以逻辑反向扭转的方式把他们迫害的人看成了恶魔。伊斯兰教的圣战和基督教的十字军东征让无数不同信仰的人在真主或耶稣的名义下死于屠刀之下。甚至希特勒也以上帝的名义为犹太人大屠杀辩护。

很显然，宗教机构在解决个人或集体暴力问题上，充其量只是取得了部分成功。我们还是要从对个体心理的认识上看看能有什么发现。暴力形成心理因素的公式化可以为认识愤怒、敌意和暴力提供参照标准。反过来，这个参照标准可以指引人们制定出应对他们自身敌意反应的策略，并为团体及国家之间的冲突解决提供依据。

道德规范之所以不能减少敌对行为，我们可以从对伤害行为有驱动和正当性维护作用的认知体系上来分析。要解开这个悖论，首先要认识原始思维和核心信念。当一个人意识到他自身或某个神圣信条受到威胁或亵渎时，他思考问题就会重新回到绝对化的二元思维模式。一旦这种原始思维模式被激活，他不自觉地就会准备攻击，来捍卫他狂热信奉的信念。这种敌对模式控制了他的思维器官，屏蔽了如同情心和道德感等其他人类品质。施暴者反应时，无论是作为一个个体还是作为群体成员之一，都会唤醒同样的思维。如果不打断它，敌意进程就会一步步从感知（侵犯）阶段进展到准备阶段，再到动员阶段，最后发展为实际攻击。

认知问题的解决方案

关于促发愤怒、敌意和暴力的基础心理问题，我将在后面的章节中展开。简而言之，解决人际冲突中的敌意和仇恨问题有两个阶段。一开始主要是在敌意模式触发时使其失活。可以使用各种方法在冲突升温时建立冷却期。分散注意力也有助于让原始思维模式失效。然后经过足够长的时间，当双方能够开始正确审视自己的敌意反应时，就能对对方行为的错误解读加以修正了。

而要更有效地解决这个问题，需要着眼于人们的认知脆弱性，即人们倾向于认为他们自己、他们所在团体或他们的个人基本价值是易受伤害的基础认知方式。总的来说，人们以及人群的领导者需要警惕自己僵化的思维，一旦受到威胁，他们就会被僵化的思维控制。他们需要认识到，当他们以绝对化的善恶或神圣／邪恶概念标准来衡量他人行为时，他们其实并非在做理性判断。他们要根据更客观的标准来评价其他人群，如外国人或敌人的行为，避免绝对化的归类倾向。最重要的是，他们必须警惕对他人及其意图的评价概括可能大错特错，如果他们据此采取行动，往往会造成悲惨的后果。

认知心理学和社会心理学领域的新进展让我们对偏见的无意识加工有了充分的理解，尤其是涉及尚待确定的偏见现象和敌对态度的激发机制方面。

进化心理学的新发现则使学者们可以在更深远的时间尺度上对人类行为进行研究和做出推断。自查尔斯·达尔文开始，许多学者认为很多社会行为和反社会行为都有生物学基础。某些特定类型的"反社会"行为，如欺骗、作弊、抢劫甚至谋杀，可能是从史前时代利于生存和成功繁殖的原始模式演化而来的。他们也提出了合作、利他主义和养育后代等亲社会行为进化论解释。但对本书将要讨论的主题——认知模式尤其是原始思维的进化——并未有人给出公式化的解释。

如保罗·吉尔伯特等其他学者则强调社会联结在旧石器社会中的重要性。在那个时代，被拒绝或社会地位的丧失带来的社会危险很可能会影响生存和繁育后代。竞争压力会催化社会焦虑，从而抑制那些可能对参与族群认同和配偶有妨碍影响的行为。如果个体因不良行为而被排除在群体之外，那么他将会失去族群保护而独自面对掠食野兽，也会被剥夺可以轻松获取群体储存的食物的机会。他将很容易遭遇人类或非人类敌人的致命攻击或饥饿，就不太可能获得交配权和留有后代。

个体有内在机制能引发对被遗弃或贬值的恐惧，这可能是促进群体团结的一个重要因素。进化而来的羞愧、焦虑和内疚等情绪反应是群体内道德行为的牢固基础。不过，这种机制虽然在史前时代有可能有功能适应性，但在现代环境下很大程度上是不适当的过度活跃。

还有些学者认为，进化压力有助于发展出符合社会预期的特征。似乎存在先天的机制能强化社会行为。人们在合作和利他时会感到愉悦，教育者、宗教领袖和社会改革者可以利用这些资源来抑制敌对行为并促进道德行为。

第 2 章

风暴之眼("我"):
利己偏见

是什么触发了敌意呢?一般来说,我们遭遇某种经历时是否会感到愤怒、焦虑、悲伤或快乐,取决于我们对它的解释,即我们赋予它的意义。如果我们在做出反应之前不能理解事情的意义,我们的情绪反应和行为就是随意发生的,和事情具体的情况毫无关系。只有我们正确地选取信息和正确地加工信息,我们才有可能对事实做出分辨。这样,我们才能做出恰合时宜的情感和行为反应。如果得出的判断是"我有危险",我就会焦虑;如果得出的结论是"我被冤枉了",我就会生气;如果想到"我很孤单",我就会难过;如果意识到"我是有人爱的",我就会感到开心。

然而,当我们的解释不正确或过分夸大时,我们就可能会在应当平静时感到焦虑,在应当悲伤时感到愉悦。当我们的信息处理过程受到偏见左右(或信息本身有误)时,我们很容易做出不合时宜的反应。

偏见在信息加工极早期——无意识阶段——就可能在运作了。

一位高度敏感的女士将男性友人的由衷赞美解释为对自己的侮辱，下一秒，她就会愤怒地冲着他吼叫。她把那位男士的话理解为"他在羞辱我"。在她的潜意识中，男人是不喜欢她的，所以她会把并无恶意的评论误解为侮辱性的语言。

关于成为"受害者"

想象以下场景：卡车司机在咒骂前面的司机，认为是对方开太慢了，才导致交通堵塞；经理斥责员工没有提交报告；大国进攻有反对意见的弱小邻国来保障其充足的石油供应。有意思的是，在这些例子中，谁是受害者与谁是迫害者尽管显而易见，但所有案例中的攻击者都很可能反而会声称自己是受害者：卡车司机认为自己被挡了路，经理认为自己被违抗了，入侵国认为遭受了反抗。攻击者们坚信他们是正义的，他们的权利受到了侵犯。真正的受害者（对于客观观察者而言）成了迫害者宣泄愤怒的目标，被他们视为加害者。

那些好斗且控制欲强的人通常会认为他们的权利凌驾于他人之上。和好斗卡车司机对待慢行司机的方式一样，好战国家打着类似"需要生存空间"（德国）或"国家征用"（美国）的旗号来对待弱国的反对意见，即妨碍了它们的正当目标。

群体中的人在个人冲突中往往会表现出相同的思维偏见。不管是个人还是群体，他们的敌意都源于同一个信条：认为对手是错的和坏的，而自己是对的和好的。每个案例中的攻击者都展现出同样的思维障碍：以利己方式构建事实，夸大假定的侵犯行为，认定对方有恶意。

出于求生本能，我们会非常警惕那些可能会危害到我们的健康和个人利益的事件。我们对那些有贬低、强迫或妨碍意义的行动很敏感。我们对他人的行为保持监控，这样我们就可以对任何明显有威胁的行为或言论启动我们的防御保护。我们会比较倾向于对非恶意行为赋予负面的个人解释，夸大其对我们的实际影响。因此，我们特别容易感到受伤害并对他人愤怒。

人们以自身信念体系为参照对情境进行过度诠释的倾向其实是"自我中心角度"的一种表达。如果处于压力下或感到威胁时，我们的自我中心思维将会更加突出，同时，我们的关注视野将会扩大到那些不相关或无关紧要的事件上。他人的行为有着如挂毯花色般丰富多样的促动原因，然而我们却只选择了一根可能只影响到我们自己的线条。

对待他人明显的不良行为，我们特别容易陷入自我中心思维。比如，丈夫下班回到家时，看到妻子全神贯注地做家务而没有留意到他，丈夫认为"她不关心我"。而实际情况是，妻子在外工作了一天，已经很累了，但她作为家庭主妇仍然全身心地做家务。尽管这样的解释根本站不住脚，但丈夫却坚持认为妻子之所以不关心他，是因为她已经不爱他了。

我们都倾向于把自己当作戏台上的主角，仅凭自己的好恶判定他人的行为。我们是主演，而其他人要么是我们的支持者，要么是反对者。他们的动机和行动在某种意义上都是以我们为中心的。就像传统的伦理剧演的那样，我们是无辜的好人，而对手是邪恶的坏人。自我中心主义也会让我们误以为其他人会和我们一样理解当时的情境，他们"知道"自己在伤害我们，但却仍然继续他们的侵害行为，因此他们似乎更应当受到惩罚。在"热"冲突中，犯罪者也以自我为中心的角度看待问题，这为伤害、愤怒和报复的恶性循环奠定了基础。

我们的注意力在这种自我中心取向的驱使下聚焦在对他人行为和假定意图的管控上。我们遵循着诸如"你不应做让我痛苦的事情"的潜规则。由于我们可能太过宽泛而且僵化地运用这些规则，因此我们总是容易受到他人行为的影响。当我们觉得有人触犯了我们的规矩时，我们就会愤怒，这是因为我们已把我们的规则等同于我们自己了，触犯这些规则就等于是在攻击我们自己。我们越是将那些无关事件和我们联系起来，越是夸大相关事件的重要性，我们就越容易受到伤害。而当他人也以自我中心规则行事时，我们的自我保护规则就会不可避免地被打破，而且即使他们了解我们的规则，他们也不想受制于人。

自我中心视角在亲密关系特别是在不幸的婚姻中的影响是很明显的。例如，南希很生气，因为罗杰只给自己做了三明治，却没有问她想不想吃。罗杰触犯了南希的隐性规则："如果罗杰关心我，他会想要跟我一起分享。"实际上，南希在乎的不是三明治，而是对方没有为她做三明治，按照她的判断标准，这意味着罗杰心里没有想到她，也不在乎她的意愿。面对她的埋怨，罗杰重新做了一个三明治给她，但已经于事无补了。对于南希来说，罗杰的行为已经"证明"他不在乎她了。结果，她选择了沉默。

南希脑补着种种细节，她越来越脆弱，变得更容易愤怒和伤害感情。而对于罗杰来说，他并不在乎南希能否预见到他想要什么，他是对任何可能自己被他人控制的线索非常敏感。南希的沉默不语让他非常生气，他认为这是南希对他的一种惩罚。在南希的"伦理剧"剧本中，她是受害者，罗杰是坏人；而在罗杰的版本中，他是受害者，南希才是那个坏人。

人之所以会形成这些规则，是为了避免受到伤害，保护自身，然而实际上恰恰相反，它们让人更容易受到伤害。如果南希是这样认为的:"如果罗杰没有意识到我的意愿,我就要告诉他。"这就是一个更具适应性的规条。如果南希真这样做了,那么这样一个程序规则就有可能真的达成南希希望"罗杰更在乎她"的愿望。另外,这样罗杰无疑就能知道南希的回避并非是变相的报复,而是对他感到失望的结果。

这种以自我为中心和将他人行为与自身相关联的倾向在某些精神障碍的病人身上是很明显的。如果病人的自我中心思维过度被强化,他们会忽略他人的真正性格以及互动交往的真实情况。他们可能会对他人行为赋予歪曲的甚至离奇的意义。这种倾向在偏执狂病人身上表现得极其显著,他们会将他人的无关行为与自己关联在一起(自我牵连),认为别人都在针对他们,而丝毫不怀疑自己想法的真实性。

汤姆是一个 29 岁的电脑推销员,他因为连续好几个月持续的烦躁不安而被转介来接受评估。他抱怨街上的行人都在盯着他,而且说他的坏话。在拐角处,他遇见了一群兴高采烈的陌生人,他认为他们的笑代表着他们正在谋划如何为难他。汤姆的自我牵连和我们自身的经验相去甚远,但却戏剧化展示了人类将他人行为和自我关联的倾向。

自我中心视角在其他临床问题中也可以观察到,如抑郁症。抑郁症患者会将不相关的事件与自己联系起来,不同的是,他们是将这些事件解释为自己不值得或不好。相比之下,典型的敌意者并不认为人们是在故意伤害他,而是他们的愚蠢、不负责或固执可能会干扰他实现目标。在他的剧本中,他是英雄,他的使命是追寻彩虹,而这群蠢货妨碍了他。不过,他的敌意越严重,他就越有可能会将他人的妨碍行为解释为故意伤害他的企图。

疑心重的人会将他人的行为解读为阻挠、欺骗或操纵他意图的标志。一些政治组织或宗教团体分子常被形容为"偏执狂视角"，他们认为自己的价值和利益受到暴政的压迫或被其他团体侵害。理查德·霍夫施塔特在《美国政治中的偏执狂与其他随笔》（*The Paranoid Style in American Politics, and Other Essays*）中详细描述了仇恨组织的心理，他们固执地认为腐败的政府故意侵犯他们的宪法权利。

人际关系中的一个关键问题是，我们的言行可能向他人传达了非预期的含义。同样，他人的言行也会向我们传递非预期的意思。老练且圆滑的社交，需要警惕他人对我们做什么或不做什么可能会赋以各种可能的解释。人们如果想要保持亲密关系的平衡，就必须认真掌好舵，小心穿过对方预期和解释的浅滩。这一原则适用于个体的人际关系，也适用于群体的群际关系。

个人主义和利己主义

自我中心"只关注自己"的通俗简单概念其实大大低估了它对我们过往经历的解释以及我们核心利益的保护和增强作用的重要性。每个人都要把基因传递给下一代，而自私偏见、占有欲和自我防御是进化机制中的优先项。不仅是我们身体的愉悦和痛苦会强化自我的中心特性和边界，心理上的愉悦和痛苦也有作用。例如，成功后的喜悦是我们对自身价值评价——也就是我们所说的"自尊"——抬高的结果，反过来，失败的痛苦则来自自尊的贬低。

这些快乐和痛苦的体验会加强我们的个人本体意识，而这种强化会被他人对我们的评价和奖惩进一步巩固。他人界定他们的个人领域边界，也会有助于我们厘清我们作为独立个体的意识。我们侵犯了他人的领域，所激起的对方的愤怒会让我们确立我们个人领域边界所在。我们都有关于自己的特定心理表征，包括我们的个人本体意识、我们的身体概念和我们的心理特征等。我们对我们个人领域的"外在"部分，对我们自己一样都非常关注，这也包括我们在乎的其他人和机构、有形资产。事实上，我们的领域界限还会扩展延伸到我们所有的从属关系——种族、宗教、政党、政府。如果有人攻击领域内的任何事物，我们就会把它等同于对我们个人本体的攻击。不幸的是，我们维护这样一个延展的领域会令我们对各种各样的潜在侮辱都高度敏感。

随着自我意识的出现（大约在生命第二年），个体开始根据自我利益来思考和筹划。可能——或者就是——受社交压力的驱使下，个体发育会顺应社会规则和制度的方向发展。我们的自尊就是一个内部压力表，它迫使我们扩大我们的资源和我们的个人领域，并且能显示出我们领域估值的波动变化。我们有价值的领域扩大，我们就会感到高兴，而它被限制或贬低，我们就会痛苦。当我们受到了伤害，我们会利用各种策略来增强我们的自尊。如果我们实现目标和扩大个人领域受阻，我们就可能会生气而攻击或惩罚那些冒犯我们的人。

原始信念

我们的信念和信息加工系统决定我们的感受和行为。我们根据我们个人的价值观、规则和信念来解释他人发出的信号，也会误解他人的意思。如果我们过度看重个人成功或国家优势，我们就会陷入轻视竞争对手个人、外族人或外国人，而觉得他们不如我们的思维陷阱。源于进化经验，我们人类大脑保留了一套处理信息的原始机制，在面对有别于自己的其他人群时，我们的判断会有失偏颇。

认知偏见会让我们不假思索就判定那些做法和信仰与我们冲突的人抱有恶意。当我们的认知系统更严格工作时，我们就会倾向于把包括生气的配偶、宗教或少数族裔者和直言不讳的政治改革者划分为"敌人"。如此一来，我们便更加无法以反思、客观和旁观者视角的方式来看待他人了。

　　人们之所以有变得过度易怒与偏激的偏好，可以从这种原始思维的角度来理解。之所以说这种思维方式原始，不仅是因为它是基本的方式，还因为它可能起源于原始时代，那时，这种思维方式让动物与人类先祖有效地解决了与其他个人及群体间的生命安全问题。

　　人们通常认为，愤怒是他们对冒犯的第一反应，而事实上，他们对他人冒犯的初始诠释会先于愤怒发生，这个过程太快并且通常太过隐蔽，以至于他们可能觉察不到。一旦他们开始反思和内省，他们会发现，自己的第一初始情绪反应不是愤怒，而是痛苦。如果经过训练，他们通常能"捕捉"到导致他们痛苦的事件的含义。

　　所以，敌意的发生顺序是从对侵犯的解释到愤怒，再到敌意言语或肢体行为。多年来，我曾一直以为，人们在认为自己被冤枉后会立刻愤怒。然而，几年前，我观察那些关注自身体验的患者时发现，在他们体验到愤怒之前，他们会经历一种被称为短暂创伤或焦虑感觉的毒性体验。我们的深入研究发现了导致先于愤怒体验出现的痛苦感受的通用路径：感觉到某种程度地被贬低的认知观念。如果一个人认定是另外一个人不公正导致他的这种痛苦，他的行为系统就会被调动起来准备进行反击。以下图示简化演示了敌意的阶段性演化过程。

事件 → 痛苦 → "蒙冤/受委屈" → 愤怒 → 动员攻击

如果我们认为威胁或损失完全是由如疾病或经济危机等非人为因素造成的，我们会感到沮丧或不高兴，但不会愤怒。但是，如果我们觉得是某个人或某个团体的错，我们就会感到愤怒并觉得有必要报复来让对方认识到错误。被无生命物体碰撞到，如果我们觉得不应当时也可能会对着那个东西生气（例如，这个椅子就不应该在那里，或者玻璃杯不应该从我们手中掉下来）。我们的主观感受在性质和强度上可以从微愠到暴怒之间波动。尽管"愤怒"一词通常的用法不仅用于表达一个人的感受，也用于指示他的破坏性行为，但在我这里，"愤怒"一词只用于表示感受，而用"敌意攻击"来指代行为。

当我们被激怒准备要战斗或反击时，可能会因考虑到后果而没有行动。然而，只要我们仍将对方视为敌人，我们的生物作战系统就不会停止运转，在生理学上表现为心率加快、血压升高和肌肉紧绷。我们的战斗动机也会通过像紧绷着脸、怒目而视等恐吓性的面部表情展现出来。

如果我们对那些貌似侵犯的行为产生曲解或夸大，我们的人际关系就会出现问题。假设我们认定有人贬低我们、欺骗我们，抑或是挑战我们秉持的价值观。这种侵犯行为会令我们为了终止侵害并惩罚对方而引发我们的反击。我们每个人都有自己的脆弱点，一旦被触碰到，我们就很容易做出过度反应。这些脆弱易感区实际上是由若干问题信念组成的，例如"别人不尊重我，意味着我看上去很弱"，"我的妻子不欣赏我，说明她不在乎我"，或者"如果我的伴侣拒绝了我，我就是无助的"。

为了免受歧视、胁迫、不公正对待和抛弃，我们构建了平等、自由、公平和拒绝的规则。如果我们认为自己遭遇了不公平的对待或自由被限制了，我们不仅感觉到被贬低，还会对更多可能的轻视贬低变得警惕敏感起来。即使我们还没有承受任何损失，为了保证权力平衡，我们也会寻求对规则违背者的报复和惩罚。无论我们是否受到伤害，我们都会裁定他们违反者的性质，衡量哪些人会对我们的预期报复支持和反对，并决定要采取什么样的跟进措施。

我们凭借这些信念体系监控并评估我们的人际交往，然而这些规则的夸大使用和僵化性却带来了不必要的麻烦。缺陷信念在后台驱动了我们一整套的自我保护性补偿要求："人们必须尊重我"，或"我的妻子应该一直对我表示关心"。如果这些禁令被触犯，另一套强制性的报复信念就会被激活。"我要惩罚所有不尊重我的人"，或"妻子再不回应我的话，我就要离开她"。那些事关我们生存和身份等重要内容的保护性信念会以一种原始形式呈现出来，例如，"那些诽谤我、使我荣誉受损的人，都是我的敌人"。

原始的信念往往是极端的，会引发暴力。汉克是一名建筑工人，他的信条是，"如果有人不尊重我，就要揍他"。他曾在工作场所、酒吧和其他社交聚会场合多次与人动手打架。有时他也会把这一条用到妻子身上，如果妻子责备他，他就会打她。他因此接受了夫妻治疗，通过治疗他认识到他之所以不惜一切代价维护自己的男子气概，是他的脆弱性使然。当他意识到，一时冲动冲昏头脑伤害别人不是强大，而是软弱的表现，他就能更好地控制自己的行为。我们的临床研究发现，大多数虐待者都有一个缺陷性的自我形象，他们常常通过尝试恐吓他人来弥补这个缺陷。

与此类似的一套信念可能也会激发群体和国家之间的愤怒与敌意。这并不奇怪，因为群体行为是个体思维的累积结果。实际上，"非我族类，其心必恶"的核心信念更为强大，它导致了群体的脆弱易感性，激活了群体的防御意识。当两个群体发生冲突时，这些信念就会被激活，进而塑造群体的认知。如果这些信念越来越强烈，双方就会演变为敌对关系，其中一方可能会被迫先发制人而发动攻击。如种族骚乱、战争和种族灭绝等大规模暴力的背后也隐藏着类似的信念。

个体研究所得可以应用于群体中个体的集体思维。对竞争对手的个体偏见倾向可能会在群体所有人对群外人的共同偏见中得以体现。我们知道，通过治疗改变个人的思维，我们可以减少他们自我挫败的愤怒和敌对行为。既然如此，我们能否将相同的原则应用于群体冲突和种族冲突的问题解决之中呢？

我们为了保护自己免受他人侵犯所设立的规则类似于社区为保护选民而制定的法律。我们之所以认可这些法律，是因为我们认可它们的保护价值，虽然我们本人可能不一定会遵守它。然而，当我们发现他人触犯法律时，我们很可能会变得愤怒而严厉惩罚违法者。例如，开车闯红灯会犯众忌，这是因为下一次谁都有可能会成为闯红灯的受害者。因此，我们都同意必须严格执行这些法律，但这么做主要是为了控制其他人（我们会倾向于认为自己能特别豁免于这些法律的约束）。

我们会倾向于宽容自己的自私行为，但会批判他人类似的行为。将贪婪、傲慢和懒惰列入七宗罪，是人类社会宗教制度试图遏制人们固有的以牺牲他人为代价的自我膨胀和自我放纵的劣根性的尝试。利己之事可能会损及群体及他人。我们个人的控制领域扩大了（贪婪）、精力节省了（懒惰），我们个人会因此感到满足，但这些"自然"倾向可能会妨碍社会的利益，因此社会不鼓励这些做法。社会通过强制惩罚来让违法者产生羞耻感（非内疚），并因此促成其行为改变。

积极的信念和情感

无论如何，自私、自我中心的态度和行为展现的只是人性中的一面。而人类进化而来的爱、善良和同理心对此构成了强有力的削弱和平衡。所以，我们人类从根本上就是矛盾的——一边是自我放纵、自恋与自私，另外一边是自我牺牲、谦卑与慷慨。

我们通过分裂与融合这一对比鲜明的比喻来阐述人与人之间的关系。个人主义与利己主义可能会导致一个家庭或团体分裂，并引发家庭或团体内部的敌意，但他们对爱、关怀和团结的渴求又能让他们凝聚在一起。后面的这种联结机制也是宏观进化的产物。这种亲和或社会化的倾向在各种亲密关系中是很明显的，例如亲子关系、恋人关系、配偶关系、亲戚关系以及朋友关系等。人际的亲密、和谐和友爱会因感受到愉悦而得以强化与维持。如果一个群体——俱乐部、政治组织、学校、民族、种族以及国家集团——的成员拥有一个共同目标，他们之间也会形成强有力的纽带关系，尽管有时只是短暂的。热烈的世界地球日庆祝就是例证。团队精神可以增强集体的团结，共患难的经历由于能促进共同的悲痛感和互助感也可以增强集体的团结。

个人对集体中他人的忠诚纽带和对集体的忠诚是一体的，都能赋予这个集体凝聚力、定位和界限。然而，如果如阿瑟·凯斯特勒所说的那样，人们把他人或其他团体视为外人、潜在对手甚至是敌人，这种群体凝聚力对我们整个人类反而是不利的。群体成员间的这种社会性与群体成员的个人主义相结合为群体成员针对外来者的侵略性竞争、不宽容和敌意奠定了基础。如果人们利己性的和社会亲和性的努力方向与集体目标一致，人们将会得到集体认同而获益，但也会受到其阴暗面的影响：仇外心理、沙文主义、偏见和不宽容。在对待其他群体时，他们展现出的是和他们在群体内对待反对者时同样的思维方式。这涉及如过度概括、两极化思维以及单因谬误（将其他族群视为他们痛苦的唯一原因或者称之为替罪羊效应）等思维错误。

派系团体经常会陷入自我感觉良好的优越感（更有价值）陷阱。如果你认为他们没那么有价值，他们会非常容易感到受伤害和被贬低。人类过去那些与"外来"族群斗争的历史记忆情节与形式中深深嵌刻着偏见思维的烙印。这些记忆可能会（通过文化媒体）代代相传。人类个人主义和社会性结合成的双头怪兽[①]不可避免地会扭曲人类思维，催生狂热的民族主义，掀起宗教改革运动和政治斗争。

处于对抗或评价模式的人特别容易以消极的方式看待他们的对手。人类宗教和非正式道德规条在削弱人固有的自私和贪婪本性方面不怎么成功，其中的一个原因是宗教道德无法消除人类信息加工过程的缺陷，也无法真正改变人们对外来者的观念。实际上，由于某些宗教强调绝对化（二元论、过度概括）评价判断，反而强化了人们评判他们自己和他人的极化偏见倾向：要么善良，要么邪恶，要么仁慈，要么恶毒。这种思维很显然会在人际和群际制造麻烦。

仅靠道德准则和宗教教规来消除过度的愤怒和暴力是远远不够的，我们需要搞清楚那些驱动人际和群际冲突的认知偏差和错误信念。然后这些知识可以为在个体或群体水平上进行适宜的干预奠定基础，而治疗则可以聚焦于那些愤怒、敌意和仇恨的核心问题。

社会亲和倾向不只显化于自我强化的群体目标，也奠定了群体

[①] 凯斯特勒称之为"雅努斯"（Janus），古罗马宗教信奉的兽性精灵、两面神。——译者注

成员的协作、理解和同理心的基础。不仅如此，这些亲社会倾向还可以在群体间牵线搭桥（例如，跨信仰崇拜服务）。人们试图以道德规条、伦理和宗教原则来打破个人和群体的界限和缓冲彼此的敌意。但讽刺的是，那些"异教徒"有时会被如博爱等信条教义逼迫接受某个群体的信仰，否则将面临被驱逐，如果他们抵抗甚至会被消灭。例如，清教徒因为被其他宗教敌视而离开了英格兰，但他们在美洲大陆对持异见者却展现出和他们曾遭受过的一样的不宽容。

敌意的起源

自我中心偏见的概念是如何与敌意理论契合的呢？受到关注的解释因素包括先天因素、环境因素以及二者之间的交互作用。其中最著名的内因理论是西格蒙德·弗洛伊德详细论述的理论。第一次世界大战突显的非理性的人类本性令弗洛伊德有了醒悟，他提出了生本能和死本能理论。死亡本能非常强大，它会击垮那些对抗它的防御，消灭假想的敌对者。这一理论与弗洛伊德著名的水力学理论是吻合的，该理论假设人的敌意就像水池里的水一样会随着时间积聚而溢出。精神分析的另外一个理论则认为，人们会将他们的敌意幻想投射到对方身上，并以愤怒来反抗这些投射。

康拉德·洛伦茨提出的进化理论将敌意攻击视为某些外部刺激激发的人的本能。洛伦茨推测认为，动物可能存在与生俱来的抑制机制阻止残害同族，但人类并未进化出这种机制。生物学家认为暴力涉及多种神经化学因子，如睾丸酮等激素水平过高或如血清素、多巴胺等神经递质不足。

另外一个理论流派将敌意攻击归咎于环境或情境。其中最流行的观点认为人们可以被引导服从权威命令去伤害某个特定的人。斯坦利·米尔格拉姆通过一系列实验研究对大屠杀做出了解释。按照"情境主义"理论的理解，实际上只要有适宜的环境，任何人都可能被诱导做出反社会破坏行为。

还有一个理论强调暴力本能与外部环境之间的交互作用。这一学派认为敌意是个体对特定有害环境的适应性反应。沃尔特·坎农提出了"战斗－逃跑"反应概念，这是一种恰当的攻击或逃避的威胁应对策略。伦纳德·伯科威茨强调了挫折是敌意的重要原因。阿尔伯特·班杜尔则详细描述了人们为达成某些目的而攻击的机制。我综合了坎农、伯科威茨和班杜尔的部分理论，不过我更重视人们对交流互动所赋予的关键重要含义，这些含义是引发愤怒和敌意的关键因素。我认为敌意反应是史前早期人类的一种适应性策略，但现在大多数时候已不再适用了。

灵活运用"战斗－逃跑"机制毫无疑问能提高史前人类祖先的生存概率。自然选择极大地磨砺了人类祖先战胜敌人或逃脱危险的能力。现代社会中，我们所感知的威胁大多数是心理威胁而非身体威胁，因此，这些防御策略的高反应性带来很多麻烦。毁谤、控制和欺骗本身并不会对我们的身体健康或生存构成威胁，但这些行为意味着我们在群体中的地位会受到威胁、尊严会受到贬低。所以，我们经常会像身体遭受攻击一样对语言攻击做出强烈反应并决意报复。

人类对这些心理威胁的广泛敏感性可能源自原始族群排斥经历。原始时期，被族群排斥意味着丧失食物来源和族群的庇护，族群中的个体因此发展出对被排斥和抛弃的恐惧，进而很可能更愿意与族群中的其他人建立合作关系，这样他们就可以在充满不确定危险的环境中提高生存概率。这种社会性取向的特征经由进化压力与基因筛选而传递给子孙后代。人类对心理威胁敏感性的一个更深层的原因是人们对任何无论是真实的还是想象的侵犯都能迅速做出回应,防止被认为软弱而招致更多侵略性的攻击,这一点在美国北方城市中心区的"街道准则"和美国南方的"荣誉准则"中可见一斑(见第9章)。

我们的遗传血统要延续下去不仅要靠生存和社交策略,还要依赖重要的认知技能:区分猎物与捕食者,辨别朋友与敌人。这就像我们身体的单个细胞识别并驱除入侵的异物、我们的免疫系统监测并消灭毒素和微生物一样,我们的认知与行为系统也可以识别和抵御入侵者。原始思维方式可能在史前环境中是适应性的,那种条件下能否生存下去靠的是个体——往往是在一瞬间,根本没有时间思考——的即时反应来应对那些来自陌生人(甚至是来自同族群其他人)的明显威胁。在识别敌人时宁可错杀一千,不能放过一人(假阳性)的做法是最保险的。仅仅一个假阴性判断(将敌人误认为是战友)就有可能是致命的。人们在与他人遭遇时不得不快速而且非常清晰地界定对方是否有威胁。这里没有任何模棱两可的余地。这种非此即彼的粗略分类,便是二分思维的原型,这种思维模式常见于那些长期暴躁、挑剔和易怒的人身上,也影响着那些长期不和的群体与战争中的社群和民族的个体反应。

号称"认知革命"的心理学新进展也让我们对这一行为领域有了更深入的理解。这些较新近的热点研究在关于人们如何思考、概念如何形成和信念如何发展等主题领域提供了丰富的信息和简洁理论假设。这些研究扩展到了如读心术、构建自己与他人的表征等信息加工过程。这些研究中与社会问题最密切相关的是临床观察:禁锢的心灵对威胁——无论是真的还是想象的——的反应是根深蒂固的认知偏离和偏见性思维。是这种僵化的范式、心灵的监牢让我们深陷仇恨和暴力的痛苦难以自拔。

近年来，心理学、生物学和人类学领域的深入研究让我们对人类天生的友善与合作偏好有了更深的理解。达尔文生物学和心理学的"新观点"不仅注意到那些具有个人生存和繁衍促进作用的基因程序，也密切关注那些能促进个体适应社会群体的进化策略。我们知道，在资源竞争频繁且残酷的古代环境中，战斗力对于"繁殖成功"的实现是必需的条件；人类祖先常常以牺牲族群其他成员为代价来确保他们的交配机会。"残酷无情的自然"，通过物竞天择，为生存提供了重要的策略。

正因如此，在自然选择的促使与指引下，我们的祖先发展出了适应群体生活的社会模式。这种模式有助于形成亲密的依恋关系，让他们一起分享食物、共享信息、相互保护和繁育后代。在看到孩子痛苦时，我们会感同身受；在帮助他人时，我们会心生愉悦；在建立亲密关系时，我们会满心雀跃，所有这些都显著提醒我们，亲社会反应和反社会反应一样都早已融入我们的天性。对游牧社会和黑猩猩社群的研究对了解我们这些社会合作行为的演化过程提供了宝贵的洞见。

第 3 章

从伤害到愤怒：
脆弱的自我形象

我们都将被终身监禁在自我的地牢中。
——西里尔·康诺利（《不平静的坟墓》，1995 年）

回想一下让你痛苦难过的那些事情：你信任的人欺骗了你，你信赖的人辜负了你，好友到处散布你的谣言。你经历的这些痛苦会有什么作用呢？

人类似乎是命中注定——但也是被安排好的——要忍受"命运无情的摧残"。苦难仿佛是人类生活的常态。如果我们受到伤害，无论如何，我们很少意识到心理痛苦可能的作用功能。反之，人们很容易能认识到身体的急剧痛苦是身体受到伤害给我们的警报，能催促我们尽快结束或修复伤口。众所周知，人患神经疾病失去痛觉会很容易受到严重甚至致命的伤害，因此我们能理解，身体的疼痛感起着重要的保护作用。然而，心理伤害除了给我们的生活蒙上一层阴影，能有什么作用呢？我们又能从悲伤、屈辱、孤独中得到什么呢？

我们在与他人的互动中常常能感受到心理上的痛苦如伤感、难过、苦恼，甚至焦虑。这些不愉快的反应有一个特殊功能：它们能促使我们纠正我们对待自己或他人的行为，或者让我们审视导致痛苦的环境条件。虽然我们可以理性地认识到某些人际交往经历会伤害到自己，但只有在经历痛苦后，才会有足够的动力促使我们做出改变。如果没有被刺痛，我们将会落入他人之手。如果我们不努力阻止这种行为，任何人都可以随意地控制、操纵或背叛我们，从我们身上获得好处。

心理上的痛苦常常很有必要，它可以激活我们克服天生的惰性，让我们警惕错误与坏人。痛苦会驱使我们采取措施消除痛苦的根源——要么纠正错误，要么摆脱困境。疼痛会动员我们全身各个系统准备逃离危险（逃跑）或消除痛苦源头（战斗）。愤怒体验是攻击外部实体的催化剂，而焦虑是我们逃离或回避痛苦的助推器。

疼痛——无论是身体还是心理的——也有远期作用。我们生来就能将某些情境与痛苦或伤害联系在一起，这种关联建立后我们就为未来快速应对类似情况做好了准备。我们能区分善意玩笑和故意侮辱，就可以近乎本能式地对恶意行为做出反应。我们也掌握了适应性方式，预防那些可避免的伤害。"一朝被蛇咬，十年怕井绳"是对重复创伤情境的近乎自动化回避的典型比喻。当然，除了退缩，我们还掌握了其他的困境应对方法。我们可以用我们更成熟的社交技巧来化解有潜在威胁的情况，使用问题解决技能应对困难，预防伤害或心理创伤的发生。

我们的某些行为可能会在不知不觉中激怒他人，我们可以从这些经历中学习。当我们能觉察到他人的感受时，我们会发现不仅是我们自己有需要和感觉，我们的行为也会无意中伤害他人。批评和惩罚能帮助我们融入社会行为准则，并形成我们自己的行为规范。有了这些社交技能，我们就可以与他人合作。

心理痛苦的研究揭示了一些重要的人性内容。我们身体有关的痛苦体验如腹部下坠感、咽喉阻塞感、胸闷等可以在一定程度上让我们觉察到自己的情绪痛苦。治疗师通过这些表现和其他线索让患者觉察到他们在经历伤害前后的想法,然后理解他们所做出的过度和弄巧成拙的反应。

理论家和治疗师也能通过对人们的想法、意象和痛苦的识别而有所收获。这样可以让我们理解人的总体行为——思考、情感和行动。

意义的价值

无论是遭到身体还是心理攻击,我们似乎总会立刻做出反应,但并非总会愤怒。我们是否会愤怒,取决于我们受伤害的背景和我们对事件的解释。家庭医生给幼儿打针,孩子反抗挣扎和哭闹是在保护自己避免遭受不明就里的疼痛折磨。而一个成年人接受注射也会感到同样疼痛,虽然可能会有些焦虑,但通常不会因此发怒。

孩子和大人的反应如此迥异,原因在于他们赋予事件的意义不同。对孩子来说,除了医生的强势和无情,任何事情都无法解释为什么他必须要经历这么痛苦和可怕的事情,更不要说,平时慈爱的父母也背叛了他,帮着医生来伤害他。对于一个成年人来说,这个过程虽然痛苦、紧张,但这是合乎情理和可以接受的。对此感到愤怒是不合逻辑的,因为他是自愿接受这项能给他带来好处的治疗的。与孩子不同的是,成年人知道如何区分恶意与善意的伤害,区分可容忍的和不可接受的疼痛。成年人对痛苦有着更广义的理解,包括那些虽然痛苦却最终有益的经历。

这个例子让我们看到,我们对所遭遇事情的赋义、归因和解释对于我们如何反应起着决定性作用。如果有人伤害我们,我们本能性的反应是感到紧张并试图逃跑,或者是感到愤怒而试图反击。如果威胁无法消除,我们就会倾向于逃避当时的处境。我们是否会愤怒取决于我们是否认为自己受到了委屈或伤害：如果我们认为他人的做法不公正，我们就可能会愤怒。当我们认为他人的行动是善意之举时，一般情况下我们不会生气。如果我们不是特意"准备好"把攻击理解为善意的，无论如何，我们的第一反应都是把不友好的举动当作故意和恶意的而准备惩罚冒犯者或避开它。

  想象下面的场景：我在公共汽车站等车。一辆公共汽车来了，却没有停下。开始，我只是因累有些辛苦，但当公共汽车快速驶过甚至没有减速时，我感到一种无助感。我想，"他（司机）故意不搭理我"，我感到很生气。不过，随后我就注意到公交车是满员的，然后我的怒火平息了。引发我愤怒反应的关键是我把司机的行为理解为故意忽视。实际的疲累感和我假定的冒犯行为相比不值一提。一旦我重新思考这个情况后，"冒犯感"就烟消云散了，而我只会认为这个事只是有些不便而已。然后，我会关注去确定下一班公共汽车何时到或是考虑其他到达我的目的地的方式。

  延误和沮丧本身不一定会导致愤怒。真正的导火索是我们对他人行为的解释，以及这个解释能否让我们接受该行为。如果不能，我们就会恼羞成怒并且想责罚对方。大多数情况下，我们都会将冒犯我们的行为视为故意而非偶然的、恶毒而非善意的举动。不方便和沮丧感来去匆匆，可蒙冤之感会经久不散。

  下面是我们诊所的临床案例，讲述了一份文件如何引发了一场激愤。临床病例分析是特别能发人深省的：由于临床患者的反应通常更夸张，因此我们能更清晰地描述与理解这些反应。

  路易丝是一家大型职业介绍所的人事主管，她发现自己总是对身边人发火，包括上级和下属、家人和朋友。她的几次愤怒爆发向我们展示了她的敌意反应的触发和表达机制。有一次，她的老板纠正了她提交的报告中的错误。路易丝对老板"批评"的第一反应是"呃，我犯错了"，接着就是"他肯定觉得我的工作很差劲……这次我搞砸了"。她的自尊心受伤，她觉得糟透了。路易丝的反应正是自尊受到威胁后触发的典型的两极化思维。如果反馈不是百分百肯定，那它就是完全否定的：一个失误变成了差劲的工作，批评变成了全盘否定。

后来，当她仔细琢磨这事时，她冒出来一堆自动化想法并越来越生气："我为他做了这么多，他无权这样对待我……他不公正，他从来都不欣赏我做的工作。他只会批评人……我恨他。"通过将自己的委屈解释为她的老板"不公正"，她的自尊得以宽慰。其实，她只是将关注点从"他不赞成我，他认为我不合适"转移到"他不应该批评我"。以不恰当地"导致"人不愉快为由把责任推到他人身上的行为是愤怒的前兆。持续的威胁感和刻板的邪恶坏人形象会导致暂时的仇恨感。当我们的思维从具体的行动（他指出了这份报告的两个错误）转换为过度概括（他总是批评我）或标签化思维（他不公平）时，我们的愤怒或攻击会更容易地持续下去。人们通常无法意识到自己思维的这种转变，但可能把这些不记得的内容关联的怨恨持续保持下去。

恶变

人们越是觉得自己的痛苦是他人有意为之，或是因他人疏忽、冷漠或缺陷造成，人们的反应就越强烈。路易丝的经历展示了从脆弱性到痛苦再到愤怒的连锁反应。不过，遇事特别易怒者很少能觉察到愤怒反应前转瞬即逝的受伤害感觉，以及痛苦和愤怒反应前快速出现的"自动化思维"。痛苦前的想法可能是自我打击的（"我犯了一个严重错误"），自我怀疑的（"难道我就不能做好吗？"），恐惧慌乱的（"我可能会失去工作"），或失望沮丧的（"他不尊重或不欣赏我"）。我将这些想法称为"隐藏的恐惧"和"不公开的怀疑"。

我们往往会受到他人对我们的看法的影响，抑或是受我们所假定的他人对我们的看法的影响。"她不赞成我"之类的结论不仅会影响反对者在我们心中的形象，也会影响我们在自己心中的形象。我们会想象我们给他人留下了什么印象，这是我们的一种自我表征。在我们与他人互动时，我们会倾向于将这个意象投射到他们身上并假定他们就是这样看待我们的。如果有人欺负我们，我们所投射的人际形象就可能是"一个很容易被说服的人"、"一个懒汉笨蛋"或"一个格格不入的人"的形象。我们的自我形象可能就会从"我看起来像一个格格不入的人"变成"我是一个格格不入的人"。他人看待我们的方式与他们对我们的重视程度有关，因此对我们的社交形象的贬低会造成心理上的痛苦。批评或侮辱的打击效果并不亚于物理攻击：我们会被激发去躲避攻击或做出反击。我们以这种方式来减少遭受打击带来的心理影响。如果我们可以让"攻击者"丢脸，我们的自尊受到的伤害会减轻。

路易丝对老板"批评"含义的最初建构让她感觉受到了伤害，而后来的重构则激发了愤怒，甚至仇恨。在她感觉受伤害到愤怒之间是她的关注点发生了变化：从老板的"批评"行为转换为"导致"她痛苦的人（老板）和她推定的老板不再欣赏她的错误。"他没有资格这样对待我""我为他做了这么多，他怎么有脸这么对待我"等想法把老板变成了作恶者，并且驱动她从贬低自己转向了贬低老板。她认知建构的转变让她从感觉受伤害转向了感觉愤怒。她的愤怒情绪尽管不好受，但比受伤害更容易接受，而且愤怒情绪会让她感觉自己有力量，从而替代了她的脆弱感。在某种程度上讲，即便报复仅局限在意识和想象层面，也能起到与口头反击类似的作用。

不同类型的"侵害"都会让人愤怒，想要将侵害者"绳之以法"。路易丝生气不仅因为她认为自己受到了上级的不公正对待，还因为下属没有达到她的期望。有一天，由于助手菲尔没有立即执行一项工作，露易丝对着他大发雷霆。实际上在这种情况下，路易丝首先感到的是苦恼。她注意到助理工作疏忽时，一系列想法混合着情绪快速涌来："他真令我失望！我是那么信任他！"一阵失望随之而来。紧接着的是"接下来他能做什么呢？我不能再相信他了"，这让她一阵焦虑不安。而后续的一连串想法则掩盖了路易丝的焦虑和受伤害感："他不应该犯错……他应该更加仔细……他不负责任。"这让她愤怒不已。

这里，我们再次观察到一个有序进程：

丧失和恐惧 → 苦恼 → 将注意力转移到"侵害者"身上 → 愤怒情绪

愤怒反应的导火索是命令式的"应该"和"不应该"的闯入，"应该"与"不应该"把问题责任强加于他人身上。路易丝坚信菲尔"应该更有责任心"，他需要为自己的错误承受责罚。她的失望与受委屈感激发了她的愤怒反应。

我们对他人都会有预期：他们应该是乐于助人的、同心协力的、通情达理的、一视同仁的。这些预期往往会上升到规则与需求层面。如果我们信赖的人违背了规则，我们就会生气并有意要惩罚他。事实背后的意义是，规则的破坏会让我们更脆弱、更低效。无论如何，对规则违反者的惩罚将会有利于恢复我们的权力感和影响力。

路易丝骂完助理后感到心里得到了舒缓，她转身去忙其他的事情。不过，对他人的惩罚通常没有"后劲"。自尊心和满足感虽然得到了提升，但这无法保护她下一次经历不快遭遇时不会烦恼。菲尔受到伤害并感到愤怒，他向办公室的其他人抱怨自己遭到不公对待。路易丝知道后很震惊，因为她认为自己对他的处置是公正的。菲尔描述的她的形象让她很心烦，她再一次陷入怒火。

这个事件阐释了愤怒表达过程中的另外一些机制。这次冲突中双方都感到委屈和脆弱——路易丝因菲尔的疏忽而苦恼，菲尔因路易丝的指责而难过。每个人都将自己视为受害者，将对方视为肇事者。规则严苛者或处罚者经常会不在意强加于"冒犯者"的痛苦的远期影响。我们通常会以为只要把心里的怨气"说出来"，就能让关系恢复和谐。然而，被我们责备的人却是受到了伤害，而且对我们产生了不满。这种恢复我们自己心理平衡的行为，却破坏了他人的心理平衡。在这个案例中，菲尔的抱怨再次打破了平衡，形成了典型的恶性循环。

应该和不应该

第二天，路易丝又有几次有代表性（对她而言）的愤怒经历。其中一件事情是，路易丝拜托克莱尔去购物中心的时候帮她买一种特殊品牌的香水。克莱尔是路易丝的好友，路易丝曾经帮过克莱尔很多次。路易丝满怀期望克莱尔能帮她买回香水，但是克莱尔忘记了这件事，路易丝先是很失望，然后就是生气。克莱尔违反了"互惠原则"："既然我能满足朋友的一切要求，我希望他们也能满足我偶尔的请求。"这跟之前的情况如出一辙，即她的老板违反了"公平原则"（"如果有人批评我，那就是他们不公正"），她的下属打破了"可靠性原则"。

路易丝之所以会被激怒，是因为她"应该"和"不应该"的想法所包含的规则："我的老板不应该批评我"，"菲尔应该及时完成他的工作","克莱尔应该特别在意别忘了我的事"。我们都生活在规则中,并用这些规则来判断他人的行为对我们是否有利。如果是有利的,我们就会感觉良好;如果是不利的,我们就会感到受伤害,并且常常会愤怒。当然,这些规则都涉及一个至关重要的问题:人们尊重我吗?他们关心我吗?若有人打破了这个规则,那就意味着他不尊重或不关心我。

然而,在这些规则被打破之前,人们通常意识不到"应该"或"不应该"想法的存在。这些命令式的要求是规则破坏的衍生品。"应该"或"不应该"是被自动唤起的反应,有捍卫规则不被侵犯的作用。有时我们会以"为什么"的反问句式来表达我们的谴责:他为什么要挑剌?她为什么没按我的要求做?"为什么"通常是一种指责,而不是真正的询问,就好像在说:"你怎么可以以这么粗心、无礼的方式来对待我?"这暗示着,有人不遵守规则,他就是做得不对,必须逼着他将来正确地做事。

我们与他人的交往都遵循着一套行为规则和标准,这套范式让我们得以以一种相对顺畅和谐的方式交流。社会压力会促使我们在与他人打交道时尽可能公平、合理和公正。我们中的任何一人都有可能会有意或无意冒犯他人。如果自尊受到伤害,我们就会动用相关的规则来对事情做出判断。如果我们认为肇事者武断专横、蛮不讲理或不公正,我们就会认为对方不对或不好,然后会感到愤怒。自尊心低的人会试图以一堆错综复杂的规则来保护自己,但恰恰是这些规则注定了会被触犯而导致更多苦恼。人们的敏感度和过敏反应各自不同,某人眼中无法接受的行为可能在另一人眼中是完全允许的。

路易丝与她的雇主、下属以及朋友之间的互动突出揭示了现代生活中的一些重要问题。为什么我们会因为批评而变得如此烦恼,即使批评是想要帮助我们的也会忠言逆耳？我们应该如何区分那些意图让我们做得更好的有效纠正反馈和那些故意贬低的批评指责？

很多人对建设性批评的反应就好像是受到人身攻击一样。显而易见，即使是建设性的批评，也可能包含贬低的成分，有时能反映出批评者（父母、老师、上级）的失望。此外，即使纠正或批评是客观的（例如，可能是在试卷中圈出错误答案），也会影响我们的自尊心（"我没有想象中那么好"或者"她不看好我"）。而当我们的自尊受到伤害时，我们会倾向于得出自己受到了不公正评判，而后可能会变得愤怒以维护我们的自尊。

先天因素与生活经验共同影响着我们的反应，让我们倾向于将他人的评论过度解释为对我们的羞辱贬低，这会让问题变得更加严重。我们会困惑：“她是想帮我呢，还是向我炫耀她的聪明呢？”或者，“他是在暗示我很蠢吗？”。抑郁的人则经常将不公正的批评当成是合理正确的，这是因为这些评判与他们对自身的负面评价是一致的，因而不公正的评判就变成合理的了。

另一个例子是来自29岁的航空公司主管卡琳，她的故事将向我们展示个人的脆弱感如何导致自我挫败的愤怒感。卡琳可能比普通人更加敏感，但她的脆弱感却显露出了我们所观察的愤怒的大部分本质。她在事业上非常成功，但与其他人的关系却不那么顺利。她的同事普遍认为她很冷漠，她的伴侣则认为她"高傲自负"。她与绝大多数人都保持着距离，周围的人都觉得她完全沉浸于自己的世界里，然而她的冷漠外表却掩盖着她的不安全感。她害怕受到伤害，这让她对男性追求者释放出"离我远点"的信号。在与同事和下属打交道时，她觉得有必要保持"冷静"的态度以掩饰自己的紧张感。

卡琳谈过很多场恋爱，但最终都以对她一连串愤怒的指责告终。在恋爱中，她遵循着"我的爱人无论何时都要完全毫不含糊地表现出他的爱与包容，否则他就是真不在乎我和欺骗我"的爱情范式，她的表现也是非黑即白的（二分法）反应。当她觉得对方缺少对她的关爱时，她就会感觉受到了伤害，然后就会生气。她的这个范式源自她对自己的基本信念："我是不可爱的，所以我不能相信任何人的情感表白。"她因为这个信念衍生出的补偿规则就是："我的爱人必须自始至终把他的爱表现出来。"

当冲突发生时，卡琳害怕去证实那个"可怕的真相"，即她的伴侣并不是真的爱她（因此，她不可爱），因此她几乎从不考虑这个问题。她觉得，"他只是在利用我，他只是在欺骗我"。在愤怒中，她感觉自己是有道理的，这让她被抛弃的感觉得以减轻。然后，她退出了这段关系。

回顾卡琳的成长经历，就能理解她的行为反应。在她幼年的时候，父母都给予了她足够的爱与包容。然而，她六岁时，父亲突然去世，母亲变得孤僻易怒。卡琳能记得的几乎只有母亲对她的批评。回想往事，卡琳意识到她的母亲可能是因丈夫的离世而沮丧失落，但那时母亲总是莫名其妙地批评她，让卡琳形成了强烈的脆弱感。

随着时间的推移，卡琳在自己周围筑起了一道墙——实际上是一连串的自我保护性的态度。本着避免被拒绝的原则，卡琳在大多数交往中都表现得很冷漠和让人难以靠近。尽管如此，她的内心仍然极度渴望被爱。因此，这就造成了一个现实冲突：对爱的强烈渴望与对被拒绝的强烈恐惧。从最深层的角度来说，卡琳遭受母亲的长期否定，和可能由于她所亲近的父亲的离世，导致卡琳形成了一个关于她自己的几乎没人爱的意象和自体表征。

卡琳确实吸引了许多追求者。每次当她陷入爱情时，她都不得不首先要克服自己内心的抗拒才能承诺。她总是因为害怕被拒绝而陷入人际关系的困扰。如果追求者对她的兴趣看起来有动摇,她就会指责他"在伪装",她就能规避因她不可爱而被拒绝的风险。

卡琳的这些规则最终只会弄巧成拙,而不会形成自我保护,因为这些规则其实阻碍了她获得她真正想要的东西:恋爱关系。过度自我保护的一个附加后果是,她无法获得可以让她卸去防护盔甲的安全感。卡琳的情况说明了一个普遍的两难困境。我们都渴望爱情、亲情、友情,但我们都害怕暴露自己之后可能遭到拒绝并因此受到伤害。

当我们反思自己的脆弱、敏感的自尊以及做好迁怒他人的准备时,我们可能会想知道这些特质起什么作用。它们给我们的生活蒙上了阴影,还经常伤害他人,尤其是那些与我们最亲密的人。既然如此,我们要如何解释自我意象和自尊对我们的强力控制呢?

自尊

一个人的自尊代表了他在特定时期对自己的重视程度——"我有多喜欢自己"。我们的自尊是一个压力表,它可以衡量我们在多大程度上能成功地实现我们的个人目标,并成功地应对他人的要求和制约,它会自动量化我们每时每刻对自身价值的评价。个人的整体自我评价——或者更为重要的是,自我评价或自尊的改变——通常能触发人的情绪反应:快乐或痛苦,愤怒或焦虑。人们会根据他们当前认为的自己的样子和自己"应该"的样子之间的差距来衡量评价自己的价值。抑郁症患者通常会认为"现在的我"和"应该的我"有着巨大差距,所以他们经常认为自己"毫无价值"。而易怒的人则截然相反,他们认为自己应该得到别人更多的价值推崇。

事件对我们自尊的影响会因所涉及的人格特质重要程度而有所不同。对我们"重要"的人格特质的贬低显然要比贬低一项次要特质对我们的自尊造成的影响更大，造成的伤害和愤怒也会更多。如果负性事件（例如，拒绝或失败）的影响很大，我们的自我评价可能会变得更加绝对化和确定（例如，我们太软弱、不可爱、没有用），我们的自尊心会随之坠入低谷。

　　当然，我们也及时掌握了一些通过淡化事件重要性来缓和诸多负性事件影响的技巧：正确地看待它们，寻找"保住面子"的解释，让批评无效，或者贬低那些轻视我们的人。类似地，自我激励事件能激发我们的积极自我意象，从而提高自尊心水平和带来积极预期，这又会反过来鼓励我们参加更多扩展活动。

　　我们的自尊不仅受到个人经历影响，还受到我们内在社交圈（家人和朋友）振奋或受冲击的士气影响。当喜欢的球队或政治党派获胜或失败时，我们可以很容易观察到一种类似于"集体自尊"随之起伏的现象。人们对自己国家战争胜利或失败的反应中也可以观察到同样的现象。值得注意的是，尽管同一群体（胜者或败者）中的个人在自尊方面经历着类似的波动，但其自尊变化的程度则因人而异，这取决于他对这个群体及其愿景的认同程度。

　　我们以前的评价或与他人比较造成的自尊变化特别能影响我们的情绪。例如，特德因为加薪感觉很好，但当他听说他的朋友埃文也加薪后就感觉不好了。虽然他与埃文的工作性质完全不同，但他觉得很沮丧。对特德来说，埃文的加薪意味着："我没有我想象中那么被看重。如果老板也给埃文加薪，就说明他并不认为我有什么特别。"在特德的心中，他之前所有的成功都付之东流了，他整体自尊的跌落就反映了这一点。自尊与我们对他人评价的关系就像一个跷跷板。我们对别人的价值评价升高，我们自己的价值感就会下降。当然，如果我们能够认同他人的好运，我们的自尊心就会增强，也会因此感觉良好。

在利兹的案例中，利兹惹恼了别人，因为无论话题是什么，她都会把话题变成她自己的经历和观点的独白。有一次，她最好的朋友告诉她，很多人都不喜欢她，因为她只谈论自己。利兹被告知的这种负面社会形象让她感到很糟糕，她想："我已经被这个圈子抛弃了。"她的自尊开始降低。她的第二反应是对自己"不被欣赏"愤怒。不过，在她痛苦过后，她能够意识到自己的问题是可改正的行为表现结果，而不是攻击性的、无可救药的人格缺陷。她下决心与他人交谈时减少自我中心的言论。因此，这件事以及引起的自尊受挫结果让利兹经历了一次有效的学习成长。如果利兹只是生气，把朋友想象成敌人伺机报复，她的自尊虽然可能会暂时有所改善，但她将会失去将不愉快经历转化为建设性学习经历的机会。

人们在受到排挤或指责而产生的如利兹体验到的心理痛苦或烦恼和物理攻击造成的身体疼痛一样有着类似的功能。而身体疼痛能调动人们通过自我矫正去解决问题，而且能作为一种学习经验用于应对未来类似的情况。

同样，推定的被贬低所造成的心理痛苦也会刺激人们去直面应对问题。人们在暴怒下可能会攻击导致痛苦的源头，也就是他人，来"解决"问题而不是尝试澄清对方的意图。在这种情况下，心理上的痛苦通常是由个人内心投射的社会形象，即假定的他人对他的看法的贬低而引起的。虽然攻击他人可能会让投射形象有所改善、让自尊心有所恢复，但这却不一定能解决他的人际关系问题。

假设一位妻子认为丈夫骗她做了她不愿意做的事情。她一开始先是自尊水平急挫，随即就会痛苦。她会认为自己无能、脆弱。当她注意到丈夫的不当行为时，她开始变得愤怒并想要对丈夫做出反抗。情况的发生顺序可能是这样的。她想到，"他利用了我。他这样做是不对的。我看起来简直像个白痴"。她感到痛苦，然后是愤怒。她下定决心，"我必须要惩罚他"。她投射出的自我形象——"看起来简直像个白痴"——降低了她的个人尊严并制造了痛苦。需要注意的是，只有当妻子认为丈夫做得不对，并且形成丈夫的负面形象时，她才会感到愤怒。

对丈夫的还击可以抵消对她投射的社会意象和自尊的伤害，可以暂时减轻痛苦。这种反击可能对她与丈夫之间的权力均衡起平衡作用（例如，让丈夫"学习学习，长点经验"）。但这也可能会成为新一轮的敌意互动，这取决于许多因素，例如夫妻关系的质量和丈夫对批评的接受程度。

实际上许多"急性子"或容易"发飙者"的自尊并不稳固。他们的高度敏感通常是建立在他们自己无能、脆弱和容易被影响的核心意象基础之上的。无论如何，他们发展出许多保护自己免受他人侵害的代偿方式，他们对任何可能侵犯他们核心利益的人保持警惕，他们随时准备把对手当作作恶者或坏人。他们的心理"防御"力量可能已强大到足以阻止对自我的任何损害。

偶尔可能会有侮辱或谴责能击穿他们的防御，会伤害到他们的自尊。但他们会调动防御策略，把对手解释成"敌人"并给予还击，这样他们就可以快速地把自我意象从无助的受害者转变为强大成功的复仇者。自我意象的改变可以暂时修补自尊受到的伤害，但那些脆弱无助的记忆却被封存下来，而且进一步巩固了自己无能和脆弱的基本形象。出于对负性自我形象的部分代偿，受害者可能会把"施害者"的负性意象具体化为迫害者和共谋者。这种压迫者或敌人的负性意象在偏执型精神分裂症患者的奇幻妄想中有生动戏剧化的体现。

一个人各种自我意象的系列组合不会随时间推移轻易变化，而是会趋向于保持稳定，每个意象都会对应（或被激发）于某一类情形。自我意象这种对特殊事件的稳定选择性提示了这样一个结论，即这些自我意象是更全局性的心理结构（自我）持续的外部呈现。自我概念整合了各种自我意象，是一个多层次、多维度的整体结构，无论何时都不可能窥其全貌。自我概念就像一个档案柜，收纳合并了各种自我意象，它包含对个人主要特点、次要特点、内部资源以及条件、各种责任的表征。

社会意象投射

我们的自我意象对我们生活的控制远比我们了解的多得多。我们如果觉得自己够强大、能胜任和有能力，就有动力解决难题。我们如果有一个无助、无能的自我意象，如处于抑郁中，我们就会感到伤心。我们认为他人如何看待我们，即我们的社会（人际）意象投射，也会影响我们的感受和动机。我们的优势社会形象会影响我们对其他人的反应。如果我们认为对方不友好或者挑剔，我们就会采取策略保护自己。回避型人格者为了保护自尊只会尽量减少社交。无论是幻想的还是真实的毁谤，敌对型人格者会高度警惕他人的毁谤，不管是想象的还是真实的，他都随时准备做出攻击。上述两者都把不友好的形象投射到了其他人身上，并试图保护自己脆弱的自我意象。当然，这种投影或幻想的意象是可以自我应验的。人们对回避型人格者的态度可能变得挑剔和忽略，对敌对型人格者可能变得愤怒。

我们来看看这个例子。鲍勃邀请阿尔一起去看演出，却遭到了拒绝。鲍勃的反应是："他认为我不够好。"他感觉很糟糕，他的负性社会意象被激活了。鲍勃反应的背后是他的范式在运作:"人们觉得我不配跟他们在一起。"这种伤害来自鲍勃被贬低的社会意象,而不是阿尔的不陪伴。例如,如果鲍勃知道阿尔是因生病了而不能去剧院,那他可能还是自己一个人去,除了有点轻微失落,他不会觉得自己被贬低。

我们关于他人的意象通常都有固定的范式,我们能看到他人的那些只与这个范式意象相一致的特征,所以是我们过滤掉了他们的其他特征。对一个既复杂多变又不稳定的现象进行简化和同质化处理是一种很省事的做法,但这也意味着,我们对他人的解读可能会被我们建构的范式扭曲。我们也以同样的方式勾画自我,这样的方式最好也就是我们的认知不完整,但最坏则是歪曲认识。

我们通常如何看待自己在很大程度上是受我们占据优势的自我意象控制的。鲍勃想到阿尔认为他是一个不受欢迎的人,他难过是因为阿尔的否定推断被分解纳入他的自尊。但如果鲍勃认为"没有人喜欢我"并接受"我肯定不讨人喜欢"的解释,那么他的负性自我意象就会被激活,他的自尊心就会显著下降。另外,如果鲍勃有一个稳定的正性自我意象,阿尔的否定就不会影响到他的自尊。实际上,鲍勃也有可能会将阿尔的拒绝解释为阿尔的自私表现而生他的气。鲍勃从负面角度看阿尔,这样可以保护他的自尊。或者,如果鲍勃的自尊不受阿尔拒绝的打击,他可以无视它,他也就无须为自己辩护了。简而言之,个性化的意义解读及其与自尊主题的关联决定了人们的反应。

显然,任何的人际交往都至少涉及六种意象:我眼中的我、我眼中的你、我的意象投射(我想象中的你对我的印象)、你眼中的我、你的社会意象投射(你想象中的我对你的印象)和你眼中的你自己。这些意象相互作用并呈现在每个人的行为中。如果我认为自己弱小而你很强大，并且你也认为我弱小而觉得自己很强大，那么结果很可能就是你会支配我，或者至少意图这样做。这些不同的意象有很多种可能的组合，至少能部分解释为什么人们会对对方做出友好或不友好的行为和举动。

第 4 章

让我算一算你有哪些地方对不起我

你是否曾停下来思考过你一生中要面临的所有威胁？尤其是在社交世界中，处处潜藏着危险。除了对意外事故或人身攻击风险的忧虑，人们还要面对公开演讲、工作面试以及恋爱关系中经历的焦虑。我们对这些反应以及它们与愤怒和敌意之间关系的实质的理解，将有助于对其演变机制的阐明。

当我们还是孩子时，我们害怕打雷和闪电，害怕猛兽和站在高处，但随着我们长大，我们意识到自己更容易受到心理伤害：被控制、被侮辱、被拒绝和被挫败。我们习惯于把这些心理攻击视作不亚于物理危险的威胁。大多数情况下，我们的人际关系问题都会涉及其他人，即使这些人不一定对我们构成生命威胁，但他们可能也会给我们带来相当大的心理痛苦。无论要面对的危险形式如何，又或者痛苦的性质怎样，我们都会依赖祖先们为寻求生存和避免身体伤害所使用的策略：战斗、逃跑或僵住。小孩被大狗吓到或遭遇校园霸凌威胁时会有焦虑反应，他不是僵在原地不动，就是准备逃跑和求救。不过，如果被困无法逃走，他可能会被逼坚持不退却而战斗。

焦虑还是愤怒？

不管是切割刀具造成的身体疼痛，还是尖刻文字造成的心理痛苦，一旦受到威胁，人们都会自动化地做好准备应对攻击。在第一种情况下，疼痛有着明确的定位和界限范围，而第二种情况的痛苦则无法定位，也是无形的。这两种攻击的共同点在于都是个人体验到痛苦。心理"伤害"造成的痛苦与身体伤害一样强烈。我们的语言中本来就有很多描述身体疼痛的类比词：破碎的自我，受伤害的自尊心，受伤的心灵。身体疼痛不适会让人们竭尽全力防止身体受伤和保护身体功能。同样，人们极其小心避免被羞辱或被拒绝在某种程度上强调了心理痛苦对人有多重要。受伤害者可能会采取物理的或言语上的报复，也可能会退避而疗愈自己身体或心灵的"创伤"。

哪些因素必定会导致焦虑或愤怒呢？我们对威胁的反应取决于我们如何权衡所感知到的风险与我们应对威胁的把握。我们会通过快速心理计算来评估我们在受到威胁时受伤的风险是否超过我们对抗攻击的资源。如果我们估计预期损害超出了我们的应对能力，我们就会焦虑并被迫逃离或躲避威胁。如果我们推测自己能抵挡攻击者并且承担的损失在可接受范围内，我们就会更倾向于感到愤怒并主动进行反击。在紧急情况下，我们的这种计算是自动进行的，可以在瞬间完成，它不是反思性思维的结果。只要达到特定的标准配置，就如同激怒冲锋公牛的红布一样，足以引发即时的警报反应。而其他情况下，尤其是与他人的交往中，人们可能会需要更长的时间进行处理。我们会并行评估潜在的危害或风险以及我们的应对资源，然后进行整合以便采取适当的应对策略。

想象这样一个情境。你看到有个人挥舞着棍子，朝你走来。如果你认为他可能会伤到你（他比你高大，而且看起来很生气），你将会感到紧张不安。如果你有信心应付这种情况（他个子矮小，而且不自信），你就会注意到他的弱点并且准备利用你的优势缴他的械或者击退他。通常情况下，你可以从情境中获取足够的信息，立刻就能判断出你受伤的风险是否会超出你击退攻击所需的资源。如果你根本不关心自己是否容易受伤的问题，你就会考虑他的行为中的不正当问题。那么，纵使你还是会有些紧张，但你的愤怒占了上风，你可能还是会想要惩罚他或者缴他的械。

同样，在普通的非暴力对抗中，你对自己和敌人弱点的判断会影响你的反应。此外，你会快速（不一定准确）计算反击和惩罚对手的利弊。即使你迫切想要攻击对方并有信心获胜，也不一定会将战斗坚持到底。你会考虑反击（通常是口头的）和抑制你报复的冲动哪一种才能让你的利益最大化。例如，一位妻子决定不再对着丈夫大喊大叫，因为她根据过去的经验知道，回击丈夫只会带来更多的争吵，甚至可能最终导致肢体冲突。因此，即使她全身紧绷、拳头紧握，有一股想对着丈夫大喊大叫的强烈冲动，但是为了不让冲突升级，她也抑制住了这些冲动。

在日常生活中，最可能让我们烦恼的是心理痛苦而非身体疼痛。当我们被贬低、欺骗或怠慢时，我们会想要报复。这种情况会刺激我们要去争斗。一般来说，我们最在意的"错误"是对我们的权利、地位、个人事务或效率的侵犯。我们期望我们的自由、声誉以及对亲密关系和社会支持的需求可以得到尊重。任何干扰或威胁这些价值的行为都构成了对我们的侵害。许多这些所谓的错误，并非基于真实的违背或侵犯行为，而是建立在我们对特定事件所赋予的意义基础上的。

鲍勃是一个25岁的推销员，他会间歇性地在没有受到明显冒犯时出离愤怒。他平时都很温柔随和，但每当他感觉到威胁时，就会"发疯"。他只要一看到警察就会紧张，而且与殷勤的商店店员打交道，被妻子询问钱的花销去向，或者在医院病床上被医生围着时，他都会变得紧张。

上述这些情况下，人们都不太可能会贬损他，让他困扰的是他有可能被他人贬低或控制，这与他在权威面前的脆弱感有关。他会在可能被他人伤害之前先发动攻击。在他看来，任何貌似权威角色的人都好像会侵犯他的自主权。他会首先感到一种窒息感、僵化感或虚弱感，然后就变得暴怒并且试图"保护"自己而攻击所谓的侵害者。

鲍勃的触发反应展示了我们情绪反应的另一面。对别人来说，警察是安全的象征，但是对于鲍勃这样的人来说，警察是威胁的代表。鲍勃的脆弱具体体现为他的核心信念：如果我对他人网开一面，他们就会压制我，所以，如果他们向我施压，或是我觉得他们将要向我施压，我就必须击退他们。

许多威胁——和伤害一样——可能是我们过度敏感的结果。我们大多数人对于那些特定的我们认为粗暴的和那些打扰我们朋友、亲人的行为都会特别敏感。有些人会像鲍勃一样在面对权威人物时，总觉得对方会要惩罚他，而不是指导甚或保护他。有些人会把别人单纯地向他的求助或借东西行为视为对他的强迫或剥削。也有些人有"受伤倾向"，他们会将别人的善意玩笑过度解释为语言攻击。还有些人有被拒绝倾向，他们在生活中对每次互动都要评价（"她爱我""她不爱我"）。我们的反应通常不是基于他人的真实意图，而是基于他人的行为让我们"感觉"如何：被控制、被利用、被拒绝。感觉是我们对事件赋予的意义表达。

确定一个特定事件的意义并不难。只要问问自己：在事件发生后,受伤害的感觉出现前或同时,有些什么想法在我的脑海里闪过?这种自动化思维——对事件的解读——透露着侵犯的含义。下表列出了这些事件及其自动化思维的例子。这些资料不仅来自治疗中的患者,也来自认知训练成员,他们接受训练监测在面对那些令他们苦恼和愤怒的情况时的认知反应。

典型的冒犯	自动化思维
朋友不回她的电话	她不尊重我
丈夫拒绝了她的提议	他觉得我不重要
警卫未经通知就挥手指挥	他们认为我可以被任意支配
服务员延迟处理他的订单	他看不起我
购物者在超市排队	她在耽误我的时间
朋友没有归还他的割草机	他在利用我
妻子没有回应他的要求	她不在乎我
老板给了他额外的任务	他对我呼来喝去
老师纠正她	她批评我
伴侣吃饭迟到了	她不体贴我

自我意象和社会意象

人际冲突不只是谁胜谁负的问题,关键是对受害者的自我意象及其社会意象投射的影响,即他假定的别人对他的看法。在某些冲突中,人们会被承载自卑或不受欢迎意象的预期威胁。我们对批评指责敏感,不是因为批评的话语本身,而是因为我们认为这些话传递了我们在他人心中的心理表征。我们不喜欢自己脆弱,但我们也不知道如何对抗无助感或脆弱的后果。

我们以研究生参加由一组教授主考的口语考试为例。这个例子中,教授是权威方,学生是弱势方。如果教授对学生存有偏见印象并且非常不公正,学生当场也没有机会反击。教授可能会针对学生公开表达愤怒。在这种情况下,学生的主要反应可能是焦虑。然而,当他们离开考场不再面对教授的负面评价时,他们就感受到了愤怒并向同学或其他教职人员抱怨,间接泄愤。如果存在这种权威差异而且当事人会担心自己有受到惩罚的可能,他可能会直接选择服从。对统治者的服从可能会消除威胁感和焦虑感。这种服从策略在灵长类动物的社会统治等级中经常可以被观察到。

愤怒和焦虑都是人们潜在的适应性反应,认识到这一点固然很重要,但当危险等级或冒犯程度被我们夸大时,愤怒和焦虑就成为适应不良的反应。由于在口语考试中考生夸大了自己的脆弱,他可能会大脑一片空白而他的反应表现和他担心的一样糟糕。

人们对于那些一受到批评就过度反应的人都习以为常了。人们容易贬低他们是"脸皮薄"或"头脑发热"。不过,这种对威胁或批评的夸大与误读可能是一种有保护作用的认知策略。在生死攸关的情况下,与因不重视而遗漏了真正的威胁相比,将中立行为误解为侵害的策略无疑更安全。在史前的自然环境中,对任何明确有害刺激的过度反应都可能是有生存价值的。对威胁的评估是行为动员的关键,认知科学用"夸大"或"灾难化"来表述过度反应。

人群中那些反应最大的过度敏感者需要接受精神病学诊断,这是他们接受降低过度反应干预的一项要求。这些人大多受困于一些无形的心理问题,比如他们认定别人评价他的方式,以及他们评价自己的方式。有趣的是,还有些人存在"心理盲区",他们看不到来自他人的潜在威胁或负面反应而上当受骗、任人操纵与受人迫害。

侵犯与违犯

生活中会有各种各样的遭遇，我们会视之为对我们的侵害，因此也会让我们愤怒。在大多数具体情形中，侵害会造成实际身体损伤、疼痛或是身体损伤的威胁——窒息或被持枪威胁等。然而，在日常生活环境中，典型的侵害往往都是对我们心理自我的伤害或威胁。我们所承受的各种不同的侵害都有一个共同特性：我们都感到某种程度上被贬低削弱，结果是，我们感到受伤害、难过或焦虑。如果我们认为这是不公正的，我们会将其解释成为一种侵害。然后，我们会将冒犯者诬陷为有错或邪恶的，并伤害了我们。

如果我们被告知不能做我们想要做的事情，我们会觉得自己受到了禁制；伴侣没有热情关心可能让我们觉得自己遭到了拒绝；批评可能会让我们觉得自己是不受欢迎的人。当别人违反了我们的标准和价值观或未能达到我们的预期时，我们也会感到自己被贬低或削弱。有时，哪怕是相当轻微的冒犯也有可能会激怒我们，这通常是因为这些令人反感的事件唤起了我们的丧失感或无助感。

假设有人做了有损于我们地位、自尊或资产的事，我们可能立刻就感到自己受到了伤害。如果我们接受了批评，认为对方拒绝是合理的，或是屈服，接受被禁制，我们不大可能会愤怒，但会感到悲伤。再者，如果我们将不愉快的事件归咎于自己，我们可能会体验到短暂沮丧。不过，除非我们有抑郁倾向，否则我们很可能会对这些经历产生一定程度的气愤。

词典中的大量负性评价词语说明了我们可能遭遇的虐待侵犯有多么广泛。与人际关系相关的动词、形容词和名词中，负性词语远多于正性词语。大量的负性动词（例如，贬损、羞辱和拒绝）表达着各自不同的含义，但都有一个共同的主题：降低一个人的自尊或社会性依附。而绝大多数形容词都是评价性的，它们将我们的社交世界以细微的差别划分成好与坏两大类别。

我们的语言格外倾心于大量我们可能会遭遇的"意外"创伤，发展出大量词语来描述这一主题，这使我们有能力对创伤进行识别和区分，就像语言能帮助我们识别可能会遭遇的大量自然危险一样。如此多样的负性词语的价值意义可能在于这样能更精准地描述他人伤害行为的确切实质。而像爱情和感情这样的概念，尽管也很重要，但却不需要，也没有这么多的词来表达。一个人掌握的形容友爱或友好行为的词可能不多，但并不影响他正常工作，但如果他不能区分清楚他可能遭受的各种各样不友善行为，他就会有麻烦了。显然，即使体验到的情绪——愤怒——可能都相同，但人对被算计的适应性反应和被抛弃的反应是不同的。对侵害行为的准确表述有助于我们采取适当的策略：忽略它、报复或制止侵害者。

尽管不太可能列出我们面临的所有侵害行为，但我可以做出不同分类并举例说明。请注意，这些侵害针对的是我们自己的某些方面或我们特别重视的个人领域：我们的功能、关系、权利、资源、财产和身体健康。如果我们将别人的中立或善意行为误解为对我们的侵害，我们就会像真正受到侵害那样感到受伤和愤怒。

我们对公然的冒犯会毫不迟疑地做出反应，例如对我们的支配、控制、拒绝、批评、贬低或抛弃等行为。但是，冒犯有可能会被伪装起来，人们抱怨自己被欺骗、利用和操控的频率就是证据。这些侵害行径可能很显眼也可能隐蔽，我们都知道要警惕它们，这样才能捍卫自己的利益并维护我们的安康。

减少自由	抑制功能	削减资源	减少联系
控制	丧失能力	诈骗	疏远
支配	举步不前	掠夺	拒绝
侵犯	遭人戏弄	欺骗	抛弃
剥削	能力弱化	驱逐	孤立
操纵	受到限制	剥夺权利	替代

打击自尊	降低效能	降低安全感	损害身体
不受尊重	误导	遭到恐吓	袭击
地位降低	阻挠	陷入危难	攻击
受人羞辱	反对	暴露于危险	中伤
被人击败	破坏	遭人背叛	击倒
遭人轻视	辜负	受人胁迫	拘禁

尽管这些词语有部分明显重叠，但是将特定的侵害归到具体分类中并不是一件难事。控制、支配和操纵令人臣服于他人意志，这会妨害我们选择和行动的自由。受困、禁制或失能则是让人的运作能力受损。当有人通过欺骗、掠夺或以其他方式侵占我们的领域或金钱而导致我们的资源损失时，我们会特别敏感。作为团体的一员，在政府机构试图侵占我们团体的经济资源时，我们会被激怒，站起来和当局斗争，例如美洲殖民地对英国茶税的反抗运动、威士忌暴动和当今激进组织对所得税的抵制等。政治心理学的许多理论都可以从个人心理学的角度来解释。一个国家被另一个国家侮辱、反对和威胁的集体意象与一个人对另一个人的反应是类似的。

拒绝、抛弃或孤立给人造成的感觉折射出了人际关系中亲密或稳定的重要意义。人们可能会由于自己被他人替代而爆发要杀人的狂怒，正如那些引人注目的媒体报道的那样，丈夫受嫉妒驱使而谋杀了妻子和她的情人。

人际互动中相互辱骂会加深痛苦和愤怒。假如你做了某些事情，这直接或间接地、有意或无意地贬低了我的自尊，我会被迫惩罚你来减轻我受到的伤害，我最常用的做法就是发表评论来贬低你的自尊。如果你立刻被我的冒犯激怒了，你就会试图报复我来修复你的社会意象，这样就形成了一个相互指责的恶性循环。就这样，这个循环会不断继续下去。对于他人那些凡是看起来让我们变得不再那么有吸引力、影响力或胜任力的行为，我们都是很敏感的，而我们则是依赖报复的武器来终止这种侵犯和预防再次发生。不幸的是，如果不公开，报复往往会导致这种隐蔽的敌意在双方之间一直持续下去。

人对于任何妨碍自己实现目标的行为都会生气，其中低挫折容忍度是导致人们产生敌意的特别常见的一个原因。缺乏稳定效能感的人在受挫时会觉得别人削弱了自己。然后，他会倾向于惩罚冒犯者，以此来恢复他的权力感。人们苦恼还有一个原因——遭遇背叛、恫吓或抛弃等危险情况的风险增加。当然，真实的身体攻击是愤怒爆发显而易见的催化剂。

其他一些能制造丧失感而未列出的冒犯与未达成的个人或全体预期或那些被违犯的集体标准有关。我们会倾向于要求他人忠诚和体谅人——这被视为某种社会契约——所以，当他们不履行责任或犯错时，我们就会感到失望和愤怒，就好像是他们违背了诺言一样。若是有人违反了社会规范，哪怕是那些不会直接伤害他人却不受社会欢迎的行为，也会让我们生气。七宗罪中的六大罪都属于这类情形，它们是贪婪、暴食、色欲、懒惰、傲慢和嫉妒（暴怒是第七宗罪）。此外，亵渎、粗俗、粗鲁、好斗和懒散也会引起人们特殊形式的敌意，即蔑视，这种敌意经常会与羞辱违犯者的想法关联在一起。这些品质之所以冒犯我们，是因为它们自我中心的本质中含有对他人需要冷漠无情和不愿意为群体福祉做贡献的意味。自我放纵和自我中心因其置个人利益于集体之上，所以会特别遭人唾弃。

在某些情况下，文化因素定义了所谓虐待的不同形态，而在另一些情况下，特定的人对虐待则有其独特的定义。多数情况下，人们对某一人际互动行为的解释会受个人的条件化信念或图式塑造为虐待。例如，街头文化的不尊重是这样被图式定义的："如果谁不看我的眼睛，他就是在侮辱我。"在夫妻互动中，独特的信念对不尊重是这样界定的："如果我的配偶不同意我的意见，就意味着她不尊重我。"实际上，上面列出的所有类型的心理伤害都是被类似的图式和信念塑造的。

横向与纵向标尺

我们可以通过权力、地位和从属的相对比较来分析人们所遭受的侵害与侵犯。人们在上述维度达到一定程度的不平衡或不对等，就会让他们容易感到被虐待。这些关系可以以横向与纵向维度标尺的图形清晰地表示出来。纵向标尺标刻"高"和"下"概念，横向标尺标刻"亲近/友好"和"疏远/不友好"概念。这样我们与他人的关系可以通过图 4-1 所示的简图划分到四个象限区域：高－疏远/不友好、高－亲近/友好、下－疏远/不友好和下－亲近/友好。

```
                        高
        高-亲近          |         高-疏远
亲近/友好 ------------------------------ 疏远/不友好
        下-亲近          |         下-疏远
                        下
```

图 4-1　人际关系四象限

每个人都会不自觉地参照他人或群体来确定自己在相应尺度上的位置。如果一个人自己定位于"下位象限"区域，而把别人定位于高-疏远象限区域，他就会感到自己有被贬低、控制、操纵、拒绝或抛弃的风险。

我们可以根据这两个坐标轴来表示各种敌意交互。高-下纵轴涵盖标刻了一个人试图以不友好方式占他人上风的各种情况。其中，对地位、权力、影响力和资源的竞争会产生输赢。一旦竞争出现优胜者和淘汰者、主宰者和从属者，"高"位者将会体验到成功感、控制感和权力感，而"下"位者的控制感、权力感和自尊心就会下降。不过，失败者会通过破坏、消极抵抗或公然反抗来削弱高位者的权力。此外，高位者与下位者之间的不友好关系也可以以施害者和受害者的角度来看待。

社会性比较理论认为，一个人在经历职务、地位或权力方面相对于他人的损失时很可能会感到受伤害。如果他将这种损失归咎于他人的行为不当，可能会感到愤恨或愤怒。因而他人直接且不友好的行为中包含许多前面提到的侵犯：支配、剥削、欺骗、贬低、恫吓和禁制。惩罚（可能包含贬低、恫吓和禁制）也会加剧下位者的弱势地位。如果一个人认为他的惩罚不公正或者惩罚者本身有错，他就会感到愤怒并且萌生报复之心。

虽然乍一看似乎这种个体间上下隶属关系定位存在内在的不公平，但这种等级制对我们的近亲灵长类动物是有明确作用的。这种等级制度保障了群体成员之间关系结构的稳定，通常能对个体敌意起到一定的限制作用。

横轴（亲近/友好–疏远/不友好）涉及从属关系。高位者不一定不友好。父母、老师、领导或教练可以与孩子、学生或下属建立高–亲近的关系，而下位者可能会因为受到培养、帮助或教育而感激。如果下位者正在学习，他可能会乐于处于相对指导者而言的下位位置。同样，如果他得到了帮助，他并不一定会感到自己低人一等。不过，即使在正常情况下，这种关系也并不是固定不变的。一个人可能会因一时被帮助而感恩，但另一时又会因处于下位而不满。同样，上位者可能会一时享受崇高的地位、影响和权力，但另一时又会讨厌承担照顾下位者或被下位者强加的责任。此外，上位者还可能要面对下位者的否定或拒绝，这些都是烦恼的来源。

许多伤害——以及随之而来的愤怒——与一个人的相对位置沿着一个或两个轴线方向的负向偏移有关，而与他的绝对位置本身无关。例如，一个人的定位从较高位非自愿地变到了较低位，这会令他产生失落感、虚弱感和沮丧感。同样，一个人的重要关系从亲近和友好变得疏远和不友好，就会令他焦虑和悲伤。横轴上的负向转变中包含拒绝、放弃和感情回避的成分。如果某个人或某群人被指责要为这种转变负责，他们会将自己当作受害者，会理所当然地愤怒并意欲报复。

纵轴上位置较高的人（例如，评判者）可能会觉得自己有权力对他们脆弱的下位者（例如，被评判者）严厉批评。这让我想起一件事，那时我举办了一个临床心理学实习生研讨会，活动中我邀请现场志愿者参加角色扮演。结果只有一个人愿意参加，是一个外国交换生。他上前时,我注意到他有些紧张:"你看上去有些顾虑,你担心什么吗?"他回答说:"我害怕我会很紧张,然后他们会骂我。"为了证明他的担心是多余的,我问观众,如果这位同学看上去很紧张的话他们是否会批评他,如果会就举手。结果,几乎所有人都举手了!

这件事给了我很多教训。首先,事发情境的背景决定了哪些态度起主导作用。在这种特殊的学术环境下,心理学专业的学生竞争非常激烈。观众席成员认为自己很可能会受到其他人的嘲笑,因此他们不愿做志愿者。而且他们知道,如果有人被安排在弱势位置,他们会有一种在那人之上的优越感。让我想不到的是,来自同一个群体的成员,尤其还是一名外国学生,他的脆弱非但没有激起他们的同情,反而激起了他们的批判性思维。无论是他们自己还是别的什么人,只要弱点暴露出来,就是会被鄙视的。他们不愿暴露自己,而愿意贬低任何暴露弱点的人(下位者),这可以应用图 4-1 中的高 – 疏远象限定位来解释,即位置在顶部的人贬低底部的人。

这样的经历解释了为什么当我们暴露于被评价的情境时会感到脆弱。正因如此,大多数人一想到公开演讲就会感到紧张。这样看来,人们可能会在某些情况下变得刻薄,甚至残忍,或是有虐待倾向,也都是意料之中的事情了。由此,我们可以预见到人们会产生负性偏见。如果我们对自己有一个稳定、积极的看法,无论怎样,我们都可以对别人贬低的评论耸肩不屑。但是,如果我们的自尊不足或受生活事件影响起伏不定,就可能会因他人贬损的评判而深受伤害。

为什么研讨会成员对他们这位忧虑的同学没有一点同情心呢?在这种情况下,他们的竞争评估维度(高 – 下)优先于关怀维度（亲近－疏远）。而且，外国学生并不是"真正地"属于他们这个群体，所以他更容易被鄙视。毕竟，他是外部群体的一部分。我们对下位者的反应主要取决于我们是认同他还是疏远他，这是一种奇怪的对比。在竞争模式（纵轴：高－下轴）中，我们可能会疏远一个外来者，尤其当我们认为他与我们不一样时；与此同时，我们又会陷入负性偏见。另一方面，如果我们在他的位置产生自我意象投射，我们就会认同他（横轴：亲近－疏远轴）。总而言之，我们的心理预置会影响我们是关心还是鄙视。

研讨会成员所处的位置让他们自然而然有优越感，这是因为当时他们拥有了暂时评价那位处于下位（"下－疏远"象限）的同学的权力。然而，在其他时候，同样是这群心理健康专业人员，也可能会展现出关心、扶持和同情的一面（"高－亲近"象限）。事实上，他们中的大多数人都是治疗师，他们对患者展现出的是亲社会特征。他们表现出来的这种差别说明了不同的环境会激活完全不同的模式，从而导致不同的行为。

个人与群体的关系是复杂的，不仅涉及纵轴尺度（高－下），也涉及横轴尺度（亲近－疏远）。它有可能会从暂时的关系变成长期的关系。这种暂时的联盟是个人与同团队或群体成员对抗共同对手（另一个团队、种族或国家）所形成的纽带。所有群体都有天然倾向认为己方比对方优越，并且会对他们形成负性偏见。

横轴尺度适用于分析个人与其他组成员、家人和朋友的关系。人们加入游行一起欢迎英雄、庆祝某个事件。原本不相识的人因为抗击大火、洪水等灾难团结在一起，会产生意外的友谊。更不幸的是，因应私刑、抢劫和强奸等事件，人们会聚集在一起形成群体纽带。

群体中释放团结信号会让人愉快并激活人们早期的合作和互利

互惠模式。群体中会发生连锁效应。一个人表现出合群倾向,就会激活别人身上的合群倾向。个体行为模式的同步造成的累积效应会形成"集体思维",这会引导个人加入建设性或破坏性的群体行动。如果友情、团结和群体接纳可以令人产生满足感,那么被群体孤立则会导致痛苦。某些社会团体会用孤立——回避形式——作为正式方式来惩罚那些敢于违犯集体志愿的人。亲近通常会带来愉快,拒绝会导致痛苦,也常常会激发愤怒。那个因被抛弃而愤怒的人攻击甚或要杀死其情人的暴力行为就是拒绝所致影响的一个极端例子。

在古代,被族群或家庭成员拒绝的现实风险是因失去族群成员间相互的食物和安全保障而威胁到生存。对于社会性威胁,我们的祖先可能天生地就能像应对物理威胁一样做出同样的反应。虽然现代社会我们因被人拒绝而面临死亡的风险要远低于我们祖先那个时代,但当我们被团体或家庭排斥时,还是会有生存危机感。被群体放弃导致抑郁的情况并不罕见,这是对一种重要资源的丧失性反应。在这些情况下,个体的愤怒通常不太明显,因为被侵犯者不可能对整个群体施加惩罚。不过,如果是被配偶或爱人拒绝,人们会很痛苦,在很多情况下,痛苦会发展为愤怒并产生惩罚对方的冲动。

我用了术语"模式"来表示人们持续存在的反应方式中所表现出来的信念、动机和行为的特征性组合。人们可以运转多种不同的模式:拒绝模式下,人们的遭遇会被过度解读为多种形式的拒绝而因此受伤害;抑郁模式下,患者对生活经历的负性建构让他感到悲伤;疗愈模式下,个体会响应来自他人的帮助信号。而敌意模式下,人们会更容易从别人的行动中解读出对他们的冒犯,放大对他们的蔑视程度,而对积极的事情或调解动议比较无动于衷,并且更容易愤怒。

人们所经历的模式是非常广泛多样的，有些是自私自利的，甚至是反社会的，例如扩张－剥削模式、控制－操控模式。这些模式在给主体带来满足的同时，也往往会对"目标"造成伤害。这些模式代表人们的心理状态，而前述纵横两轴和四象限则代表人与人之间在吸引力、权力和地位维度上的关系。激活相关模式的是人们对这些关系的感知，而不是那些具体的情境。

通过对上述关系的讨论我们可以看到，无论关系是否对等，亲近或疏远，对于关系所赋予的意义才是重要的。赋予的这个意义会唤起特定的模式。

恰当回应感知到的侵犯

如果我们真的被人欺骗或操纵了，我们会觉得自己不安全、衰弱和更脆弱。我们放大了的反应可能是"我是有多愚蠢才会被骗啊"，我们会对侵犯者感到愤怒，因为他们既占了我们的利益，又打击了我们的自尊（"我是个蠢货"）。或者，如果我们被他人控制，我们就会感到无助；而如果我们所爱的人拒绝我们，我们就会觉得自己不可爱。每种情形都会让我们觉得自己的价值被贬低了。如果随后我们的注意焦点转移到他人这样对待我们是多么错误和糟糕的问题上，我们就会对那个人愤怒。

既然我们对各种各样的物理攻击和自尊攻击如此易感，我们可以采用哪些方法保护自己呢？当然，最显而易见的防御就是对冒犯者愤怒和反击。通过报复，我们可以证明我们不是任人踩躏的弱者；我们传递出一种信息——"不要惹我"。战斗不仅可以抵挡当下的侵害，还可以预防未来的侵害，而且能有助于恢复我们的权力感和效能，而这是自尊的关键组成部分。

人们在受到伤害时通常会想要进行报复，而报复的形式常常与人们所遭受的侵犯类型是一致的。人们对于对方可能做出的反应会非常警惕，而且想象这些反应也会让人们感到有压力，而人们对于先于痛苦情绪的自动化思维则没有这些反应。下面的这些例子是典型的语言反击和引发反击的侵犯类型。而这些侵犯类型是可以从被侵犯者的反应中推断出来的：

- 你怎么敢告诉我该怎么做！（控制）
- 我再也不会相信你了。（背叛）
- 你不能这样跟我说话。（贬低）
- 我以为我可以依靠你。（辜负）
- 你这个死骗子。（霸占）
- 不要与我"沉默以对"。（漠视）
- 你竟然敢骗我。（欺骗）
- 你让我出丑。（揭发）
- 走路要看路。（强推）

这些口头报复旨在伤害侵犯者，令其感到歉疚，当然也为了防止同样的事情再度发生。

对不公平对待和虐待的超敏感性在我们的社交规则中有清晰的反映，我们的社交规则为社交双方提供了若干种语言的和非语言的手段来保障交往中的行为不被视为冒犯。我们向对方提出要求时，我们会微笑着说"请"，这样让我们看起来不像是在强迫人或命令人。人们在发表可能被视为批评的意见时，通常会在评论前加上"我无意冒犯，但是……"的开场白。我们经常在批评言论之前加上赞美："你做得很棒，但是……"尤其是，当我们意识到自己有意或无意地伤害了某人的感情时，我们学会了道歉和弥补。许多成功的管理者改进了这些社交技巧，这让他们可以有效地表达自己的想法，而不会过于激怒他人。他们也善于巧妙地利用魅力、奉承和激励等手段引导他人为自己服务。如果他们经常存在自身利益的分歧而仍然能够像他们之前一样融洽相处，那简直就太了不起了。当然，我们的原始亲和本能也是减少冲突的润滑关联因素之一。

第 5 章

最原始的思考方式：
认知的错误和扭曲

人类的理智一旦采纳了一种观点（无论是公认的观点，还是自洽的观点），就会把其他一切事物都拉来支持和认可自己。
——弗朗西斯·培根（1620 年）

假设你看到远处有个东西飞来。它越来越近，你发现它可能是一只鸟。如果你对鸟类不是特别感兴趣，你的注意力就会移转到他处，由于你所看到的东西与你无关，因此你不会浪费时间和精力来确定它属于哪个物种。

现在请想象一下，如果你的国家正处于战争状态，而你的工作是识别敌机。远处的一个飞行物体吸引了你的注意。如果你判断它可能是一架敌机，你的心理和生理系统就会被完全调动起来。你会变得高度警觉，你会感到紧张和焦虑，你的心脏开始怦怦直跳，呼吸逐渐急促。想到如果有敌人的轰炸机突破防御造成灾难性的后果，你可能会很容易将民用飞机错误识别为敌机——这是一种误报现象。

不仅如此，下班之后，你还准备找出混在人群中的敌方特工。受电视和广告牌上的政府警告影响，你会怀疑那些外表或行为与你印象中的爱国者形象不符的陌生人。你会注意观察一些小细节，例如，一个男子略带外国口音，他不知道你国家的某些体育明星，或者他与其他陌生人进行可疑的秘密会面。你可能会仅仅根据这些很少量的观察就建立起针对这个陌生人的档案。你在识别过程中可能会出现过度概括或泛化的心理现象。毕竟，当人们处于危险之中时，没有识别出敌人可能带来危险，因此过度概括是一种适应性的行为。在正常情况下，我们对事物的许多解释都是基于这样的小样本数据抽样而得出的。由于我们可能会将那些常常是断章取义获得的信息串联在一起作为依据进行判断，因此我们的结论可能会出错。

泛化和过度概括

如果你参加军事行动，你整个人就会进入"红色警戒"状态，你会做好准备随时快速处理不明情况，心里假定它们是冲你来的（自我参照或拟人化），并且注意观察细节——可能会不考虑整体背景——而认为这可能是一个威胁线索（选择性抽样）。你会做出一个二分法判断（陌生人要么是朋友，要么是敌人），而你的评价就会出现涵盖面过宽的情况（过度概括）。如果存在明确且近在咫尺的危险，这种过度概括的评价无疑是有益的，因为这让我们对危险有所准备，而这可能会救我们的命。

当我们面临威胁时，我们必须能够快速辨别情况，以便采取恰当的策略（战斗或逃跑）。威胁能唤醒我们的思维加工过程，以最快的速度将复杂的信息精简为简单明确的信息。这些加工过程则会产生一个诸如有害/无害、友好/不友好的二分评价结果。

我前面曾交代过，我用"原始思维"这个标签来表示这些基本的认知过程。这种思维以自我为中心，它是以"对我（或我们）会有什么好处或坏处"为参照标准工作的。这种思维从纯粹的意义上来说是原始的——它出现在信息处理最早的阶段——而且在心智发展的早期阶段表现明显，幼儿及童年期的儿童的思维很大程度上依赖整体性评价词语来思考，例如好或坏。原始思维在某些方面类似于弗洛伊德描述的"原始加工"形式的思维。他认为这是一种本能性的认知加工机制，通常是无意识的，但会通过梦、口误和原始社会语言表现出来。

这种原始的信息加工机制对于真正危急的情况是适应性的，但在其他时候却相反。当我们陷入"危险"或"防御"思维模式时，这种思考过程会挤占我们更多的反思性思考。如果我们的解读长期歪曲或夸大，我们将不得不承担由此引发的持久不安和神经系统慢性损伤的代价。这种模式长期主导就会形成如偏执、慢性焦虑以及某些心血管疾病的心身疾病典型症状。

只要人们觉得他们的切身利益受到威胁，这些原始思维过程就会被激活。认知过程会提取情境中最显著的个人特征以提高效率。人们在紧急状况下来不及反思和精细分辨，原始思维由于其快速反应的特性（反射性）在此类情况下是一种适应性的策略。因此，形成触发相关原始策略以应对泛化的威胁也就自然而然了。

原始思维的高效特征也是它的缺点所在。原始思维信息加工过程中，大量信息被选择性地删减，并粗略划分为极少几个类别，从而遗漏了大量可用信息。环境中的某些特征会被重视或夸大，而其他特征则会被弱化或排除在信息加工过程之外。个人所认为有关的细节信息会被脱离背景地提取出来，而对这些信息的含义解读则容易过度自我中心化，所得出的结论则会过于概括笼统。因此，这种思维方式是有失偏颇的：对于真正生死攸关的紧急情况，这种思维方式可能起到令人满意的作用，但对于日常生活的顺利运行和正常人际关系问题的解决则具有破坏性作用。

在充满夸张威胁意味的人际和群体冲突中，原始思维会被频繁激活。当人们相互攻击时，他们的谈判、解决问题、妥协等适应性技能就可能会被原始思维取代。原始思维会在各种情况中有所显现：适应性的应急反应、功能失调的人际纷争和群体冲突等。这种应急机制在像战争等危险情况下可能会救命，也经常会在平常的人际冲突中被不恰当地激发。因此，我们不仅容易出现思维谬误，而且可能会遭受相当大的痛苦，乃至形成心理创伤。

如果对特定的人或群体存在负性偏见，我们就会特别容易犯这样的思维错误，这可能是基于既往的不愉快遭遇或对于民族或种族的负面刻板印象。当我们的思维出于迎合我们的偏见而有选择地抽取信息或歪曲信息时，我们会感觉到自己被对方那些其实不存在却被曲解的无害行为冒犯了。这种选择性偏见会让我们轻易得出武断结论，就好似处于真正的风险之中一样。无论如何，这种貌似无害的偏见其实是许多人际冲突的根源，也是群体之间严重矛盾的根源，例如成见和歧视（仿佛是既往冒犯的重复）。

例如，一位妻子询问丈夫为什么要选择特定型号的真空吸尘器。丈夫没有做任何解释而是突然暴怒，跺着脚走出了房间。他对妻子的结论由"她对我的判断没有信心"引申至"她对我从来没有信心"。妻子单纯的询问引发了丈夫思维的泛化，即她不仅怀疑他的判断，而且事实上对他抱有不屑的看法。以前妻子询问丈夫买东西的相关经历加剧了丈夫的反应。他回忆过往并想起了类似的事件，他觉得那些事都证明了他对这件事的判断是对的，此时就更愤怒了。

妻子即使可能真的认为丈夫的判断有问题，在这种特殊情况下，她也不太可能对丈夫失去信心。这对夫妻的关系一直很融洽。很显然，这会儿只是丈夫的解释太武断了。人们在感到自己被挑战时，他们似乎会从记忆库中提取与当前情况类似的所有过往经验。不幸的是，这些记忆未必准确，它们是由一种长期持有的信念组织起来的，如"她看不起我"。这种过度概括，体现在像"从不"或"总是"等绝对性的词语中，常常在青少年对父母的抱怨中听到："你总是让莎拉随心所欲……你从来没有给予我想要的……没有人喜欢我。"

一个人的思维越是过度概括，就会越沮丧。显然，一个人"总是"遭受虐待要远比仅遭受一次虐待痛苦得多。这种过度概括的解释，而非事件本身，导致了不同程度的愤怒。形成过度概括的一个关键因素是，"受害者"想象了冒犯者对他的看法：愚蠢、可有可无、不受欢迎。这个因素，即"投射的自我意象"或"社会意象"，往往是人与人之间问题的核心。激怒我们的不是人们说了什么，而是我们认为的他们对我们的看法和感受。

自我参考、个性化和参与

人们对本来与个人不相干的事件或评论添加个人理解是导致愤怒和其他情绪反应的常见原因。人们在高速公路上行驶时，有一些例子极其明显地带有这种以自我做参照解释他人中性行为的倾向。例如，奥斯卡在高速公路上会因为另一辆车超车而生气。有一次，一辆大卡车从他旁边超车后变道开到了他的前面。他的脑海里闪过这样一连串的念头："他想要让我知道，他可以挡住我的……我不能让他这个想法得逞。"开始的时候奥斯卡感到自己被蔑视了，并暂时处于弱势地位；随之而来的是愤怒，同时决定"我要给他点颜色看看"，也有了一股要展现自我的力量感。

奥斯卡用拇指按着喇叭按钮，他超车经过那辆卡车的时候，发现卡车司机正在和一个女同伴聊天。他突然意识到卡车司机可能"根本就不在意"他，而是可能正全神贯注于谈论他们什么时候停下来吃午饭或在哪里过夜。奥斯卡沉浸在一场想象的对抗中，很显然他想象中的对手——卡车司机——并没有注意到他。奥斯卡随后对这件事的重构让他的愤怒迅速消退，这种现象就是心理学家欧文·西格尔所描述的"脱离"反应。

还有一次，当奥斯卡开车进入一家医院的停车场时，保安机械地指挥他，他认为这是在敷衍他："他觉得我是一个可以像苍蝇一样挥挥手就打发的人。"之后让他重新评价这次经历时，他说："我猜他甚至都没有想到过我，他只是在疏散交通。"奥斯卡对保安行为的"去个性化"认知抹除了他的敌意，因此也消除了他的愤怒。

在大多数情况下，奥斯卡都会提防他人贬低自己。他一直担心自己在人们心中是个可有可无的无名小卒。他会将权威人士对他的任何评论解读为贬低。即使他们是在谈论其他人，他也会认为对方的评论是在隐晦地针对他。奥斯卡有一种在与他人的讨论中解读出个人敌对的模式，例如，当他和别人在政治或体育主题的交流中存在意见分歧时。

奥斯卡在后续的心理治疗中开始意识到自己武断地把他人的评论解读为对他的轻蔑、不屑和不尊重。我向奥斯卡指出，他会自动赋予他人的行为某种含义，而实际上这些行为是没有个人意义的；他一直在将中性的交流转变为严重的对抗。他必须学会从他的个人意义中脱离出来，接收他人言语的字面含义。

奥斯卡的反应不是个例。值得注意的是，在正常人和有临床问题的人群中，我们都观察到了自我参照（或个性化）现象。许多人会在与陌生人进行纯粹客观的人际交流时创造出自我中心的特殊含义，例如，与销售员和其他服务人员沟通时，有人会想到，"他不喜欢我"或者"她看不起我"。

当两个或更多的人发生冲突时，每个人都会很在意对方的想法和感受。然而，如果一个人觉得冲突不值得投入精力，他们可能就会脱离其中，并将谈话转移到一个中性话题上去或者转身离开。同样，如果有其他人干预，例如对他们说"别吵了"或"冷静冷静"，也可能导致同样的心理接触脱离并缓解敌意。过分关注他人的想法和个性化解读他人的行为的部分原因是过度看重他人的评价。

心理治疗可以帮助人们认识他们对社会意象过度投入的程度，以及他们因此而想象与他人对抗或实际对抗的热衷倾向。在大多数情况下，对他人尤其是陌生人的心理分析可能没有什么价值，因为他们对个人生活几乎没有影响。在商务谈判中，直接关注可能涉及的任何已达成的或有分歧的内容的做法要比总是担心磋商会失败更加有成效。当然，我们可以想象，在远古时代，被自己部族其他人接纳或对抗陌生人可能是一件生死攸关的大事。然而，在今天，这种过时的残留机制可能会干扰人们理解个人或职业生活中日常互动的细节内容，如果人们能认识到这一点，则可以克服这一缺陷。

如果事情触及至关重要的问题，人们可能会做出强烈的不恰当反应。我在第3章中提到，主管路易丝对犯了小错的同事大发雷霆。引起她愤怒的不是做错事本身，而是她对同事做错事行为赋予的个性化解读。她高度关注的问题是对信任的质疑，正如她的想法所表明的那样，"我不能再相信他，哪怕是一件小事他也做不好"。类似的"热点"问题围绕着忠心、忠诚和诚实的动机展开。按照原始思维模式内置的"对立原则"，如果一个人一次不忠心、不忠诚或不诚实，那他就永远不忠心、不忠诚、不诚实。这种看法会让人际关系变得不稳定，也会激起"受害者"的愤怒和惩罚冒犯者的冲动。

当人们将他人的行为解释为针对自己的行为时，结果就可能会将其视为敌人，或至少是对手。我们就以第 4 章提到的鲍勃为例。鲍勃在一家诊所就诊，不料前台却告诉他，所有医生都无法给他看病，因为他没有带他的蓝十字/蓝盾医疗保险卡。当被告知他必须持有保险卡时，他对接待员感到愤怒，并开始对她大喊大叫。他的想法是，"她在刁难我，她故意制定很多规则来羞辱我"。直到后来他才意识到接待员只是在遵守标准程序工作，而不是在刻意为难他，但这个时候，他要预约他急需的医药治疗已经来不及了。鲍勃长期存在规则和法规适应问题。每当有人要他遵守规则时，他就推测对方是在刻意为难他。在短暂的弱势感和无助感之后，他就会变得愤怒，并迸发出一股要将他认定的对手痛打一顿的冲动。

二分法思维

阿尔弗雷德被他的朋友起了个外号——"最后怒汉"（来自一部同名的图书）。他们说，但凡他制订的计划或想做的事情没有按他自己的方式进行，他就会生气。很明显，他的愤怒反应是他认为自己对他人没有影响力的这种内在判断的结果。当一个朋友不赞成他或好像无视他的意见时，他会想，"从来不会有人听我说话"，然后就生气了。当妻子没有采纳他的建议时，他会下意识地想"她不尊重我的意见"。当他没能让水管工立刻赶过来寻找管道漏水点时，他会想："我和这些人在一起什么也做不成。"每一次，他都感到挫败、软弱和无助。

阿尔弗雷德会用是否有效来对每一种情况做评判：他要么能完全控制，要么就完全不能控制。这种二分法思维是一种潜在信念的表达："如果我不能影响别人，我就是无用的、无能为力的。"他会根据这个范式对当时情况不加区分地做出评判，如果他认为自己能影响别人（少数情况），他会在短时间内感到高兴。如果他无法立即影响其他人，他就会感到受伤，然后生气。

当阿尔弗雷德将自己与他人进行比较时，他发现他们能更有效地达成合作和控制局势。他感到了愤怒，他的愤怒是被其他人冥顽不化且与他对立的意象激发出来的。这些过度反应的背后是他对自己的基本看法："我是无能或能力不足的。"

为什么阿尔弗雷德受挫败会愤怒而不是悲伤？实际上，这是因为他能够将受伤的"原因"从自己的无能转换为他人的行为——"他们反对我是错的……他们从来不听我的"。责任的转移让他减轻了沮丧和失望的痛苦，体验到相对较轻的不愉快的愤怒情绪。当然，持续的愤怒将会产生严重的心理和生理影响，阿尔弗雷德的血压会持续升高。他生活不开心、长期疲劳，这可能就是频繁"生气"的结果。

要让情绪少一些起伏，阿尔弗雷德有必要检验他对于那些他看似无能的情境的解释。他需要判断：他在这些情况下是否像他认为的那样无能为力？是否存在明确他有能力做事的情况？他如何才能将自己软弱无能的形象与生活中的明显成就进行调和？他也需要认识到，这些情况并不总是非此即彼绝对化划分的，他可以有许多不同层次的影响力、效力和权力，每一种情况都会有所不同。此外，阿尔弗雷德也可以考虑找个地方提高一下他的社交技能，以便达到更好的效果。随着他自我意象的改善，他可能真的会变得更有效能。

在各种人际关系问题中都可以观察到二分法思维。萨莉认为自己有"拒绝的苦恼"。如果她的亲密朋友或爱人没有立即给予她安慰、关爱或认可，她就会有被拒绝感。等她从这种感觉中恢复过来后，她会因对方让她失望而挑剔和愤怒。她的注意力会从受伤的情绪转移到冒犯者身上，她认为冒犯者拒绝她是大错特错的。

萨莉的二分法思维是，"如果对方没有完全接受或喜爱我，就是在拒绝我"，这源于她认为自己不值得被爱的核心意象。她以寻求保证的方式来代偿这一意象，因而需要他人不断表现出对她的关爱和认可来避免产生不好的感觉。如果对方没有持续这样做，全或无/非黑即白的思维模式就会让她得出朋友和爱人拒绝她的结论。自己不值得被爱的想法具有毁灭性，因而她会寻找"拒绝者"的过错并对他们发难。

拉里的家人、朋友称他为"控制狂"和"完美主义者"。他坚持要对家人和下属在工作中的表现和行为进行监督，看他们能否符合他的标准。如果不符合，他就会恼怒和生气。通过对他的反应进行分析可以发现，这个男人对事情出错有一种深刻的潜在恐惧。他的完美主义是他二分法思维的产物，即如果不正确地去做事情，工作就会变得一团糟。当出现差错时，在他极度焦虑的状态下这种信念会变得异常清晰。他开始的想法是"这可能是一场灾难"，随即他的注意力转移到别人身上并把过错归于对方，不是因为对方犯错，而是因为对方违反了他的标准而惹恼了他。

拉里的核心信念源于他有关缺陷的信念，这种信念植根于他的童年经历。小时候他的多动症一直没有诊治，因而学校作业令他不堪重负。他对自己和他人行为的控制需要，可以看作对自身缺陷信念的代偿。当他无法控制当下的情况时，他就会被无法正常工作的灾难性恐惧击垮。他应对自身缺陷恐惧的代偿是，在事情没有彻底解决时归罪于别人。由于他让别人为他的痛苦负责，自然就会对"肇事者"感到愤怒，并促使自己惩罚他们。此外，如果事情做得不够好，也会激发他对混乱的恐惧。他应对这种恐惧的主要成功代偿策略就是坚持以最高的标准来执行。

这种对不完美表现或错误可能导致最坏结果的预测倾向，在平时通常是高度的功能失调或适应不良。尽管如此，许多人在遇到问题时仍然会倾向于将其"灾难化"，其中一部分原因可能是受遗传倾向的影响，另一部分则是既往学习的结果。这种心理机制还与慢性焦虑和疑病/健康焦虑，以及过度责备和愤怒的发生与维持有一定关系。

因果思维和思维问题

请想象以下场景。当你走在街上时，有人把拐杖放在你前行的路上，你被绊倒了。你瞬间做出判断认定这个人是故意要伤害你，随即你急切地要惩处这个人。但后来你发现，不小心用拐杖挡住你的路的是一位盲人。你纠正了自己对这件事的解释，也许还对自己生气感到有点内疚或尴尬。肇事者的意图比你所经历的较轻微的惊讶感更重要。一旦你明白这件事是无心的——是由客观情况导致的——就不会责怪任何人了。你会觉得没有必要再惩罚他人了。

原始思维在我们对如被人妨碍等不愉快事件的解释中起着至关重要的作用。如果一个人对导致他反感的原因的相关信息了解不全或不清楚，他就会倾向于假定这是故意的而非偶然的。因而，在与他人冲突的状态下，对于那些与我们已有想法相矛盾的信息或者其他替代性解释，我们的思维已经关闭了大门，我们也就被困在用错误因果推理进行解释的模式中。不愉快的情境常常会唤起我们的这种自动化思维模式，并没有丝毫要进行反思的意识。

人们的言行如何呈现对我们固然重要，但其背后的原因和动机，即动因，对我们更为重要。我们对出现的不愉快反应，如受伤、悲伤、焦虑、沮丧或窒息感，都需要进行解释。某个特定行为是有意伤害还是偶然事件显然大不相同。当我们感到痛苦时，我们会倾向于寻找原因："她为什么不给我打电话？"或"他对我说的话为什么那么刻薄？"。他人任何令我们不适的行为都会引发这样的问题——"为什么（会这样）"。

我们的思维之所以锁定不愉快事件，是因为我们对事件原因的解释对事件后续发展的预测和我们的长远预期都至关重要。然而，我们谋求确定原因的方式很容易受到偏见的影响。我们可能会错误地将别人的某个行为归因于恶意企图或他人的性格缺陷，而行为背后的原因却常常是最简单不过的，可能仅仅是不可避免的误会，抑或当时情势使然、偶然所致。不过，比起不可避免的错误，我们会更加严厉地批判那些因疏忽而造成的致命错误。

如果一个人做鬼脸并将手指指向你，搞清楚他只是在做嘲笑动作还是严重威胁对你来说是很重要的。如果你清楚了他的行为"原因"是他对你的愤怒，那他的动作就可能是直接攻击的前奏或不愉快行为的预兆。如果这时你所体验到的焦虑可以让你行动起来采取防御措施，那么你的焦虑就可能是适应性的反应，因为这种威胁手势或言语可能会是物理攻击或其他敌意行动的前奏。如果你能够解读冒犯者的心理状态，你就可以预测冒犯行为可能的后果。

大量研究表明，人们对事件的解读有一定的风格。有人会将发生的好事归功于自己，而将坏事归咎于他人。大多数健康人都会表现出这种自私偏见，其他人则相反。例如，抑郁患者或抑郁易感者会将他们的成功归为运气，将他们的失败归为内部原因，例如他们所谓的弱点。

给一个人的讨嫌行为（吵闹、迟到、不专心）贴标签很容易，但要正确破译他的心理状态，即他的行为的原因，并不容易。事实上，我们的评估常常充满潜在的错误。如果一个人天生就难以理解他人的心理活动过程或者出于自身的偏见性思维而陷入自我中心的原始思维模式，那么他就很难对别人的讨嫌行为做出合理解释。由于当涉及重要问题的事件发生时人们会有偏见性思维，所以人们很容易做出错误的解释。

让我们看看下面这些典型问题和推测的原因解释。

事件	推测意义
丈夫吃饭迟到了。	"他宁愿在办公室，也不愿和我在家。"
学生取得较低的成绩，没有达到预期。	"教授不喜欢我。"
朋友不遵守诺言。	"他生我的气了。"

请注意，在每个案例中都可以在事件和解释之间插入"因为"这个词。人们对令人不安的行为所赋予的含义，通常和他们对该行为原因的解释是一样的。自动化解释将其他可选的、更无害的选项排除在外，例如，"他在办公室忙于工作"，"这个成绩很公平"，或者，"我朋友忘记了"。

迟到的丈夫抱怨说："为什么我的妻子只是因为我迟到了几分钟就那么激动？"同理，妻子的过度反应源于她推测的原因："他更关心他的工作而不是我。"当然，妻子的解释可能是正确的。也就是说，丈夫可能真的更关心他的工作。然而，妻子的痛苦是来自推测中的极端含义："他不再爱我了"或"他不尊重我"。在大多数生活情境中，人们是可以客观地解决问题的，也能找到一个较为准确的解释，或者也可以补救或不用理会遇到的问题：学生可以和教授讨论他的成绩；妻子可以判断丈夫是否真的要加班到很晚；失望的朋友可以讨论为什么会违背诺言，看看他的朋友是否真的生气了。

尽管令人失望的情况可以得以纠正或不用理会，但令人难以接受的往往是人们推测得出的原因。因此，当一个人愤怒时，他会想着要为冒犯者制造痛苦并消除"原因"，而不是试图纠正那令人不安的事件或做出弥补。给冒犯者施加痛苦不仅是为了改变其行为，也是为了改变冒犯者的动机。

单一原因

我们会被驱使去解释他人不好行为的缘由，即使这种行为很容易被理解。了解他人对我们的看法和对我们的感觉具有很高的溢价。如果我们试图预测后续可能会出现什么问题以及出现问题后我们该如何行动，了解对方是什么样的心理状态就变得极其重要。我们会自动列举某人行为可能的原因，然后形成关于这个人的结论。根据我们的结论，我们会决定是友善对待他还是回避他，是爱护他还是惩罚他。这个问题会因下面的事实而变得复杂：虽然一个特定事件通常会有多种原因，但我们的原始思维会驱使我们只关注"单一原因"而排除其他可能。

在远古时代，人们会把如风暴、暴雨和干旱等自然现象归因于单一因素，例如，神明善变的性情或众神之怒。我们现在意识到天气变化有其自然"原因"，这些原因非常复杂，实际上，我们至今仍难弄清其真实成因。尽管我们掌握了多种复杂因素的知识，却在长期气候模型的预测方面存在困难。话虽如此，人际交往中人们要报复的具体目标对象常常是事件中显而易见的直接因素，也就是事件的"近因"。然而，即使近因推断正确，事件的发生及发展也可能有许多促发和维持因素，有些是草蛇灰线且关联遥远的因素，它们之间不是线性模型，而是以网状模型交织在一起。

看看这个例子。一个女人对着丈夫大发雷霆，因为他们的儿子带着朋友开车上学途中与另一辆车相撞出了事故。开始她觉得这事全怪丈夫，因为"他在教我们儿子开车时应该更严格"。在治疗师的进一步引导下，这位母亲意识到还有其他因素导致了事故：(1)儿子因为迟到而急着去上学；(2)他的同伴在怂恿他；(3)当时正在下雨，道路很滑；(4)另一辆车的司机在转弯时没打转向灯；(5)儿子性格叛逆，不服从规则。当她回顾了事故中的其他原因时，她认为其他因素对这起事故也起了作用。她意识到这起事故中儿子的责任只占一小部分。

将个人"不当行为"锚定于单一原因，会导致人们自动排除其他替代解释。被冒犯者会草率断定行为的原因，也就会忽视其他可能的解释，或者将这些替代解释当作"借口"而不予理会。

一位高中老师很生气，因为她执教的班级最近的这次考试成绩没有达到她的预期。她的第一反应是，他们学习不努力，让她蒙羞，这是在报复她严格的纪律管理。然后她对学校体系和整个社会没能为学生学习提供恰当的部署安排感到恼火。在一次治疗性会谈中，治疗师问她在收到班级成绩单时她的第一个想法是什么。她泪流满面地说："我认为这是我的错，我有责任。我应该能够激励他们……我是一个不合格的老师。"她对学生和学校系统的愤怒掩盖了她的自我怀疑。在她的视角下，这件事最后变成要么是她对学生负有完全责任，要么是学校系统的责任。

将事件原因锚定于单一外部因素似乎可以保护自尊，但是这对潜在的自责只能掩饰而起不到消除作用。同时，自我怀疑会导致不安，后者又会加剧对系统和他人的怪罪。

为了让老师看到所有的关联因素，我使用了一种称为"饼图"

的认知技术。正常情况下人们不会有直接生命威胁，但这时人们也会有单一归因类型的决定性判断。我请这位老师在只考虑任何单一因素的前提下，对这个因素导致她的班级成绩不好的程度进行打分，并在表格中把这个分数写下来。她首先想到了"学校体系"并为其打分——100%，然后她又换了一个，把自己作为唯一原因进行打分。后来，我们头脑风暴列出了所有其他可能的原因，在汇总了一组促发因素后，她给每个因素分配了以下的百分比分数。

学生们来自市中心，那里的榜样和氛围不激励学业成就。	15%
大多数学生来自单亲家庭，在家中得不到鼓励、支持或帮助。	15%
他们进入高中前学习基础薄弱，上学动机也不强。	15%
学校体系让他们失望，例如，班级规模太大了。	20%
老师们被迫花太多时间维持纪律。	15%
同辈压力，尤其是男生之间的压力，不是比谁在学业上做得好，而是比谁在运动上更出色。	10%
作为老师，我不像以前那样鼓舞人心了。	10%

在重新分析后，她的视野大大拓宽了。她意识到，没有任何单一因素能独立导致他们成绩变差。她还意识到，她自己的教学缺陷（如果有），对结果的影响很小。然后她不再因为学生们"让她失望"而生气，她想到了可以抵消一些负面因素的方法。最后她反馈说，其实这个班级同学们的表现和上一年级的学生一样好。

这个案例展示了人们对负性事件单一归因的倾向。在这个案例中，原因是学生试图反抗老师。这位老师的愤怒与一种因令她失望而引发的要惩罚学生的模糊愿望有关联。事实证明，这个"原因"只是老师苦恼的表面原因。一开始学生们的成绩单激发了老师的痛苦反应，"我要为学生的表现不佳负责"。随后，她通过将注意力从自身转移摆脱了这种归因的痛苦,她抓住了学生表现令人失望的另一个原因:学生的反抗。她又补充说:"我觉得他们拒绝了我。"经过反复考虑,她意识到她最初完全在责备自己,而这太痛苦了,随后她重新归因于学生所谓的反抗。

这位老师一开始陷入了个性化的认知错误:她把班级学生的成绩看成个人失败。然后她把责任转而归于班级学生——这个过程在专业上被称为"外化"或"投射"——然后她开始愤怒。但她潜藏的不胜任感却一直存在,这导致她持续愤怒。

这个案例阐释了人性的复杂多变。我们经常发现,父母们大多在一开始会认为自己应当对孩子的不良行为负全责,然后很快就会将责任推卸给孩子而对孩子发脾气。人们的自我批评("我是个失败的父母")对他们自尊的伤害会引发他们对批评的自我保护反应("他是个坏孩子")。但这种潜在伤害持续存在,这在某种意义上加强了人们的外部归因和愤怒。大部分的愤怒起源于自尊的伤害,而责任过错的外化缓和了自我批评,因而事实上是掩盖自尊受伤害的烟幕。推卸责任让父母放弃了重新评估及修正自己是失败者的想法的机会。继而他们自尊的隐蔽伤害得以继续存在。自我质疑和自责发生在责备他人之前,如前文所述,它们通常是隐蔽的,以自动化思维的形式出现。不过,人们可以通过训练观察他们在愤怒前的意识内容来自动识别它们。

有些人在陷入愤怒或焦虑状态时,能识别出偏见思维的一些特征,如过度概括化或个性化等,这样他们就学会了"扶住"自己。然后,他们可以使用如转移注意力或寻找矛盾证据等策略来强迫自己纠正原始思维。而其他那些没"扶住"自己的人则可能会被困在原始思维的牢笼里,甚至患上临床疾病。

人类是可以不一直被个人经历或进化衍生的思维模式奴役的。

我们被赋予了成熟灵活的思维能力，可以进行反思和判断，可以取代粗糙的原始思维。这种反思性思维更现实、更合乎逻辑、更理性，可以纠正原始思维，但也有速度较慢、更费力的缺点。事实上，研究文献把这种思维称为"刻意思维/努力性思考"。当我们没有处于敌对状态时，我们有足够的认知能力正确地审视处境。然而，当我们确实陷入敌对状态时，就需要强大的精神努力来超脱我们的自动原始思维。换个角度思考会让我们适时放松，为我们建设性解决问题和享受更安宁的生活奠定基础。

第 6 章

愤怒的公式：
权利、不道德行为和报复

> 我们的大脑已经发展出一种创造世界的能力，一个我们自己亲自创造和想象的世界。很少有人生活在真实世界中。我们都活在我们的感知世界里，那些感知会根据不同的个人经历而大相径庭。我们可能会在没有愤怒的地方感到愤怒。如果扭曲到一定程度，我们可能会认为自己生活在敌人的包围之中，即使身边都是朋友。
> ——威拉德·盖林（1984 年）

仔细推敲一下这个因违反规则而触发愤怒的例子。妻子发现丈夫有些不尽责任，例如修理厨房漏水的水龙头、打电话给电工、支付账单等，她勃然大怒，于是开启了下面的对话。

妻子：你从来都没有说到做到。
丈夫：你为什么把这件事搞得那么夸张？
妻子：因为你从来不按我的要求去做，从来不做你该做的事情。
丈夫：你又来了！你永远都看不到我所做的一切。
妻子：我能怎么办？你不是在电视上看比赛，就是在打高尔夫球。
丈夫：看到我稍微放松一下，你就受不了。你只是想控制我的一切。

妻子：你为什么不闭嘴，然后去做你该做的事？
丈夫：你还想控制我说话。

值得注意的是，这对伴侣没有讨论各自最初的委屈，这种感受本来是可以获得对方理解的。他们本应该对对方的委屈感受比愤怒情绪更容易相互同情的。而正如对话中的那样，这对伴侣看待对方行为陷入了绝对化（"从不""总是""一切"）。他们表达的想法中也显示出他们认为对方违反规则的假设。

让我们回溯从前，从妻子的角度来重现这一幕。她在治疗中向我讲述这件事时的思路是这样的："他又让我失望了……他从不做他应该做的事……他这样做是故意伤害我……他一点都不负责任。"

这一连串的内容展示了愤怒和敌意是如何一步步形成的：期望落空，失望，以及随之而来的背叛（"他又让我失望了"）。她一开始的感觉，常常被形容为一种下沉的无力感，是失去力量的身体表现。她将丈夫的疏忽重构为一种不良行为模式（"他从不……"），把丈夫的懒惰重构为故意之举，这些重构快速取代了她的失落。最后，她将责任全部推到丈夫身上，责怪他"不负责任"。一旦丈夫的不道德行为在她心中定型，她就怒气横生，甚至会冒出要捶打丈夫的想法。

深入探查这位妻子的心理，会发现她有恐惧心理或过度担忧，这些情绪会以典型的"如果……会怎样"的形式呈现出来。"如果他没有处理这些事情怎么办？一切都会变得一塌糊涂"，或者"我们可能被债权人讨债"，抑或在更深的意识层面上"我会很无助，不知道该怎么做"。因此，她愤怒的背后不仅是她的挫败，还有她的恐惧和无助感。当她开始关注她痛苦的原因时，她不可避免地就紧紧抓住丈夫所谓的固执和不负责任来解释她的痛苦。

图 6-1 说明了从丈夫没尽到责任到妻子发怒的连锁反应是如何进行的。很明显，丈夫缺乏责任感本身就足以激怒妻子，但在这种情况下，就像许多情形一样，附加因素也会让她感到沮丧并最终激怒她。她有灾难化倾向，会设想最坏的结果，即陷入彻底的混乱。此外，丈夫的拖延影响了她的自我胜任感或无能感，她认为自己孤立无援。

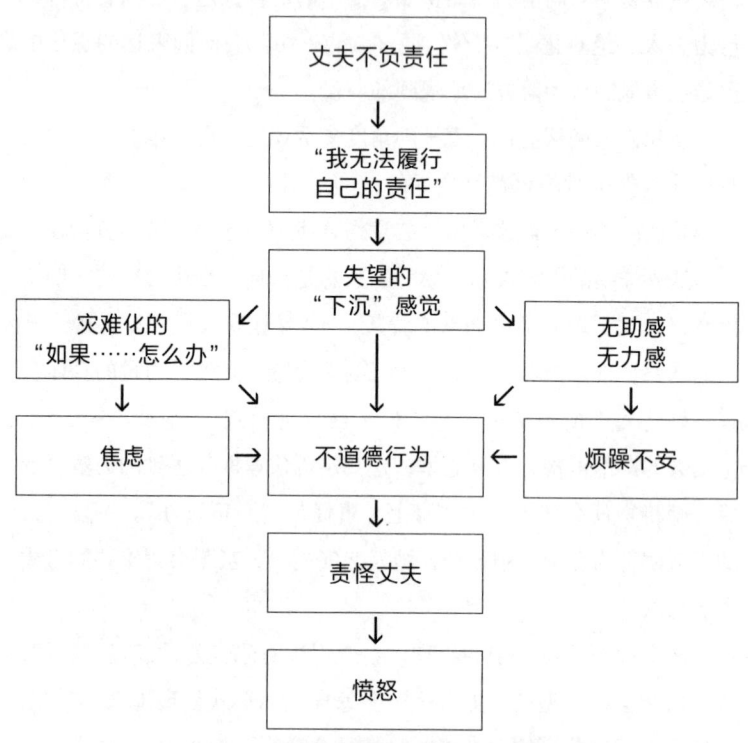

```
           ┌─────────────┐
           │  丈夫不负责任  │
           └──────┬──────┘
                  ↓
           ┌─────────────┐
           │ "我无法履行   │
           │  自己的责任"  │
           └──────┬──────┘
                  ↓
           ┌─────────────┐
           │   失望的     │
           │ "下沉"感觉   │
           └──────┬──────┘
         ↙        ↓        ↘
┌──────────┐           ┌──────────┐
│ 灾难化的  │           │  无助感   │
│"如果…怎么办"│          │  无力感   │
└────┬─────┘           └────┬─────┘
     ↓                      ↓
┌──────────┐  ┌──────────┐ ┌──────────┐
│   焦虑   │→ │不道德行为 │←│ 烦躁不安  │
└──────────┘  └────┬─────┘ └──────────┘
                   ↓
              ┌─────────┐
              │ 责怪丈夫 │
              └────┬────┘
                   ↓
              ┌─────────┐
              │  愤怒   │
              └─────────┘
```

图 6-1　妻子对丈夫不负责任的反应网络

这一堆信念、解释和感觉的组合，可能会导致精神症状的出现，或者是罹患典型的心身疾病。这位妻子可能会因为过于忧虑而患上广泛性焦虑障碍。如果她感到丈夫的威胁并且过分担心会惹恼他，就特别容易患病。这种情况发展的另一个方向就是她可能会从感到无力和不胜任发展为绝望、认命,并陷入抑郁。但如果她的反应没有沿着焦虑症或抑郁症的路线发展,那么这位妻子很可能就会变得生气或暴怒并极欲惩罚丈夫。受愤怒激发,她倾诉了自己的不满:"你从来都没有说到做到。"

反过来,她的责备也引发了丈夫脑海中一系列的想法:"她总是因为一些鸡毛蒜皮的小事责备我,从来都看不到我所做的一切。"当丈夫关注到妻子的"不公平"并认定妻子在试图控制他时,他的愤怒取代了最初短暂的委屈感。他觉得妻子的责备是无理取闹,所以他要做出反击,一方面是捍卫他自己负责任且强大的形象,另一方面是要惩罚妻子试图控制自己的行为。

控制的主题始终贯穿于他们的交流:妻子向丈夫施压让丈夫尽责,丈夫的愿望是避免被妻子控制。虽然成功的合作取决于限制他人行为的能力,但控制的需求会受过度恐惧驱使:她主要的恐惧是害怕丈夫所谓的推卸责任让她失控,而丈夫则恐惧受妻子掌控而被禁锢。人们对自己内心恐惧和无力感的反应要比遭到实际冒犯更加强烈。无论如何,在人际交流中,高张力(强度)的规则和期望的介入("你应该做好你的工作"和"你不应该骂我")不仅会引起愤怒,还会将人们的注意力从对他人不满的合理评估审查转向他们对所遇问题解决方案的不满。

恢复权力平衡的反击

人与人之间似乎存在这样一个公理,即当一个人在人际关系中感觉失去权力时,他必须以眼还眼、以牙还牙,哪怕长远看报复会弄巧成拙,并且如果冲突加剧可能会招致更多攻击和痛苦。有许多相关因素在其中发挥了作用。首先，人们对疼痛（无论是生理的还是心理的）有一种原始的、近乎反射式的反应：移除疼痛根源。其次，即使正当的批评也常常会破坏人际的权力平衡。在前面的例子中，丈夫感到妻子削弱和剥夺了自己的权力，妻子同样因为丈夫的行为感到无力。丈夫的报复代表了他想要在与妻子的斗争中恢复权力平衡。只要敌对关系持续，妻子就面临选择可能会加剧争斗的反击，或者选择放弃而承受更难受的感觉。夫妻冲突不只聚焦在工作分工上，在许多其他领域，比如育儿、社交活动或与亲戚的来往等事务中也会出现。

当然，这些夫妻都承认，互相辱骂常常解决不了任何问题，反而常常让他们更加疏远。正确的处理途径是停止争吵，转而专注于解决具体的问题，这样就没有了输赢之分。然而，这条路径通常很难实现，因为两人冲突的表面原因可能会掩盖个人的问题，例如挫折容忍度低、不能胜任感和批评敏感性。如果个人问题特别严重，那就需要设法解决它们，也许可以通过心理治疗或婚姻及伴侣咨询进行治疗。

从思考到行动：敌对模式

有趣的是，在一个人口头或以敌对行动表达愤怒前，通常会在他的脑海中先打上一架。从一个人心里产生不敬的念头到将其转化为口头语言，再到采取暴力行动，这似乎是一个线性进程。在前面的例子中，生气的妻子说出了她的想法："他从不做他应该做的事。"她的自动化思维中已经包含责备和对丈夫恼人行为的批判性解释。

让我们来看看一个人在敌意对话经历中都发生了什么。当妻子表达自己的想法和感受时，她的敌意不仅表现在言语上，而且表现在她尖锐的语气、绷紧的面部肌肉、凝视的眼睛、紧握的拳头和僵硬的姿势上。她感到愤怒，也有一种强烈想要惩罚丈夫的冲动。她所有相关的攻击系统都被调动起来：认知（贬低丈夫）、情感（愤怒）、动机（批评的欲望）和行为（攻击动员）。她最初对丈夫的负面评价用词发展成为对丈夫的批评和责备冲动，现在又变成惩罚和逼迫丈夫听话的工具。有意思的是，一旦她处于攻击模式，她最初的委屈、沮丧和无力感就会被更强大的个人力量感以及能左右丈夫行为的期望淹没。当然，她是否进一步发展为动手打丈夫取决于她能否冲破许多遏制和约束因素，例如害怕冲突加剧、害怕最后自己会挨打。

在攻击模式下，伴侣双方的思维都会还原为原始思维形式。妻子认为丈夫不好不对而不会考虑他的任何积极面。她的注意力锚定在丈夫的过失上，她对丈夫行为的解释是绝对化的。而丈夫则将妻子描绘成一个唠叨鬼，觉得她令人讨厌而且蛮不讲理。只要他们继续处于敌对模式，他们就只会回想起对方既往的过失，而且会偏见式地解读对方现在的行为。事后，当他们冷静下来（从技术上脱离敌对遭遇）时，他们可以更客观地看待对方。如果他们之间没有矛盾，他们也许会着手解决他们的实际家庭问题。

如图6-2所示，敌意的发生涉及许多因素。尽管它们是按某种顺序出现的，但实际上这些评判似乎可能是同时发生的，因此当事人做出的是整合的全局判断。

图6-2中有几个因素是敌意的必要非充分条件（例如，感到丧失或威胁）。图中所谓的"丧失"通常是指人们对以某种方式被削弱的评价，例如感到不受欢迎或不符合预期，抑或感到个人关系或资源被剥夺。"威胁"可能是针对个人的安全或价值观的评价。这些因素在敌意形成中的权重会根据特定事件的性质和周围的环境而

有所不同。如果人们认为这种丧失或威胁是情有可原的或是合理的，那么敌意的进程就会到此为止，人也就不会生气。反之，这些因素的存在就会让最终的敌意体验格外强烈。

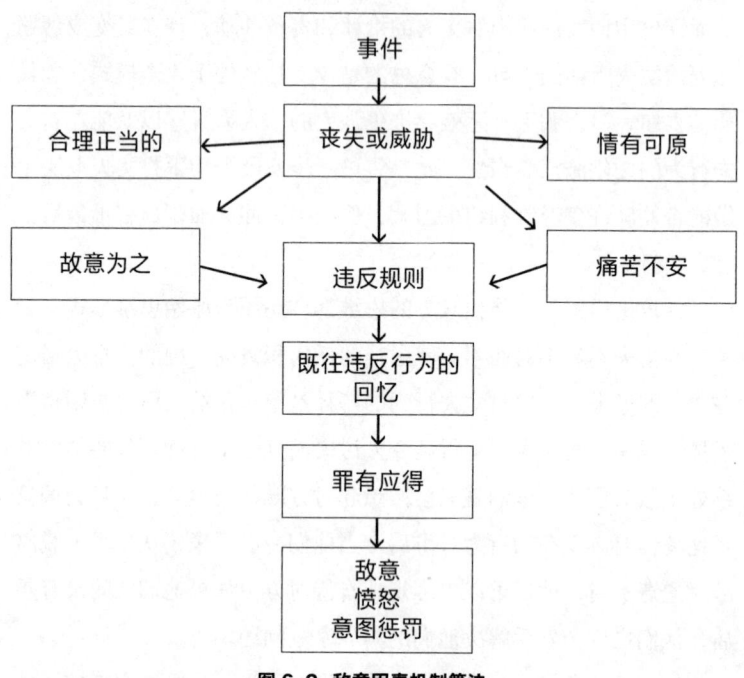

```
                    ┌──────┐
                    │ 事件 │
                    └──┬───┘
                       ▼
┌──────────┐    ┌──────────┐    ┌──────────┐
│ 合理正当的│◀──│丧失或威胁│──▶│ 情有可原 │
└──────────┘    └──┬───────┘    └──────────┘
                   │       ╲
                   ▼        ╲
┌──────────┐    ┌──────────┐    ┌──────────┐
│ 故意为之 │──▶│ 违反规则 │◀──│ 痛苦不安 │
└──────────┘    └──┬───────┘    └──────────┘
                   ▼
              ┌──────────┐
              │既往违反行│
              │为的回忆  │
              └──┬───────┘
                 ▼
              ┌──────────┐
              │ 罪有应得 │
              └──┬───────┘
                 ▼
              ┌──────────┐
              │ 敌意     │
              │ 愤怒     │
              │ 意图惩罚 │
              └──────────┘
```

图 6-2　敌意因素机制算法

委屈、焦虑或沮丧等痛苦情绪常常在敌意进程的早期出现，但它们并非愤怒产生的必要条件。然而，规则的违反常常在敌意进程中很隐蔽而不会清晰明确地显现，但它实际上是一直存在的。规则违反的经历会加剧个体敌意反应的发生。

规则违反的严重程度会影响敌意强度，而对所谓冒犯者的侵犯动机的评价也是如此。也就是说，冒犯者是有意还是无意的会影响敌意的强度。事实上，大多数人似乎都遵循一个不靠谱的假设，即除非有证据证明冒犯者不是故意的，否则任何他们觉得讨厌的行为都是冒犯者有意的。因此，他应该对违反规则负责。另外，如果人们认为冒犯者对他们的冒犯行为无法控制，或者是非自愿行为，那么冒犯者要承担的责任就会减轻。

人们可能在面对故意伤害的时候也不会生气，例如，当人们认为冒犯者不需要对行为"负责"时。人们在被发脾气的小孩子拳打脚踢或被神志不清的病人吼叫时，通常是不会生气的，因为人们知道没有人需要对此行为负责。因为这种行为情有可原，所以人们不会陷入对抗。此外，这类行为没有打破"不应该"规则（禁止无端攻击他人），因为"应该"和"不应该"规则提示着冒犯者能自主选择或自我决定并且能控制自身行为。如果一个人的敌对行为是大脑发育未成熟或精神错乱导致的，那么"不应该"规则通常就不适用了：大脑疾病患者通常被认为行为不受理性控制。因此，如果令人恼火的攻击是正当合理的或情有可原的，敌意进程就会停止。不过，如果冒犯者曾有过类似侵犯行为经历，他会因此被人更坚决地认定为肇事者或罪犯，从而加剧敌意。

重要的是要记住，愤怒体验不是由事件产生的，而是由人最终赋予它的意义产生的。教练或老师给我们的具有建设性或策略性的批评，或是医生给我们注射药物时的疼痛，都是可接受的，因为我们判断疼痛对我们有帮助。虽然别人的行为可能看起来像是在故意挑衅，但当事人的反应取决于他赋予该行为的意义。例如，一位抑郁症患者在遭遇故意侮辱时可能会变得更抑郁而不是愤怒，因为他赋予侮辱行为的解释是被侮辱可能意味着"我活该……这只能证明我是多么不受欢迎"。

我们的语言规则掌控着我们对事件的解读以及随之而来的情绪

和行为，这套语言规则往往非常复杂，并且似乎以某种运算法则组织成形。我们的信息处理系统足够烦冗，以至于可以几乎同时评估情境的每个特征，就像多通道并行的信息处理器一样。例如，假设一位朋友拒绝了你与他共进晚餐的邀请，你的运算法则会近乎同时地组织回答下面这些问题。

- 她的拒绝是不是在以某种方式贬低我，也就是说，这是否表明我不是一个称心如意的伙伴？
- 这有没有根据或者合不合理？
- 她这是想伤害我吗？
- 这种行为符合不符合她的风格？
- 她应该受罚吗？

敌意机制运算法则为你提供快捷而并行的答案，这些答案立即整合成为一个结论。如图 6-2 所示，对这些问题的肯定回答激起了你的愤怒。

自动化建构

想象一下，你走进城市中陌生街道的一家商店，一位售货员（或许是一个不同种族背景的女人）微笑着走近你。你的第一反应可能是"她似乎是一个友好的人"，你会自动回以微笑。但是假设你与她同一种族背景的其他人有过不愉快的回忆，或者你听说过关于他们种族的贬低言论，那你可能就不会有积极回应。也许你父母对该种族人群贬义性的警告会在你的脑海中回响："不要跟那些人有任何关系。"又或者你可能根据过去与售货员打交道的经历，已经在脑海中给售货员勾勒了一副极具控制欲且自私自利的嘴脸。这些记忆和信念被你带入当前的情境，它们会帮你塑造自己对售货员行为的解读。然后你会得出结论，她的微笑不是发自内心的，而是意图操纵你。你没有回应她的微笑，反而感到紧张和僵硬。

我们经常与他人有这样的互动。那我们是如何解读与他人的表达的呢，包括他们的用词、语气、面部表情和肢体语言（是僵硬的还是放松的）？其实我们有一套信念体系可以应用于特定情境，从而在很大程度上弄清楚他人的意思。当我们遇到某种情境时，我们的处理原则或图式是已经准备好的。根据情境性质的不同，某种信念模式会自动化地被激活应用。

信念和图式往往是总体且概括的："外国人很危险"，或者"售货员是善于操纵人的"。这类信念是以条件化或"如果－那么"规则的形式应用以适应特定情境的。举个例子，"老虎很危险"是一个总体且概括的信念，但是假设你在动物园和你在野外看到老虎，你显然会做出完全不同的反应。这个例子中被激活的条件化规则可能是，"如果老虎被关在笼子里，我就是安全的"。关于猛兽危险的这个总体且概括的信念就被改进为条件化信念，这样就能拿来解释特定背景或条件的情形。

类似地，你遇到一个面带微笑的售货员，你可能会根据条件化的规则或情境化的规则来处理："如果售货员咄咄逼人，就意味着她想控制我"，或者"如果售货员不主动而且温和，我就安全"。而前面的那个例子中，你的条件化信念可能是"如果售货员长得像外国人，她有可能比较善于操控别人"。

无条件的规则可以为我们提供关于一类人或一类情境的一般性观点，而条件化的规则能调整我们的解释更适合当前情境的特点。无条件的规则通常是宽泛的、绝对化的（"陌生人很危险"），而条

第一部分 愤怒的根源　　107

件化的规则则是严谨而具体化的("如果陌生人接近我,我应该保持警惕")。无条件的规则和条件化的规则类似于法律规定的对违法者的逮捕与定罪条款:抢劫是非法的(无条件的规则);如果一个人潜入他人房屋并偷窃财产,那么他就犯有重罪(条件化的规则)。

规则作用在精神病理学中是很明显的。一个严重抑郁患者可能会按照"我不如所有人"的绝对化信念和"人们在监视我"的偏执信念来解释他与别人的所有互动。这些无显著特点的信念如此泛化,最后几乎弥漫应用于他生活中所有的情况。重度抑郁患者,满怀着自卑感或不被欢迎感,会将他人的微笑解读为对他的同情,将中性表情理解为冷漠,皱眉暗示着对他的绝对拒绝。偏执者可能会将微笑解读为对方想欺骗并操纵自己,中立的表情意味着漠不关心。因此,绝对化规则占据思维主导地位就会扭曲人们对情境具体特征的认识。抑郁或偏执者的偏见信念会让他对现实做出偏见性解释。这种偏见性信念和思维既出现在精神病理学中,也出现在人际敌意和群体间冲突中。

对陌生人或外国人过度宽泛的绝对化信念可能会让人把那些友善的陌生人错误地贴上危险或不友好的标签("误报")。在某种程度上,对陌生人的绝对化信念是我们的进化、文化传承以及我们独有的学习经历的混合产物,我们会倾向于把不熟悉或不一样的人看成异类对待。例如,发育早期的儿童通常会对陌生人的接近明显不安,大概是恐惧他们。

尽管大多数孩子长大后不再害怕陌生人,但他们的这种绝对化信念会潜藏下来,当他们和外国人长相者接触或听到对外国人不利的评论时,这种信念就会被激活。在更高的意识层面,我们对不同于我们的人的本能性反感在仇外心理,比如种族歧视或种族偏见上表现得非常明显。此外,群体或国家的冲突会激活关于外来者更泛化的偏见性信念。

当一个微笑的售货员接近我们时，我们是如何提取情境刺激信息以特定组合来推导含义的呢？当解释我们所看到的场景时，我们会利用以意象和记忆以及信念为基础的信息加工系统进行工作。我们会将售货员的视觉外形与我们记忆中的标准模板匹配。当外部特征（例如，女售货员的笑脸）与相关模板匹配一致时，我们就"识别"了，然后与模板相关的信念和规则就会运作形成对其动机的解释。

有条件的信念会具体化和修改通过这个模板匹配过程所形成的行为含义。我们所持有的某人曾欺骗或操控他人的记忆可能会凌驾于我们对这个人微笑的形象感知，以及我们关于"微笑的人是友善的"的信念。与此记忆相关的规则，"不要相信她"就会改变我们对此人微笑的反应并引发一个疑问："她是不是在试图操纵我？"事实上，我们对此人的形象化过程甚至可能让她的微笑从天真的笑容变成狡猾的微笑。

"可以"和"应该"

我们在解释自身和他人行为时会遵循一个模糊的规则，涉及我们对行为后果的积极预期。然而，众所周知的是，我们从错误中学到的东西比从正确中学到的更多。当事情出错时，我们很可能会认真审视我们的行为。"发生了什么？""还可以怎么做？""为什么不这样做？"等问题可以促使我们形成修正行动方案，即确定事件次序并反思形成替代行动。这种策略是解决问题和"经验学习"的重要成分。我们根据结果与行动之间的相关性奠定我们对自身与他人行为评价的基础。例如，如果选择某条路线或计划，我们可能要考虑既往这样选择是否达到过预期目标,这个计划是不是最有效的选项。

不过,更常见的情况是,当我们对事情进展不满意时,我们内心会因这种不利情况而感到压力,这种压力通常会促使我们自责或责备他人,而不是弥补不理想的后果或吸取经验教训。我们会把实际令人失望的后果和预期良性结果进行对比。如果不同的做法可以产生有利的结果,那么这个人就应该这样做;因为他没有这样做,他就应该受到谴责。

我们来看看购物者在超市排队的例子。大多数人购物都愿意即时结账,尽快离开,所以他们会选择他们认为结账最快的队列排队。但在排队的购物者中有个普遍的谬论,即他们常常会排在走得最慢的队列里。他们会审视其他队列,然后主观地认为别的队列移动得更快。而当他们改换到另一队时,又会感觉到这一队似乎也变慢了。

人们在购物排队时可能做出不同的场景假想。由于场景假想应当会设想出更好的结果,所以购物者会责备自己做了错误选择:"如果我能排在另一队就好了。""如果我不换队就好了。"有趣的是,购物者的急躁和沮丧很少源自"是什么"(实际的时间"浪费"),而是"本来可以是什么"。"我本可以选一个更快的队伍来排"旋即转变为"我应该选择一个不同的队伍来排",即变成了一种自责。

我们远不知道的是,我们会倾向于想象一个最佳的替代情形,并将其与实际情况比较。比较的不一致程度会影响当事人不满意的程度。人们承受的相当大的一部分压力都是由这些相对微小的反应的累积效应造成的。长此以往,人们可能会变得易怒,并且可能会对家人、朋友或商业伙伴的小问题反应过度。

假设正在买单的顾客翻找自己的优惠券或跑去拿另一件商品而暂时离开，他这一买单队伍因此而停滞不前。这一队购物者看到后会觉得这个人太自私或太粗心，原本的内心受挫感会因此加重。也有一些温和反应的人可能会这样想："如果他能提前准备好优惠券就好了。"但这样的想法会很快淹没于批评之中，"他不应该耽误我们的时间"。

这时，愤怒的购物者可能会很想吼他："为什么你不能提前准备好优惠券？"这是购物者头脑中的一个更理想化的情景表达，好像这样做就可以时光倒流并纠正那个顾客的不良行为。尽管受到社会约束其他购物者可能不会大声说出来，但他们肯定会为这个任性的顾客冠以一系列贬义形容词：自我放纵、愚蠢、自私自利、不能干。但如果购物者自控能力差、非常冲动，他很可能就会大声抱怨出来。

我们对这个例子的概念化分析向你展示了人们把已采取的策略和潜在更高效的策略进行比较是如何起反作用的。人们要求他人不应该按照他们已经做了的方式来做事，这是人们无效愤怒的根源。这种认知过程被称为"反事实思维"，即想象一个实际上并没有发生的情形。在最极端病态的情况下，当一个人因不愉快事件而痛苦时，可能会强迫性地幻想他所经历的事件发生改变，而他得到一个更好的结果。

有时，如果人们非常明确地知道事情不可能以不同的方式发生，人们愤怒的感觉就会消失。如果一种冒犯的行为被重新定义为完全不可避免的，那么它就不再是冒犯行为了。我们来看看下面的例子。父母很担心他们十几岁的儿子，因为他们预计儿子回来的时间已经过去很久了，但儿子还是没有开着家里的车回来。他们想到以下可能的情况越来越焦虑："如果他被抢劫了怎么办？""他会不会出车祸了？"当他们的儿子到家时，他们松了一口气，但又因为他没有早点回家而生气（另一种情况）。当儿子提供了一个合理的解释打消了他们对此的各种猜测时，他们的愤怒就平息了。也许是汽车引擎出了问题，他无法给父母打电话，或者其中一名乘客生病了，不得不将其紧急送往医院。一旦父母认识到儿子的行为和他们的痛苦是不可避免的，"应该"就不再起作用了，他们也就不再认为他们受到了不友好对待。这是一个很有意思的现象，就是如果一个人的做法让我们感到痛苦，我们会倾向于认为是他故意伤害我们，或者是由于他的疏忽造成了我们的痛苦。我们不会一开始就想到反面情形：这件痛苦的事是偶然事件或是不可避免的。

人们通常都知道，如果一个人能证明他的违规行为是不得已而为之的，人们就不会批评他。事实上，为了避免受到指责，人们可能会编造理由来表明他们其他的什么都做不了，只能这样做。青少年常常会熟练地编造这样无可辩驳的解释。听者是否认可该解释的合理性，决定了他是会变得愤怒还是产生敌意。

应该的暴政

人们将自己的行为准则强加于他人，对这种行为具有说服力的合理解释是，这样做既保护了人们，又为人们提供了满足"需求"的策略。我们赖以生存的重要规则的目的是控制他人与自己的行为。这些规则就像政府的法律一样，以命令和禁令的形式存在：要做什么和不做什么，充斥我们的语言和思想中的"应该"和"不应该"，那些我们讲给别人和自己的话。违反这些命令就像违法，会被视为该受惩罚的罪行。

心理治疗师和理论家卡伦·霍尼、阿尔伯特·埃利斯发现并详细阐述了这些强制性的规则对各种精神疾病患者的支配作用。此外，他们指出平常人——那些暂未患精神疾病的人——与那些精神疾病患者一样面临同样的问题。霍尼特别关注这些强制规则在人们"理想化自我意象"中所蕴含的膨胀目标实现过程中的作用。那些特别容易患抑郁症的人在很大程度上被霍尼所说的"应该的暴政"驱动。当他们抑郁时，脑海中充斥着他们不应该做什么，他们应该做但没有做什么的噪声。埃利斯在他的巡回演讲中指出，"应该"和"不应该"给很多人造成了麻烦，尤其是那些对他人过度期望引发愤怒的人。

当人们开始注意到自己对他人（和自己）的想法时，他们可以很容易地认识到他们的情绪反应和愤怒情绪是如何被这些强制性规则支配的。尽管这些强制性规则可能在出现时只是未经表达的想法，但它们很容易显化为语言。

- 他应该更清楚。
- 她应该听我的。
- 你应该更加小心。
- 他们应该更加努力。

这些陈述的共同点是改造人们行为的隐含要求，这些要求被包装成对他人违反命令或规则的指控。命令式的语言可能会伪装成有些不一样的形式，会使用某些"话里有话"的词语，而这些词句中仍然携带着同样的关键信息，即说话者的权利在某种程度上受到了侵犯。

- 她没有权利这样对待我。

第一部分 愤怒的根源

- 我有权得到诚实的回答。
- 你敢用那种口气跟我说话,你胆子太大了。

这些"应该"和"不应该"都是不直接言明的,它们的目的都是保护自己的权利,固定侵权责任,惩罚违反者。

这些强制性规则如此频繁地侵扰我们的意识,在塑造我们的情绪和行为方面发挥着如此重要的作用,并且常常伤害我们和我们关心的人。因此,我们需要了解它们的功能和它们在人际冲突中的运行。而且,推测它们作为适应性策略的起源机制也是一件有意思的事情。

强制性规则:保护权利,满足需求

我们要如何保护自己免受日常生活中的干扰、歧视和威胁,同时追求我们的特殊利益和目标呢?我们显然不用面对像石器时代祖先所面临的生存问题,我们也不需要联合起来抓兔子,捕捉飞奔的鹿,或者击退掠夺者。我们常常很自信我们会得到来自以法律、法令、公约和各种执法机构为形式的社会秩序的保护。此外,我们依靠公平、合作和互惠的社会准则让我们与人和谐相处,并更便利地追求我们的目标。更进一步,宗教对贪婪、欲望和敌意等去社会化或反社会行为实施惩处,旨在阻止过度以自我为中心的行为。如果没有这些强制性规则,社会群体将陷入混乱。个体生存和家庭组建所必需的承诺与义务将不复存在,人人唯利是图。

规则、法律和制裁不仅警告那些潜在的犯罪者,而且只要我们接受这些规则,还可以在对冒犯行为和冒犯者、犯罪及犯罪者的评价形成过程中提供认知描述的功能。以法律和社会准则为参照的观察会促使我们将犯罪者笼统地刻画成可耻的、罪恶的和坏的形象。当这些规则被整合到我们的信息处理系统中时,我们脑海中可能会闪过犯罪者的视觉意象:一个丑陋的窃贼,虚伪的好色之徒,或者贼眉鼠眼且自以为是的人。然后,我们会感受到相应的情绪——焦虑、愤怒和厌恶。然而,大多数时候,我们不会留意这些意象(尽管当我们注意到它们时,它们会变得更加突出),但我们会注意到关于犯罪者的厌恶想法:坏、令人讨厌或堕落。

显然,基于预期和公序良俗的规则会显著影响我们的思维与行为。我们的文化和种系基因遗传很明显地塑造了我们对社会调控的感受度。我们个人的私有规则(来自内部的压力)类似于社会规则(来自外部的压力),掌控我们的行为和对他人的反应。不过,无论规则来源于哪里,很明显它们都会影响我们对自己和他人感觉的方式。事实上,无论是社会规则还是私人规则,其主要影响的都是我们的认知系统,而我们的行为就是由这些内化的规则衍生而来的。

尽管在某种程度上,人们的认知规则、范式和标签都是社会规则的复制品,但只要人们反抗、贬低或颠覆了社会和法律规则,就可能会构建出一套相反的规则。因此,有些人可能会认为非法行为很"酷"(使用或出售街头毒品),或者很合理(非法闯入豪宅)。

如果研究一下各种环境中的强制规则,我们会发现,惯例、风俗和习俗对他人和我们自己发挥着有益的影响作用——如果不是控制的话。那些具化为无论是法律还是公约的社会规则构建了我们对他人的预期。这些预期中的很多内容会被抬高到命令和义务的范畴:人们必须尊重我们的利益和目标。进一步说,我们的个人意愿变得如权利般有尊严:我们有权受到公平、诚实和善意的对待。人们应该理解我们的需求和感受。"应该"被视为我们个人生存的工具,是控制手段,它的权力超越了法律命令和禁令。事实上,我们是受内部命令的支配去影响甚至去强迫他人保护我们、与我们合作、支持我们的。

出于同样的原因，我们会被鼓励对他人施加限制：他们不应该阻挠、欺骗或拒绝我们；他们不应该不尊重、不体谅他人，也不应该不负责任或控制他人。这些实际的行为规则经常在社会规范中被美化，一旦违抗就会造成伤害、生气或暴怒，以及报复的冲动。因此，对有潜在价值的善行的社会引导可能会变得绝对、极端和僵化，并且可能会自相矛盾地制造远超它想要防止的痛苦。

强制性规则的进化论

为什么"应该"和"不应该"如此强大甚至常常取代如合作、谈判或耐心劝说等更具适应性的策略呢？例如，一个完美主义的家庭主妇可能会被驱使着把家里搞得极其整齐、一尘不染，即使她的强迫冲动可能会破坏她与丈夫、孩子的和谐也在所不惜。在这样的例子中，我们常常会发现，"应该"代偿了不被认可的恐惧和胜任力不足的自我意象。我们在精神疾病患者身上可以观察到这种现象更为夸张的表现形式。例如，在强迫症患者身上可以看到这些强制性规则的极端表现，他们会不停地洗手，以免被看不见的细菌污染。抑郁患者身上严厉的"应该"也很鲜明，他们显然为精神疾病所困，不断责备自己："我应该能够更好地完成我的工作（或家务）。"

为了追溯这些现象的起源，我们需要重新分析千百年来影响人类思维、感觉和行为的基本规则。我们思维和行为的基本程序进化的目的似乎是确保我们的远古祖先的健康和生存。显然，如果我们的祖先没有进化成功，我们的血统也早就灭绝了。适应性的信息加工是适应性行为的前奏。这些思维、感觉、冲动和行为同步化模式的进化使我们的祖先能够解决他们面临的基本挑战，即保护自己免受各种危险、获得资源，以及维持可存续的人际关系。这些被动员起来解决问题的机制运行特点很大程度上是自动化的和反射式的。因此，突然出现的大灰熊会激活人类固有的处理程序，几乎是同步地唤起人类对严重威胁的感知（认知）、焦虑或恐慌的体验（情感）、逃跑的冲动（动机）和实际的逃避（行为）。这些同步工作的机制有可能在现代人类面对类似对抗时自动运转。

我们可以回到之前妻子发怒的例子继续探讨为什么冲突会如此激烈，让她大发脾气。让我们以更广阔的进化视角来审视这一事件。互助个体间的分工与保护重要资源及依赖其他重要个体合作的需求直接有关。执行了重要行动并不一定会有即刻奖赏，因此仅靠期望得到满足不足以"使轮子转动"。因此，从进化的角度来看，命令和禁令构造模板的形成可以促进与他人的合作，因而可能是具有生存价值的。原始的强制性规则如果用现时案例的陈述就是"我负责管家"和"我的丈夫应该尽到他的责任"。

合作预期中强制命令的出现是形成愤怒的关键因素。在这个例子中，妻子的理性想法是在家庭维持方面丈夫是可以帮得上忙的，这个想法在丈夫没有做到时并不足以造成妻子如此强烈的反应。正是因为丈夫激发的诸多"应该"压力和阻挠把她推进了战斗模式。当然，坚持公平分工在当今时代已经不是生死攸关的事情。然而，就像是携带了另外一堆应对威胁的原始程序化极致反应一样，当今的人们对事件的反应是原始机制的继承衍生物，仍然呈现过度反应的特征。正如物理威胁可以最大限度地动员我们一样，心理威胁或攻击也会引发过度反应。

第 7 章

亲密的敌人：
爱与恨的转化

弗雷德：她有点头晕，就要我在家里陪她。我想，如果她为了这点小事就要我留在家里，那等发生了更大的事情，她可怎么办？

劳拉：我让弗雷德留下来的时候，他拒绝了。我想，如果连这么小的忙他都不愿意帮，如果有真正重要的事情发生，那可怎么办？

弗雷德和劳拉在结婚前已经同居几年了，一直都没有遇到什么大麻烦。等到快要结婚的时候，他们却开始因为一些显而易见的细微分歧而争执起来。这些事件不断增加，以致他们最后选择去寻求心理咨询师的帮助。他们分享了一个典型例子：有天晚上劳拉感觉不舒服，她让弗雷德留在家里，不要去见那位到这边出差的同行。弗雷德很生气，愤怒地拒绝了她。劳拉泪流满面，默不作声，随后弗雷德冲出了屋子。

这对伴侣的问题可以从不同的层面来分析。开始，这似乎只是双方优先权的冲突。也就是说，双方都试图"按自己的方式行事"。但很明显，他们陷入困境的原因在于他们对同一事件的看法不同，并且双方赋予了事件截然相反的意义。这些形成鲜明对比的解读导致双方都以完全消极的方式看待对方。劳拉觉得弗雷德粗暴忽视她的需求。但她完全没有意识到，自己的需求是建立在如孩童般害怕被抛弃的分离性恐惧基础上的。因此，弗雷德的拒绝对她的内心造成了重大影响："他要抛弃我了。"这个结论让她对弗雷德产生了更加消极的看法，认为弗雷德急功近利、以自我为中心、不值得信赖。

另一方面，弗雷德献身于他的职业生涯，希望利用与来访者会面的机会来提升自己。他认为劳拉对自己提出的要求是无理取闹，让他无法"做好自己的事情"。然而，他没有意识到自己也有一个心理问题：害怕自己因被限制而困顿终生。

从某种意义上说，这对伴侣在优先事项上的不同反映了他们恐惧的差异。这些恐惧控制了他们对彼此行为的看法，从而影响了他们自己的感受和行为。这些恐惧与潜在的人格模式有关，这导致了他们各自目标之间的冲突。总的来说，弗雷德是一个自主的人，他高度重视人的成就、声望、独立和灵活。他觉得劳拉的需要令他窒息。他对被妨碍或限制的恐惧增强了他追求自主和成就的动力，而这反过来也让他对任何妨碍或限制都极其敏感。劳拉很喜欢社交，是个"人缘很好的人"。她喜欢和别人在一起，当独自一人时会感到空虚。此外，她总是担心自己会患上严重疾病，因此尽管只是得了很小的病，她也会容易陷入灾难化思维。当她生病时，她希望身边有值得信赖的人来照顾自己。就像前面对话显示的那样，当她感到有不适症状时，她的被抛弃恐惧就被激活了。她希望弗雷德在身边，但是这个要求却加剧了弗雷德对被限制的恐惧。

一旦劳拉和弗雷德彼此生气，他们就会陷入敌对防御模式，这会阻碍双方建设性地解决问题。正如他们的治疗师说的那样，他们本可以想到让彼此都满意的替代方案，例如，弗雷德本可以邀请他的同行到家里来，或者将聚会推迟一天，抑或到酒店与同行短暂会面，并在到酒店时给劳拉打个电话。这些方案中的任何一个都可能让劳拉知道他真的在乎劳拉，也可能让劳拉确信当她"真正"需要他时，弗雷德不会放下她不管。同时，弗雷德在达成他的目标的过程中也不会感到自己被限制了。然而，一旦他们进入防御模式，双方都会启动自我保护系统，并对对方的冒犯进行惩罚。他们的心思会全部放在遭受虐待的危险和保护自己的策略上。

劳拉和弗雷德在一连串误解的影响下不知不觉陷入持续的冲突状态。随着他们对对方的看法两极化："他是逃兵""她是控制狂"，每一次误解都在为下一次误解铺路。仅根据自身需求和恐惧看问题让他们对对方的需求和愿望视而不见。劳拉认为，她对弗雷德行为的负面解释是正当合理的，而弗雷德对她的做法的负面解释则是不可理喻和不公正的。当然，弗雷德的想法则恰恰相反。他们都觉得，自己认为的是真正的事实，自己是有情有义的，这些对于他们都是利害攸关的事情。持续的冲突推动塑造了他们所坚持的偏见看法："我全是对的，你都是错的。"他们通过认定对方自私且固执来维护自己善良的形象认知。由于个体对冲突的整体看法是片面和自私的，判断公正性也就难逃自欺欺人了。所以人们会认为自己的想法、感觉和行为看起来都貌似合理和正当，而伴侣的则是不可理喻和不正当的。

这种伴侣间互动的伤害言论和行为会固化对方的负面形象。这种固化在伴侣双方的抱怨中常有显现："你根本没有在听我讲话"，"你根本就不听我说话"，或者"你用我的话来顶我"。在激烈的争论中，人们极少会接受对方抱怨的内容，并认为这些说法是真实合理的。即使在面上他们没有公开的冲突，也会把对方划入没有任何可取之处的恶人之列。

矛盾心理

矛盾心理，即正性和负性的意象、信念、情感和欲望交替或同时发生的心理现象，在亲密关系中很常见（或许也是普遍存在的）。在不同时间以相反方式看待同一个人，这种能力是原始信息处理系统二元化组织方式的一种体现。在矛盾心理最明显的情况下，可以出现上一秒还深爱着伴侣，下一秒又想要撕碎对方的情形。人们如何或为何会从爱慕突然切换成厌恶，又或者为什么曾经的温暖感受没能形成对愤怒情绪体验的缓冲？想要解释这些问题还非常困难。

在浪漫的美好时光中，亲密关系中这种情感的逆转可能并不明显，那时所有的分歧都被爱意淹没或冲淡了。然而，随着伴侣逐渐忙于实现他们自己的目标和愿望，两人之间的分歧就会日渐加深。他们之前浪漫平坦的风景线开始出现坑洼和裂痕。互惠与自利的平衡逐渐转变："对你最好的就是对我最好的"变成"对我最好的就是对你最好的"。实际上，这两种取向在整个婚姻中可能会持续存在，但在痛苦的亲密关系中，相比于利他信念，自我中心信念往往会变得更加活跃。

这种破坏乃至终结一段关系的矛盾心理，通常不仅仅涉及偏好或风格的简单差异，还涉及所有关系中可见的正常亲疏起落。大多数人的核心人格中都有相互矛盾的系列目标、信念和恐惧。有时，亲社会目标——对亲密、分享和互助的渴望——可能占据主导。别的时候，独立、成就和自由等更自主的目标可能更加重要。一个人可能会在吸引他人求得亲近和渴望独立之间来回交替。这些模式都反映在人们如何对待彼此的感觉上。在追求自主的模式下，他们可能彼此会感到疏远，但当他们的社会亲和模式占据主导时，他们会快速进入亲密状态。当伴侣双方的模式彼此不同步时，他们的关系就更容易出现问题。

亲和模式可以促进人际关系的黏合和人际界限的消除，而自主模式则对人际界限有维持作用，能建立人际屏障阻止他人侵犯，而且有助于行动自由。自主模式的自我保护作用体现在个体对命令、操纵或诱惑的超越或抵制。它有保护自我利益和私人空间的作用。在更深层次上，自主模式下的疏远策略可能对被围困的恐惧（如弗雷德的案例）起到补偿作用，而亲和模式下的依附策略则可能补偿了对被遗弃的恐惧（如劳拉的案例）。

当日常生活中的矛盾心理加重时，人们可能会表现出交替的喜欢与厌恶、吸引与排斥，以及极端情况下循环往复的爱与恨。

有些人会在自主性和社会亲和性的顾虑之间明显摇摆不定：害怕受限制或害怕被遗弃。看看下面这对夫妻的对话，现在他们的婚姻遇到了一定程度的麻烦。

阿尔瓦：你真的不在乎我。你只想着你自己。

巴德：我当然关心你啊！你就是我的一切。我想照顾你，帮助你，竭尽全力给你最好的。

阿尔瓦（愤怒）：我不需要你的帮助，我不是什么蠢孩子，我可以很好地照顾自己。

巴德（委屈）：好吧，那我就不帮你了。

阿尔瓦（委屈）：你又来了，你根本不关心我。

阿尔瓦在依赖模式和独立模式之间不断交替。她性格的各个方面都暴露在她矛盾的表达中："帮帮我……别管我。"无论巴德采取哪种策略，都会和她矛盾的目标（或恐惧）发生冲突："现在他在贬低我……现在他要抛弃我了。"

阿尔瓦的社会亲和模式不仅包含对亲密和依赖的渴望，还包含对拒绝的恐惧，她的一系列自发性想法由自我满足的自尊心和被迁就纵容的敏感心组成。巴德无论做出怎样的行为，都会撞到其中一种模式，继而激活合并到模式中的相关恐惧：满足她的依附愿望，会伤害她的自尊；对她独立的渴望让步，就意味着对她疏离和不支持。这个过程中还会激活对比鲜明的强制性规则："巴德应该提供更多的帮助"与"巴德应该让我去做"。违背任何一项命令的行为都会让她痛苦，随后大发雷霆。

巴德是一名社会工作者，比阿尔瓦更独立，但他对自己的能力很不自信。他会通过帮助他人来增强自己的掌控感。阿尔瓦拒绝了他的帮助，伤害了他的自尊心，并让他对自己的能力产生了怀疑。他如果为了"保护"自己而选择逃离阿尔瓦，阿尔瓦又会痛骂他冷血无情。

惊天逆转：由爱生恨

当代生活中人们常常困惑的一个问题是，人们明明感觉自己的爱是如此命中注定、让人欣喜甚至令人振奋，却在一刹那又消失不见，只留下怨恨与敌意，乃至仇恨。我们可以通过研究人际关系中的矛盾心理找到这个巨大反差的线索。人际关系中各种摩擦的不断加深，让人们对对方的消极态度开始固化成形。这一系列新结构源于人们既往已经形成的对过去重要之人的负面态度，可能是兄弟姐妹、父母或前任，这些情况实际上屡见不鲜。随着时间的推移，这些消极态度会变得更加强烈，并可能表现为对伴侣的负面意象。他们在看待对方的方式上会经历一个变化——这个过程往往是循序渐进的，但有时也会相对突然和极具戏剧性。下面这段极度痛苦的关系案例可以说明这种情况。

在一场暴雨中，特德和卡伦在街角相遇，当时两人都在等公共汽车。由于公共汽车晚点，很显然继续在那儿等车他们肯定会被淋透。特德建议他们到附近的咖啡馆喝一杯，卡伦欣然同意，他们玩得很开心。特德对卡伦的看法是，"她非常和蔼可亲，令人愉快"。他被卡伦的自主和生活乐趣吸引了。而卡伦则很高兴遇到了一个成熟、果断、井井有条的男人。最终，这种邂逅发展成了爱情，然后他们结婚了。卡伦钦佩特德的智慧，喜欢他声情并茂地谈论文学、世界大事和历史。特德喜欢与卡伦开心地聊天，喜欢听她讲述不同的人和他们的故事。起初他们很幸福，他们的性格似乎调和得很好，但免不了有些摩擦。他们各自所持有的具体观念，关于夫妻关系、家庭责任分配、社交活动等，换句话说，就是婚姻生活应该是什么模样，他们是存在矛盾冲突的。他们对那些一开始彼此很珍视的美好品质已视而不见或干脆变质了。当初的美好和可取之处如今变得糟糕透顶、不值一提。

他们对对方的看法发生了变化，这可以反映在他们对对方性格评价的变化上。

特德对卡伦的看法

从前	后来
乐观	轻浮
自主	冲动
轻松	愚蠢
迷人	肤浅
活泼	情绪化

卡伦对特德的看法

从前	后来
踏实	死板
有条理	强迫
果断	控制
睿智	僵化
客观	冷漠

这种对对方消极评价的转变，让他们对伴侣所说的或做的任何事情都会产生偏见性解释。双方都很痛苦，他们坚定地抱持着自己的想法，把对方局限在某类人群（或建构）中。就和所有坚定抱持的负性评价想法一样，两极分化的意象建构会导致两极分化的结论。这种建构会导致选择性概括、过度概括和任意推断等特征性思维谬误。

一个人对某一性格特质的心理天平是如何从喜爱转换成无法容忍的，这一过程非常有趣。例如，特德最初喜欢卡伦的随和、自主和任性，因为它们与特德自己太过严肃的风格形成互补。后来，当他试图将自己的做事方式强加给她，让她也有组织、有计划、理性地处理事情时，卡伦拒绝了。她的拒绝让特德感到受伤，他开始觉得卡伦的活泼其实很轻浮和幼稚。出于同样的原因，卡伦开始认为特德是一个粗暴、无趣和僵化的人。

有几项研究证实了这些临床观察。例如，一项研究表明，遇到问题的夫妻会对伴侣行为做出负面性格解读（"他之所以会迟到，是因为他不负责任"），但同样的行为发生在其他人身上，他们就会做出更加具体且合乎情理的解释（"他之所以会迟到，可能是因为他被堵在路上了"）。

热恋中的男女对伴侣的积极评价是感情低谷时的评价的镜像反转。热恋情侣采用的积极建构通常包含一些思维谬误，例如，对正面品质的选择性概括、夸大，以及对负面品质的弱化或屏蔽。此外，伴侣的任何积极表现，基本上都会被过度概括引申到这个人的所有行为做法上。情人眼里出西施，而对于对方的瑕疵或不好的品质则是健忘的或视而不见。最后，他们会根据伴侣的友善行为来解释对方的性格特征："他善良、敏感、有爱心"等等，而对对方的问题行为也会给出积极解释："我相信他肯定是想要按时到达的。"当两人的关系开始变差时，这些膨胀扭曲的解释会为对方应该保持成什么样设立一个标准。这种极端正负两面评价的差异在特德身上可见一斑："恋爱的时候，我是不能出差错的，现在就不一定了。"

期望和规则

许多迈入婚姻殿堂的人对伴侣会有一系列的美好期望和强制性规则。这些期望可能并不清晰，甚至是无意识的，但当两人之间的问题开始积累时，这些预期就会变得明显，而且会变成衡量伴侣价值的标准。这些强制性规则——"应该"和"不应该"——也会产生各种策略，用以迫使对方遵守标准并将违反规则界定为侵犯。这些强制性要求，在求爱的、无忧无虑的甜蜜期内默默潜伏着，不过，等到伴侣需要承担彼此的责任和共同义务时，就会显现出来。在这些强制性命令中，下表所示的都是强调对方关心行为的常见要求。

我的伴侣应该……	我的伴侣不应该……
体贴细致	麻木不仁
关怀	冷漠
周到	粗心
接纳	拒绝
不做评判	挑剔
承担责任	不负责任

有意思的是，情侣们在蜜月期会觉得对方符合很多积极标准（左栏），而到了痛苦期则会认为对方似乎只符合右栏中的标准。尽管一方在蜜月期可能表现得真的很好，但在痛苦期另一方很可能会夸大他不好行为的严重程度和意义。

极具讽刺的是，情侣结婚后往往会变得彼此更敏感脆弱，而不是更有安全感。他们需要为彼此的幸福承担更多的责任，也更加需要相互依靠承担多种角色来维持家庭和养育儿女，这为他们害怕自己被辜负的恐惧奠定了基础。他们受到伤害、感到沮丧和失望的可能性由此大大增加。亲密关系本身让他们更加需要对方的感情和支持，同时，亲密关系也创造了潜在的对失去对方支持的恐惧。因此，出于保护自己，他们可能会感到被迫要建立更多的保护措施和规则。也是如此，当两人关于家庭责任、经济、养育子女和休闲活动发生冲突时，在热恋期间被当作理所当然的各种品质，如周到、体贴和同理心，这时就变得尤为重要了。这些情况让人们更加地渴望互惠、合理和接纳，但就其本质而言，其实反而激活了人们破坏这些品质的自我保护倾向。

不和谐的演化

亲密关系的终极意义体现为传统婚礼仪式中的那句"至死不渝"的誓言。新生命的诞生是由基因决定的,而与双方感情上的亲密关系无关,这对于生死议题是戏剧化的反讽。反过来,亲密关系的破裂则可能会导致杀人或自杀,抑或二者皆有的致命性影响。这种放纵的愤怒在正常社会中无处不在,与家庭中的暴力一样,充满着戏剧色彩的演绎。

为了更充分地理解这些反应为何如此强烈,以及它们为何会带来如此致命的影响,有必要去寻找其内在机制的线索。我们推测这些内在机制可能已演化成保障成功繁衍的进化性强制规则执行功能。显然,在亲密关系的启动和维持中可能先天机制在发挥作用。除了包办或强制的婚姻,人们出于各种原因相互吸引,融洽的关系、得到支持以及性关系带来的快乐会给予人们奖赏。

这种引发亲密关系的奖励机制似乎必然地属于我们生物遗传的一部分。满足感在强化人类的各种活动中(无论是为个人生存做准备,还是养育下一代的活动)都发挥着作用。当然,性行为带来的愉悦感会促进更多的性行为,而性行为本身无论个体是否愿意,都会引导个体繁殖。

敌意作为对敌方的一种防御也受到自然选择的偏爱。防御性敌意是由对立的伴侣彼此建构的方式造成的,即他们的有害象征。关于监护权争夺的故事能很好地说明这种现象。

夫妻双方都处于敌对情绪中。作为离婚安置的一部分,法官将孩子的监护权判给了妻子。孩子的父亲有权利每个月有两个周末可以探视孩子。妻子对此有异议,因为她认为丈夫对孩子会有不良影响。

这对夫妇互相视对方为敌人,爆发了一场战争,就像是他们为了抚养孩子要打败"敌人"一样。

丈夫对妻子的描述:
- 一个"泼妇"
- 操纵狂
- 控制欲强
- 做派强硬
- 对孩子有危险

妻子对丈夫的刻画:
- 一头猪
- 自我放纵
- 不负责任
- 巨婴
- 滑头
- 对孩子不好

当法官裁定支持丈夫有长期探视权时,妻子感到沮丧和焦虑。她觉得丈夫打败了她,她担心对方的行为会对孩子造成影响,孩子现在"不受保护"了。

这个问题的实质是彼此的负性意象。这些带有高度紧张情绪色彩的意象是被过分夸大的,它们的基础是彼此展现给对方的敌意行为,而且它们并不能代表他们对孩子和其他人的行为。在痛苦的婚姻中,随着伴侣的负面行为升级,双方对对方的负性看法会变得越来越夸张。我们可以看到负性建构导致负性行为、负性行为又导致更多的负性建构等的连续循环。

让我们想象一下这样的情景：卡伦和她的丈夫特德正向朋友们讲述他们参加的一场招待会。卡伦对大家说："那里有一大群人。"特德打断了她的话："没有那么多人，其实人挺少的。"卡伦非常愤怒，她都不知道该说什么了。当他们晚上回到家时，她冲着特德大发脾气，因为他说她夸大事实，这"让她丢脸"。她的想法是："他让我在别人眼里看起来很愚蠢。他想羞辱我。"

卡伦强烈的情绪反应取决于更多的因素，而不仅是因为特德暗示她夸大事实。毕竟，人们常常并不羞于夸大其词，而且也没必要去纠正。从本质上讲，卡伦如何解释特德的评价，决定了她是否会认定这是一种侮辱。虽然我们会承认我们赋予他人行为的意义会影响我们的感受，但我们可能意识不到我们用以解释他人行为的理论是我们体验到的痛苦严重程度的原因。对方说了什么不重要，重要的是我们认为对方为什么要这样说。卡伦推测，特德之所以纠正她，是为了在公共场合让她难堪。在她看来，特德之所以觉得有必要纠正她，是因为她在他心目中的形象不如以往了。她所推测的她在特德心中的意象令她心烦意乱。

特德与他们朋友的对话放大了这种意象的影响。卡伦确信从那以后朋友们会认为她言过其实，会怀疑她不可信。在她看来，她的社会形象会受到影响。事实上，特德的目的并不是贬低她，而是"教育"她应该更准确，从而增加她的可信度。无论卡伦如何误解特德的纠正，特德并无恶意。尽管如此，他的公开评论却严重破坏了本已摇摇欲坠的夫妻关系。

尽管许多人认为特德的话可能会伤人，但我们可以看到这样的言论并不必然会唤起卡伦能体验到的受伤感和愤怒。为了充分了解她的反应，并进一步了解夫妻冲突中的强烈反应，我们必须要考虑她的自我意象和社会意象的发展。卡伦一直以来都认为自己不善社交，并且认为其他人也是这样看她的。因而，她对这种负性意象发展出了一种代偿，即刻意培养自己的谈话技巧和发展自己讲幽默故事的能力。

特德所谓对她讲故事能力的否定破坏了她的这种代偿，也让她在众人面前暴露了她的社交低能（在她看来）。特德打破了她的社会保护盾，让她陷入脆弱无助的境地。卡伦惩罚特德的愿望源于"婚姻义务"，即她暗中强加给特德的行为标准：他必须保护她、支持她，不得做或说任何可能使她受到批评或蔑视的事情。尽管卡伦从未向特德明确解释过这条规则，但她认为特德应该知道并希望他能遵守。

因此，特德违反了一条重要的婚姻规则——"不能败坏伴侣的社会形象"。在卡伦眼中，他辜负了她的信任，让她暴露于批评或蔑视中。如果一个人的社会形象受损，那么这位"受害者"会容易感到各种社会虐待，例如，地位丧失、嘲笑和拒绝等。特德对规则的违反加剧了卡伦的反应，这是因为违反行为的远期后果：他的行为将使卡伦永远毫无防护和脆弱无助。卡伦意识到自己面临两种选择：要么严厉地惩罚特德让他永不再犯，要么结束他们的婚姻关系。

做出惩罚冒犯者的决定通常不是深思熟虑的。相反，它是整体模型的固定组件，这个模型包括了自我或社会意象的损伤及随之而来的痛苦，规则破坏者的责任固定，以及以报复来恢复现状的努力。

惩罚甚至过度惩罚的所谓意义在于，它重建了被违犯的规则的正确性，确立了规则的强制性，代偿了惩罚者的无力感，恢复了一些惩罚者失去的自尊。施加痛苦给违犯者（报应）也有助于将惩罚者的注意力从遭受的痛苦转移到违犯者的痛苦上来。

致命的信息

请想象一对夫妇在大声争吵的情境。他们拳头紧握，龇着牙，嘴角挂着唾沫星子，身体前倾准备攻击。他们身体的所有系统都在"运转"。虽然他们没有掐住对方的喉咙，但从他们肌肉的紧绷状态仍容易看得出来他们的身体已经被调动起来，仿佛要进行一场生死搏斗。尽管这些敌对交锋没有奏响，但他们的眼神、面部表情、语气，以及愤怒的话语都在相互"攻击"。冷酷的目光、撇着的嘴唇和轻蔑的咆哮，这些都是他们武器库中的武器，随时为战斗做着准备。在激烈的战斗中，伴侣可能会像蛇一样嘶嘶作响，像狮子一样咆哮，像鸟一样尖叫。

瞪眼、咆哮和发出哼哼声等都是攻击性信号，即使是对立双方说的话貌似无害，或者根本就没说话。这些信号是在警告对手退后或迫使其屈服。相比于说话用词的字面意思，措辞的"锋利"、声音的威胁口气、说话的声调和语速可能更具挑衅性或伤害性。很显然，人们对他人说话的口气往往比说话的内容本身反应更强烈。眼睛、面部表情和身体所表达的非言语性信息代表了一种比语言更原始——通常也更具说服力——的沟通形式。

看看下面这对夫妇之间的对话。

汤姆：亲爱的，你会记得给电工打电话吗？
萨莉：你问我的语气要是能好听一点，我会打的。
汤姆：我问你的语气很好！
萨莉：每次想让我做事的时候，你都会发牢骚。
汤姆：如果你不想做，你为什么不直说呢！

汤姆打算以礼貌的方式提出请求，但由于他对萨莉过去的不妥协仍怀有怨恨，所以他的请求中微微带上了一点斥责的语气。尽管他说的话很委婉礼貌，但这些话已融入了他的语气中所表达的明确否定信息。

如果像汤姆这样以双重信息表达沟通，听者很可能就会像萨莉回应汤姆的语气一样将非言语信号作为重要信息进行响应，而忽略言语信息。汤姆没有意识到他自己语气中的挑衅，他将萨莉的责备解释为对他要求的拒绝并予以了报复。如果汤姆没有用斥责性措辞，萨莉可能就同意打这个电话了。但他们都陷入了责骂和报复的困境，因此没有解决实际的问题，即给电工打电话。

有些时候，如果表达敌意是理所应当的，我们可能会非常愤怒甚至可以真的以死相拼——虽然我们会约束自己只限于训斥和骂人。在婚姻的斗争中，这种全面动员远远超过了所需要的程度，因此这可能会让冷静的一方鄙视对方的"歇斯底里"或"蛮不讲理"，抑或因恐惧而退缩。

如果人们控制不住这种全面攻击甚至导致躯体虐待，就会造成更严重的问题。几年前，一对夫妇曾向我咨询，他们抱怨说，尽管他们彼此相爱，却总是吵架。丈夫有好几次甚至动了手，妻子只好报警求救。他们讲述了事情的经过。

两天前，正当加里要出门时，贝弗利说："对了，我已经给吉拉尔多（私营垃圾收集商人）打电话了，他们会把车库里所有的垃圾都搬走。"加里什么也没说，但他思索着贝弗利的话，并越想越生气。最后他一拳打在了贝弗利的嘴上。贝弗利跑向电话想要报警，加里拦住了她。经过一番挣扎和激烈争论后，他们决定来找我咨询。

第一部分 愤怒的根源

如果按照他们一开始告诉我的故事,似乎无法解释加里的反应。然而,随着故事的详情展开,这件事变得很容易理解了。当我问加里为什么打贝弗利时,他说:"贝弗利真的惹怒我了。"仿佛她的挑衅再明显不过。就加里个人而言,贝弗利对他的打人行为也有责任,因为贝弗利对他说话的方式让他生气。既然贝弗利激怒了他,那么加里打人的行为也是合理的。加里没有说出来的假设是,尽管贝弗利的说法看起来很无辜,但她实际上是在说加里不负责任,而她则站在道德的制高点指责他。

另一方面,贝弗利坚称她只是"向他传递信息",而不是指责他。一段时间以来,她一直要求他清理车库,因为他没有理会,所以她决定自己打电话给垃圾收集商人来处理这件事。

为了获得事实真相的"实锤",我决定让这对夫妇在我的办公室里重现这件事。我让贝弗利介绍背景,然后向加里重复她的话。加里听到她的话,脸色涨红,他开始喘粗气,双手紧紧攥着。他看起来好像又要打她的样子。这时,我开始介入并以认知疗法的基本问法向加里提问:"现在在你头脑中想到了什么?"加里愤怒地颤抖着,回应道:"她总是故意刺激我。她是想让我难堪。她知道这是把我逼急了。她为什么不直接跳出来把她的想法说出来呢?她是个圣人,我什么都不好!"

我猜测加里对贝弗利表述的第一反应——显然他认为这是一种贬低——是贝弗利认为他是一个失败的丈夫。不过,他很快就打消了这个令他痛苦的念头,而是将注意力集中在她"冒犯性的表述"上。虽然贝弗利在办公室的角色扮演过程中很节制地向加里重复了这些话,但我怀疑在现实生活中,她有可能是以傲慢或批评的语气和加里说话的。

她确实承认,她说话的时候有贬损加里的想法:"你看,我什么都不能指望你，我必须什么事都自己做。"虽然她当时没有表达这个想法，但她的语气显然传递了这个信息。基于加里的过往经验，他对这种信息也很敏感。挑衅可以隐藏在看似无害的信息中。但是我们如何解释加里会有这么强烈的反应呢？其原因在于他的性格特点以及他们婚姻生活中的指责和报复经历。

结婚前，加里一直很自立，并认为自己很成功。他在一个贫穷的家庭长大，通过大学学习成为一名工程师。他开设了自己的咨询公司，从一开始就取得了成功。他认为自己是一个成功的、坚强的个人主义者。由于加里外貌英俊，以及他洒脱不羁、独立的举止，贝弗利被加里吸引了。贝弗利在一个"传统家庭"中长大，她的家教注重良好的礼貌举止和社交礼仪。贝弗利从小就有点自我压抑，而这个似乎不受社会习俗束缚的男人，这个独立的思想者，深深吸引了她，最重要的是，他看起来很强大。她钦佩他成功的事业，她幻想加里是一个穿着闪亮盔甲的骑士，会一直照顾她。事实上，在他们恋爱期间，他们在一起的时间的所有计划都由加里负责策划。贝弗利把加里看得很高，所以她对这样的关系排列感到很自在。加里喜欢贝弗利则是因为她漂亮、对他依赖和钦佩他。贝弗利很顺从，而且会调整她自己的愿望迁就他。

结婚后，贝弗利一开始就被加里吓坏了。她逐渐发现了加里的人性弱点，比如他在家务上拖拖拉拉，与孩子们相处不来。随着时间的流逝，她变得更加成熟和自信，不再认为自己不如丈夫。事实上，贝弗利时不时地能从证明自己并非"完美娃娃"中获得满足感，她在很多方面都比加里成熟。和加里比较起来，她更注重细节，是一个更尽职尽责的母亲，她能更巧妙地管理他们的社交生活。

与此同时，加里也有短暂的轻度抑郁发作。在此期间，他认为自己是一个不称职的父亲和丈夫。在这种时候，他承认贝弗利对他暗示批评是对的。他对此感到痛苦，但没有反击。然而，当加里不再抑郁时，他拒绝忍耐她的批评并猛烈抨击她。

但是为什么他的报复会发展为身体虐待，而不是像他的社交圈子中其他人那样仅限于一种语言攻击？首先，他是在一个"粗俗"的街区长大的，那里发生冲突经常通过打斗来解决。此外，加里描述他的父亲就是一个"粗暴的人"。生气时，他的父亲会打母亲，还会打加里和他的兄弟姐妹。显然，加里很早就学会了："当你生气了，你就应该让对方承担你的怒气。"

加里从来没有过其他的参照榜样来让他学会以非暴力方式解决问题。他和生活中任何人打交道，都是不怎么控制自己的情绪，包括对他的员工和客户。如果他觉得某个员工激怒了他，他会解雇他，然后又会在后来重新雇用他。如果他与客户在方案或费用上发生冲突，他会中断谈判。他的这种缺乏控制给了他专横的名声，但奇怪的是，这并没有让他失去客户，反而吸引了他们。他给他人展现了一个终极权威的形象——极度自信、果断、不容忍反对。总之，他是一个强大的人。

虽然他的威权作风在他的事业上很成功，但这显然不适合婚姻生活。起初，当贝弗利试图对抗他时，加里对她大喊大叫。当贝弗利进行言语反击时，加里开始对她进行躯体虐待。最终，如果他从贝弗利的语气中发现有一丝嘲笑或贬低，他就会以身体攻击的方式做出反应。

在与这对夫妇一起工作时，我们发现自尊问题至关重要。贝弗利一直在努力保护她的自尊，她的方式就是当加里告诉她该怎么做时她就拒绝服从。对加里来说，她的拒绝就代表她一点都不尊重他。毕竟，他知道正确的行动方针——他的员工和客户听他的，是按照他的盼咐去做的。所以，她的抗拒对加里来说，有着更深一层的意义——或许他真的没有他想象中的那么有能力。这种想法让加里很痛苦。他的愤怒反击，在一定程度上是可以驱散这种想法的。

进一步了解后，我知道加里在成长过程中经常被他的哥哥折磨和取笑，哥哥叫他"懦夫"。尽管他的事业取得了成功，但他始终无法摆脱这种弱者的形象。不过，由于在与人打交道的大多数情况下，他都占据上风，所以他很少觉得自己是个"软弱者"。

然而，面对贝弗利时，情况会有所不同——加里觉得自己很脆弱。加里试图通过攻击贝弗利来避免自己因"脆弱"面暴露造成的痛苦。要是贝弗利占了上风，那这在他的心目中就印证了自己确实是一个"懦夫"——一个令他非常痛苦的想法。其实，在贝弗利多次批评他的时候，他也有过这样的想法："如果她真的尊重我，她就不会那样和我说话，她肯定认为我很软弱。"因此，双方在某种意义上都在试图通过贬低对方来平衡他们之间的关系。加里想要维护他的自尊，这是以他控制别人为基础的。他的两极分化思维——"如果我不占据上风，我就是个笨蛋"——反映了他对自己被证明是个懦夫的潜在恐惧。

通过加里和贝弗利以及本章中其他夫妻的故事，我们知道了他们所经历的各种认知困难和人际冲突其实是广泛存在的，由此我们可以了解为什么会有这么多不幸的婚姻以及逐年递增的离婚率。然而，如幻灭、退缩、自恋、渐增的脆弱感和积累的误解等问题似乎很难解决。尽管如此，识别自我挫败的信念可以帮助夫妻消除他们的误解，在共同建设家庭的过程中为双方之间更有益的爱情、伴侣关系、彼此愉悦和满足感打下基础。

第二部分

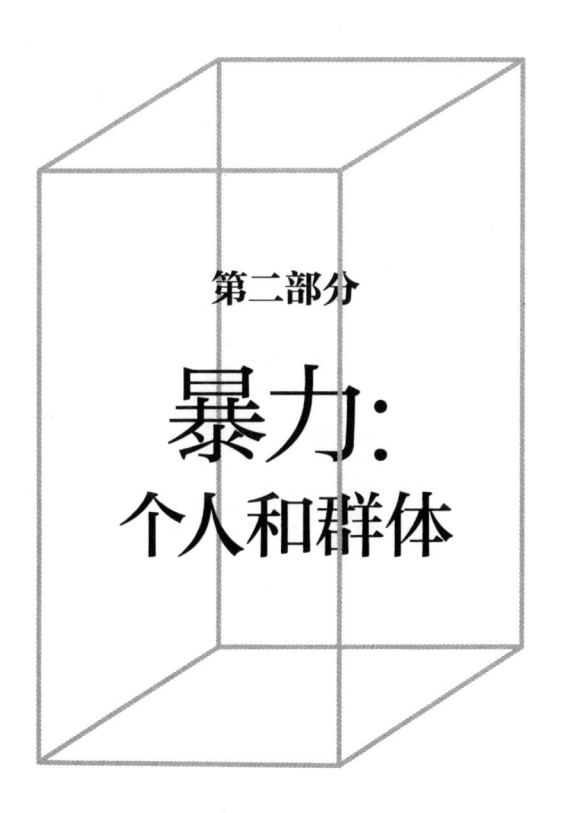

暴力：
个人和群体

第 8 章

个人暴力：
犯罪心理学

人们通常认为做出破坏性行为的人是有"暴力倾向"的，故意伤害他人的方式是他们获得所欲得之物的精心策略，抑或是他们难以抑制的愤怒情绪的一种表达。鉴于暴力犯罪者的这一特征，权威机关会对其实施足够严厉的惩罚，让他们明白"犯罪行为百害而无一利"，这听起来非常合理。正因如此，对犯罪者的管理往往侧重于控制和威慑。然而，这个群体中的个体差异很大，了解具体罪犯的心理运作机制对于适当干预和预防至关重要。

尽管犯罪者之间存在个体差异，其典型的暴力行为也有所不同，但根据各种形式的反社会行为，如犯罪、虐待儿童、殴打配偶、刑事攻击和强奸，我们仍然可以总结出一些共同的心理因素。犯罪者对自己和他人的看法或误解中存在一些共性的心理问题。例如，仅仅只是"把他打得魂不附体"可能会对青少年罪犯产生暂时的威慑作用，但是，这并不会改变——实际上反而会强化——他认为自己很脆弱和他人以敌意对待他的观点。因此，我们可以说，这种"威慑"实际上会让源自犯罪者相互关联的适应不良性信念的暴力行为持续下去。

我在这里澄清一下：由于人格特性和社会环境之间的相互作用，一个人可能会发展出一系列反社会观念和信念。这些成簇的认知塑造着犯罪者对他人言行的解读。犯罪者的个人脆弱性会在他对控制或贬低等特定类型社会对抗的过度敏感反应中有所反映。他对那些感觉到的攻击做出的反应是，反击或攻击弱小者、更易对付的敌人。无论是青少年还是成年人，暴力犯罪者都会将自己视为受害者，将他人视为施害者。

犯罪者的想法是由僵化的信念塑造的，例如：

- 权威机关在控制、贬低和惩罚我们。
- 配偶总是在操纵我、欺骗我和拒绝我。
- 圈子之外的人都是奸诈的、自私的、充满敌意的。
- 没有人可以信任。

由于这些信念和摇摇欲坠的自尊心，潜在的犯罪者经常将他人行为误认为敌对行为。此外，他秉持这样的信念：他人任何程度的控制或贬低都会让他变得脆弱。因此，他发展出一套相互关联的信念，以保护自己免受他人伤害。这些信念为他们的暴力行为奠定了基础，让他们得以对可疑的侵略者进行暴力反击：

- 为了维护我的自由/尊严/安全，我需要反击。
- 拳头是让人尊重你的唯一方法。
- 如果你不反击报复，其他人就会骑到你的头上。

暴力倾向者的信念和看法，很类似于拳击手在擂台上比赛时的想法。在迈上拳击台的那一刻，拳击手会将所有注意力集中在对手的行为上。对手的每个动作都是威胁，必须予以相应的反击。一旦他稍微放松警惕，就可能会遭到决定胜负的一拳。他必须战斗到最后一刻，要么将对方击倒，要么被击倒出局。随着比赛的进行，他的感受交替于脆弱感和掌控感之间。出拳所带来的满足感远远抵消了被拳头击打的疼痛。

同样，暴力倾向者会将自己的整个生命视为一场战斗。他要保卫自己避免受到那些他认为的身体和心理威胁，他会在感到脆弱和感到安全之间来回切换。由于他总是不断地从他人行为中感受到敌意，因此他会持续不断地激活自己，并让自己处于战斗状态。犯罪者典型的心理进程顺序是，对抗激活了犯罪者泛化的防御性信念，而后者会塑造他对当时情境的意义解读，例如，"他们在设陷阱谋害（贬低或支配）我"。他最初对事件的负性解读会引发他的痛苦感，随之而来的是愤怒，以及他要恢复自主和效能感的渴望。他相信他可以通过攻击那个有威胁的人或其他可及的目标来达成这一点，而且他也感受到要去这样做的欲望。由于对他的惩戒（例如，惩罚）似乎有失公允，犯罪者觉得有权利做些暴力的事情来弥补他的心理伤害。因此，他允许自己完成他的愿望。如果他认为当前情况对他没有威慑，他就会发动攻击。

这个过程中的关键因素在于，事件触及这个人特定的脆弱点（例如，拒绝或贬低），进而激活了他的敌对信念。这些信念一旦被启动待命，犯罪者的信息加工方式就转换成了原始模式。他对事件的思维就会变得充满偏见而且过度夸张，往往呈现出下面这些特点。

- 个性化：将别人的行为解读为故意针对他。

- 选择性：只关注与其偏见信念相一致的情况，排除其他矛盾信息。
- 动机误解：对于他人中立或积极的意图，犯罪者会将其解读为企图操纵自己或意图不轨。
- 过度概括：将某一次的不利遭遇概括为一项规律而非例外，例如，"每个人都反对我"。
- 否认：自动默认任何暴力行为都是他人的错，而他自己是完全无可指责的。他将自己的责任推卸得一干二净，全然忘记了自己在暴力交锋中的作用。当权威机关与他对峙，指控他在争执过程中所起的作用时，他会尽最大可能弱化自己的挑衅成分。

这一通用认知模型，除了用于描述被动反应性犯罪心理，还可以更具体地应用于对一系列暴力行为的理解，例如虐待伴侣、青少年犯罪、虐待儿童，以及如抢劫和盗窃等个人暴力。

虐待伴侣

在大众印象中，一个暴虐的丈夫通常以随手殴打妻子为乐，他那极尽疯狂的愤怒发生在电光石火之间。然而，这个形象并不能准确地描绘大多数家暴男人。虽然存在个体差异，但是我们发现，在绝大多数虐待伴侣的行为实施和挑衅过程中存在某些有迹可循的线索。家庭暴力不是凭空发生的，它往往是夫妻冲突的高潮。在夫妻冲突中，双方会动用所有的资源相互攻击与自我防御。妻子可能会诉诸对丈夫讽刺、辱骂、击打和扔东西，而丈夫则会咒骂、威胁妻子，并最终会殴打妻子。丈夫比妻子更强壮，所以他的终极武器就是身体攻击。

尽管家庭虐待最显著的表现是丈夫对身体柔弱的妻子暴力攻击，但关键点是丈夫在心理上极易受到妻子言行的伤害。在他眼里，妻子冤枉了自己，所以他必须用武力降低他认为的威胁，恢复他们正常的关系平衡。事实上，他歪曲的信念放大了他的心理伤害，进而将他的想法导向以暴力作为唯一的解决方案。因此，妻子的反对和抗拒代表着对他的权威的攻击，唠叨和批评就成了不尊重的标志，性事的拒绝和情感的消退则意味着对他彻底排斥。然而，妻子最具破坏性的冒犯是被丈夫认为对他不忠贞威胁的行为或言语。

同一类型的认知歪曲，可见于夫妻关系的非暴力性扰动，比如被贬低或冤枉等。一旦有虐待伴侣发生，认知歪曲就会导致暴力冲突。丈夫会首先感觉到情绪上的痛苦，然后才是敌意反应，这是由他的负性解读造成的。丈夫会倾向于将妻子的行为过度解读为对他的贬低，这是建立在他假定的他在妻子心中的形象基础之上的："她认为我是个浑蛋、懦夫、小瘪三。"当丈夫的这个投射意象稳固后，它会自动化地把妻子的一言一行都解读成他能想象到的负面评价。即使这些贬低性言语确实是妻子对他的真实看法，丈夫也会夸大问题的严重性。

丈夫感受到的由真实或幻想的冒犯造成的伤害感，会迅速让他给妻子的行为贴上明目张胆冒犯他的标签："她没有权利这样对我。"这种侵犯的不正当感让丈夫变得愤怒并产生惩罚妻子的冲动。尽管他会闪过不要伤害妻子的念头，但这个念头会因为他觉得这都是她咎由自取而转瞬即逝。这个过程可以在一刹那完成。这个过程也能用来诠释其他类型的暴力行为，例如，虐待儿童、酒吧斗殴和强奸。

有许多系统性研究对那些有敌意反应倾向和曾攻击妻子的男性人群的认知过程进行追踪研究。例如，易怒男性会特别在意他们所处环境中的敌意线索。他们对控制要比友善或同情的言辞更加敏感。那些躯体虐待妻子的人特别倾向于将不良意图、自私动机和过错强加给妻子。持有性别歧视态度的男人会过度限制、嫉妒和怀疑自己的妻子,例如,"女人都喜欢乱搞男女关系""她会以这种方式来报复我",而且"我无法相信她,所以我必须控制她"。不仅如此,这些类型的丈夫都持有与婚姻暴力有关的功能不良性信念和偏见思维。

丈夫对婚姻关系中权力平衡威胁的过度敏感,也是引发身体攻击的额外催化因素。按照丈夫的二分思维方式,如果不能完全主导,那他就得顺从;如果不能完全控制,那他就会陷入无助;如果不能掌权,那他就是无能的。顺从、软弱或无能会降低他的自尊,会让他觉得自己很可能会受到更多侵犯。因此,他认为的暴力行为大多是出于一种自我保护,是为了防御妻子的反对与不尊重,也是为了重振他摇摇欲坠的自尊。

暴力欲望及其可接受性有关的信念是个体应对婚姻冲突的一种对策,可以据此将丈夫们分为暴力倾向者与非暴力倾向者。在陷入冲突僵局时,有暴力倾向的丈夫会认为:

- 拳头是我妻子唯一能理解的语言。
- 只有让她痛苦,我才能让妻子改变她的虐待行为。
- 既然她这么"欠教训"(身体虐待),我应该响应并满足她的需求。
- 让她闭嘴的唯一方法就是打她。

丈夫的自尊是一个晴雨表,不仅可以衡量他如何评价自己,还可以衡量他认为妻子如何评价(或贬低)他。如果他假设,"她认为我就是一个垃圾",他会觉得自己必须要打消她的想法;如果妻子认为她勾引其他男人还可以侥幸逃脱惩罚,那么他就必须让她承受足够的痛苦,进而再也不敢招蜂引蝶。使用武力的冲动成为一种强大命令,实际上有点像一种保护自己免受身体攻击的条件反射。他认为,必须不惜一切代价压制妻子令人厌恶的行为。

尽管这些暴力的前奏信念可以修改,但只要他对它们不进行评估检查,这些信念就会对丈夫的行为产生深远的影响。这些信念部分源自古时将妻子视为私人财产的文化和法理。许多有暴力倾向的男性认为他们拥有对妻子的所有权。这里特别说明一下,其他一些灵长类雄性动物也表现出倾向于严格要求配偶完全服从它的现象,但凡配偶有一点接近其他雄性的迹象,就会遭到惩罚。一些作家断言,雄性的性占有欲和嫉妒存在进化根源。

原始思维被触发之后,丈夫伤害妻子的冲动会越发强烈,病理进程开始发挥作用。施虐的丈夫,尤其是喝了酒之后,会经历狭隘的管状视野。他的关注范围变得褊狭,会专注在妻子身上,将她视为对手,甚至是敌人。他只能看到自己投射在对方身上的形象:一个婊子、蛇蝎妇人或一个荡妇。

当然,并非所有的丈夫都会屈服于想要攻击妻子的冲动。大多数处于痛苦婚姻中的丈夫都会控制自己的敌意冲动,他们会采取非暴力策略来处理婚姻冲突。他们可能会以自我陈述来给恶性循环灭火,例如,"也许在失控之前,我们应该先讨论一下",或者"是时候冷静下来了"。与之相反,有暴力倾向的丈夫则缺乏自我控制策略和社交技巧,例如,与妻子交流他们的问题,解决共有的问题,以及建设性地维护自己,尤其是在涉及有潜在拒绝或抛弃的情形下。由于缺乏这种人际交往能力,他们可能认为暴力是解决麻烦冲突的唯一方法。此外,这些有暴力倾向的丈夫会更频繁地遇到临床抑郁、严重人格障碍和酗酒成瘾等问题。

我们可以观察到男性的性占有欲与他们诉诸暴力之间存在联系，这个问题在所有文化中都曾被研究过。丈夫对妻子绝对忠诚的预期和妻子好像背叛了期望而引发丈夫的嫉妒，不仅会引起丈夫的虐待，甚至还会导致谋杀。在大多数情况下，受虐妇女都认为嫉妒是自己遭受丈夫攻击的原因。施暴丈夫也承认，自己殴打妻子最常见的动机就是嫉妒。

施虐的丈夫对妻子背叛他的各种可能极为敏感，因此他会采取各种胁迫手段控制妻子。那些被打的妻子说，她们的丈夫会设法限制自己与家人、朋友联系，会不断审问她们，必须要知道她们在哪里，以及和谁在一起，还要限制她们使用家庭收入。丈夫对妻子行动自由的限制，往往会导致妻子的反抗和她寻求独立自主的反弹，而这可能会进一步让丈夫感受到威胁。

相当数量的严重暴力攻击行为者都有抑郁的临床表现。他们对妻子绝对控制的坚持，他们的高度警觉性，以及他们对妻子活动的监控都反映出他们在努力抵抗内心的失控感和无助感，而后者意味着抑郁症。如果他们的控制手段失败，妻子也确实与其他男人厮混，丈夫们常常会感受到一股强烈的绝望感。如果他们看不到有什么办法能解决他们的问题和苦难，他们就有可能会转而想到杀人和自杀。他们会觉得活着不再有任何意义，但在自杀之前他们要摧毁导致他们痛苦的所谓原因——任性的妻子。他们的全部焦点，以及继续活着的唯一理由，就是对不忠的伴侣实施终极惩罚："如果我死了，她也要跟我一起死。"丈夫会自动化地生出对妻子的恶意想法，而且他对此十分当真。

让我们看一下雷蒙德虐待妻子的典型案例。由于小时候受到父母及同龄人的虐待与折磨，雷蒙德形成了一种世界观，即认为身边的人都充满敌意，他们蛰伏着，一有机会就会袭击他。虽然他在大部分时间里和妻子的关系都很融洽，但当她强迫他做家务，或指责他下班后和狐朋狗友喝酒时，妻子在他心目中的形象就变了。压力和批评是这一过程的导火索。随后，妻子在他心里就成了过去那些对他批评、虐待、指责者的化身。她变成他的敌人，必须被控制。他没有意识到他是受到了自己在妻子身上投射的意象的威胁，而不是妻子本身对他有威胁。他的防御策略是立即发起进攻。后来，当他的怒火平息后，他为自己情绪爆发的激烈程度感到困惑和困扰。然而，他的负罪感并没有阻止他的下一次爆发，因为他从未检查评估或试图调整那些最初导致他的暴力行为的信念。在治疗中，他能够认识到自己功能失调性的信念：妻子的温和胁迫对他而言意味着完全支配，让他感到无助；批评意味着拒绝，让他感到被抛弃。

雷蒙德是暴力行为者中为数最多的一类人群——"被动反应性犯罪者"的典型代表。他们之中有些人的暴力仅局限在伴侣或儿童虐待中，而另一些人则可能会在广泛的人际冲突中诉诸暴力。他们的共同点是对贬低和拒绝高度敏感，并倾向于做出暴力反应，因此被称为"被动反应性犯罪者"。然而，当他们不生气时，他们是能够对人积极关怀和关心的，而且会对自己过去的罪行感到羞耻和愧疚。

问题父母和失足儿童

特里是一个8岁男孩，由于他叛逆，不服从管教，在学校搞破坏，常与弟弟妹妹打架，并且对抗父母和老师等情况，被转介到了诊所。从3岁起就有迹象显示他的挫折容忍度很低。他的父母抱怨他很难管教。为了阻止他打弟弟，他的父亲打他屁股，扇他耳光，但基本上都不管用。相反，特里会变得更加愤怒并开始打他的父亲。他的父亲也会经常毫无预兆地因为一些行为上的小毛病惩罚他，比如特里说话声音太大。

特里似乎总是惹父亲生气。特里6岁的时候，父亲会一把把他推撞到墙上，把他摔到地上，或者把他拖进房间并锁在里面。特里的父亲以儿子需要更多的控制为由，为自己惩罚特里的行为辩解，但这反映了他对有一个"不守规矩"的儿子感到失望。而特里的母亲则扮演了家庭中的被动角色，当父亲不在场时，她对特里会很宽容。

在学校和家里的各种敌意对抗中，特里感到自己不被理解、被虐待和被拒绝。他最常抱怨的一句话是，"所有人都反对我"。这个信念塑造了他对其他男孩行为的解释。如果某个同学路过没有和他打招呼，他就认为对方是在故意瞧不起他。他的解释是，"他是想告诉我，我什么都不是、不值一提"。他认为对方的"侮辱"是故意的，这不公平。一开始，他很难过，随后他感到一股冲动想骂那个学生，并冲过去打他一顿来安慰自己受伤的自尊心。他认为自己的"反击"是正当防卫。他不会认为可能是自己挑起了这场斗殴。按照他一贯的做法，他会为自己的行为辩解，理由是："是那小子先挑事的。"基于他对这件事的歪曲记忆，他坚信自己是完全无辜的。

虽然特里在家中的行为会被归咎于他"脾气不好"，但问题的核心并不在于他自控力弱或冲动，而更多在于他对别人的负性信念。他不断地将自己想象成无辜的受害者。他认为其他孩子和老师之所以责骂他，是因为他们骂他会很开心。当被问到他对其他学生的感受时，他说："他们是我的敌人。"有时，他会选一个较弱的目标，通常是一个女孩，取笑她、掐她或推撞她，他通过这些做法来挑战学校纪律。当老师训诫他时，他又会解释"是她先招惹我的"。当他的父母试图详细描述他的不当行为来质问他时，他会否认曾发生过这件事:"这不是真的……都是她编出来的。"

这个小孩表现出了敌意攻击认知模型的典型特征。他认为自己很容易受到其他人恶意行为的伤害,他认为他们是敌人。他觉得自己被他们的行为打压了,这被他解读为对他有偏见。他被迫反击来维护他的自尊。此外,他认为自己挑起打架是无辜的,这个想法扭曲了他对这些事件的回忆,让他很难做出修正反馈。

许多研究表明,相当比例的失足儿童都来自有施虐问题的家庭,他们在家里会遭受严厉体罚,就像特里所遭受的那样。他们的父母会用胁迫手段、惩罚和武力,而非更适应性的方法,如推理、解释、奖励和幽默等来对待孩子。在典型的失足儿童案件中,儿童大多来自单亲家庭——通常是单身母亲,她们常常承受着巨大的社会和经济压力。在这种情况下,父母对挫折的容忍度很低,也容易将孩子的调皮捣蛋过度解读为对他们的个人侮辱。此外,他们对孩子的行为期望也往往与孩子的年龄不匹配。

惩罚太过分(拳打、殴打、灼烧)或反复无常会让孩子更容易犯错。另外,父母与孩子的和谐关系可以在一定程度上缓冲阶段性殴打孩子造成的不良影响,并能减少孩子的不当行为。此外,某些被特定文化或种族群体准则允许的体罚不大可能会导致孩子犯错,除非体罚特别极端。父亲对儿子严厉惩罚或母亲对女儿严厉惩罚,要比父亲对女儿或母亲对儿子严厉惩罚,更容易让孩子做出不良行为。

肯尼思·道奇和他在范德堡大学的团队已经证明,早在孩子四岁的时候,父母的严厉管教就可能开始影响孩子的心理。测试结果表明那些后来行为不端的儿童比其他孩子更容易认为一个立场含糊的孩子对他有敌意企图。例如,如果有人将牛奶洒在另一个人身上或撞到他身上,他们会将这些行为解释为故意而非意外。随着儿童从青春期前期到青春期再到成年，这种将他人行为过度解读为充满敌意的方式逐渐变成一种固定的认知模式。

严苛的养育方式会塑造孩子对他人的不友善态度，也会让孩子形成自己容易被他人敌意行为伤害的观念。即使孩子可能不喜欢甚至讨厌他的父母，他也经常模仿他们的行为，并融合他们的态度。这些父母没用自己的行为为孩子树立建设性的榜样，也没有给孩子提供所需的指导、支持和理解。这些父母也可能通过恐吓、支配和武力直接决定孩子对影响他人的最佳方式的看法。别人"总是和他过不去"的观念可能会导致孩子做出各种反社会行为：说谎、欺骗、霸凌、虐待、不服从和破坏财产。

孩子的早期经历会将他的看法编织成具有体系的感知信念，认为他人都会不公正地对待他，他们"总是和他过不去"。当然，这种信念有一部分现实基础。其他孩子——包括成年人——往往会故意躲开这些难相处的孩子，不和他们一起玩。不良儿童可能完全意识不到，他令人厌恶的行为会让人们对他变得警惕和有敌意。而如此一来，他就更容易感到别人不公平地对待他了。

由于在家中受到严厉对待，又缺乏指导和支持，这些孩子很容易受到社区中其他不良少年的吸引。最终，他们结成帮派巩固自己的利益。这些帮派分子和加入帮派前一样，依旧觉得他们是正确的，而其他人是他们的对手或敌人。因此，帮派强化了他们是受害人的感觉，同时，帮派也为他们提供了与他们认为的敌人斗争的道义支持和正当理由。

品行障碍儿童的父母经常表现出与他们的孩子相同的思维障碍。他们倾向于将如一时冲动的动作或哭泣等儿童正常发育的行为解读为孩子故意烦扰或操纵他们。此外，他们认为孩子的像粗心或反抗等问题行为反映了孩子性格不好。他们还认为孩子在学校的行为问题表明"他是个坏孩子"。由于这些敌意信念及相互作用，孩子的不良行为随着时间推移越发严重一点也不奇怪。

此外，孩子的不良行为常常会激起父母的敏感心。例如，一位害怕自己不受欢迎的母亲可能会将孩子不服从解读为对她个人的拒绝。一位重视秩序和控制的父亲可能会将同样的不服从视为对他男子气概形象的打击。在这两种情况下，父母可能都感觉受到了伤害，从而对孩子会过分生气。

被动性犯罪者和心理变态者

喜欢暴力的人有多种不同类型，尽管他们的暴力外显行为看起来相似，但他们的心理特征可能属于截然对立的极端。如果比较那些仅对特殊挑衅做出暴力反应的人和那些刻意以暴力作为生活方式的人，你会发现二者间的差异是非常明显的。前者可能被贴上"被动性犯罪者"（或"未社会化者"）的标签，而后者可能被贴上原发性心理变态者（或顽固的反社会人格）的标签。

让我们来看看一个重度"被动性犯罪者"比利的案例。他在酒吧袭击了一位酒友后被判入狱。一开始，他们只是表达常见的政见分歧，后来分歧升级成了相互辱骂和击打。比利没打过对方，然后愤怒地回到了家，一路上他的心思完全沉浸在这件事上。他在家里找到一把手枪，然后返回酒吧向那个人开枪射击，所幸并未致命。在监狱服刑六年后，比利因表现良好提前获释，只是他要定期向假释官报告。

比利的暴力行为可以用他岌岌可危的自我意象和暴力信念来解释。当他在酒吧受到侮辱时，他的自尊受挫，几乎快抑郁了。由于仅凭蛮力无法在酒吧制服对手，他决定用枪给予对手最严厉的惩罚，以此弥补自己受伤的自尊。对于比利来说，暴力传递了一个强烈信号：他不是一个弱者，他不会容忍任何不尊重他的行为。

比利出狱后不得不定期与假释官会面，而他的心理问题也更加凸显。在会面前，比利对会面争执感到烦躁并做好了准备。与假释官会面的预期让他变得更敏感了：他会受假释官权力的控制；对方高高在上的态度让他觉得被贬低和轻视；他会受到遣返回监狱的威胁。事实上，比利在会面后会觉得自己软弱、被限制和低人一等。他对这些情绪的反应是一股反击的冲动，这种行为会让他恢复权力感和平衡他心目中与这些官员的关系。但考虑到他无法克服压倒性的负面后果，他克制了自己。

与假释官分开之后，比利仍觉得非常紧张，心里充满敌意，他决定去喝几杯酒来"放松一下"。他脑子里不断闪现每个人看不起他的情形。在酒吧，他因为觉得有位顾客以贬低的方式称呼他，再次与人发生了争吵。他觉得他不得不惩罚侮辱他的人。他一拳打在对方嘴上，对方随即后退离开了。比利感到自己胜利了。这次行动有效地消除了他的不愉快情绪。他不再感到紧张、软弱、无力或自卑。暴力行为是他恢复自尊和自我效能（当然是暂时的）以及消除痛苦感受的有效方式。

站在比利看世界的角度可以帮助我们有效地分析他的问题：他认为自己是无辜的受害者，而其他人（社会、官员、他的同辈）是施害者。因此，他认为攻击"敌人"是正当的。这个心理过程可以总结如下：

拜访假释官 → 感到虚弱、无能为力、陷入困境 →
恢复自尊的冲动 → 暴力冲动 →
证明自己受到不公对待 → 暴力行动

比利是未社会化犯罪者的代表。这一类人能够体验到人类常见的各种情绪，例如羞耻感、内疚和同情心等，但他们对自己的行为缺乏限制、控制和反思等能阻止攻击冲动不断升级（"反馈调节"）的能力。他们的特点是，缺乏解决问题的能力和自信的社交技能，常常感到自己无能和不好。因此，被动性犯罪者在人际冲突中会感到自己易受伤害，并倾向于使用自己熟悉且有信心的唯一问题解决方法：暴力。不幸的是，暴力在短时间内常常能奏效，因此每次他惩罚对手恢复自尊心的经历都会强化他的暴力行为。

原发性心理变态者

被动性犯罪者可以拿来和原发性心理变态者做比较，后者虽然在监狱中是少数，但在暴力犯罪中他们占了很大一部分比例，尤其是那些最暴力的犯罪。这一群体，最早是由哈维·克莱克利报告，克莱克利形容他们自负、缺乏同情或内疚、冲动、寻求刺激和不在乎惩罚，近年来人们开始对这个群体广泛地开展研究。虽然有些犯罪者在不同程度上同时具有被动性犯罪者和原发性心理变态者的特点，但原发性心理变态者以其界限清楚的信念和行为集群为特征构成了一个独特的罪犯群体。

心理变态者极端的自我中心意识会给接触过他们的专业人士留下深刻印象。他们是彻头彻尾的自私自利者，他们觉得自己比别人优越，最重要的是，他们认为自己拥有超越或优先于他人的先天权利和特权。当别人反对他们时，他们会奋起挑战并且通常会采用反社会手段——撒谎、欺骗、恐吓或实施武力来攻击对方。他们的这些操纵手段会给他们带来愉悦感，而且就算被揭露了，他们也不会因此羞愧。

对心理变态者反应的实验室深入研究表明，他们存在信息处理缺陷。约瑟夫·纽曼和他的同事已经证明，当心理变态者参与计划行动时，他对那些能提醒人们停下来反思的提示相当漠视。这种不敏感、缺乏反思和有缺陷的反应调节，能部分解释心理变态者的冲动和明显的抑制缺乏。由于他不能自动预测自己的行为后果，他的行为给人一种勇敢无畏的错觉，戴维·吕肯认为这是心理变态者反社会行为的核心组成部分。

他们对自己伤害的人缺乏同情心，这是构成他们暴力犯罪的一个主要支撑部分。虽然他们可能很擅长读懂别人的心思，但他们用这种技能只是为了支配和控制他人，而不是理解那些受害者。他们并没有整合那些能促使人们对社会危害行为感到羞耻和对伤害他人感到内疚的社会化规则。他们非常了解这些规则，但根本不会用在自己身上。

原发性心理变态者和被动性犯罪者可以通过他们之间的对比做出最佳描述。

	原发性心理变态者	被动性犯罪者
自我评价	百毒不侵	易受伤害
	优越	波动
	特权	弱势
对他人的评价	蠢货	敌意
	劣等	反对
	懦夫	敌人
策略	操纵	解决问题不恰当
	暴力	"防御性暴力"

这两个群体存在一些共同的特点，但他们的目的不同。他们都主张自己的权利，例如，"你没有权利那样对待我"，但原因不同。心理变态者理所当然地认为他的权利是至高无上的，并坚决地将这些观点强加给他人。被动性犯罪者认为没有人承认他的权利，当别人拒绝他或不尊重他时，他会以愤怒（有时是暴力）的方式做出反应。两者对挫折的容忍度都很低，也都会惩罚让他们受挫的人。然而，被动性犯罪者事后可能会感到羞耻或内疚，而心理变态者只会感到胜利。

当然，对这两种类型的罪犯临床处理是不同的。被动性犯罪者的临床处理策略主要在于帮助他消除不胜任感和训练他建设性地坚持自我及解决问题。一开始，训练他控制自己的愤怒是很重要的。可以训练他以陈述性的自我报告来尝试化解冲突，例如"这没什么大不了的"或"不值得这么激动"。而对心理变态罪犯的干预则要困难得多，但可以利用同理心训练、增加反馈敏感性、增加整合他对反社会行为的长期影响的反思，最大的任务是改变他的自我中心和自以为是。

性暴力

针对女性的性暴力可以部分地放在男性框架中进行理解，尤其是被部分男性群体奉为神话的大男子主义。这套扭曲的意象、观念和预期框架是基于典型的群内群外意识建立起来的。这种男性刻板印象融合了具有高度亚文化价值的特征：坚韧、卓越、能干和勇敢。而女性刻板印象则是软弱、卑劣、无能和恐惧的缩影。凭着自认的优越感，男性会认为自己拥有超越女性任何要求的权利和特权，"男人生来就是要统治的，女人是要服从的"。

这种文化神话在大男子主义对性的态度上有所体现。大男子主义者视女性为性奴隶或玩物，她们的作用就是愉悦男性主宰者。他们把女性对男性追求的反抗，当成是一场最终让女性屈服游戏的一部分。他们的目标是操纵、欺骗、蒙蔽和最终诱奸对方。在他们的信念背后，是男女对立的性别歧视；所有的性爱都是不择手段——剥削、欺骗、坑蒙——从对方那里得到所能得到的一切。比诱奸更恶劣的是强奸，这是男性主义权力、支配地位和所有权的极致表现。强迫女性发生性行为会给犯罪者带来额外的快感，这会强化侵犯者的大男子主义自我意象，提升他的自尊心。

玛莎·伯特编制了一份"强奸谬论"清单，这些观点在那些男强奸犯中要比其他男性暴力罪犯中更盛行。强奸犯会把这些荒谬观点作为其恶行的正当理由。这些观点包括：

- 被强奸的人经常滥交，名声不好。
- 女性搭便车遭强奸是她们应该付出的代价。
- 自以为高贵、不屑和路边男人说话的傲慢女人就应该被教训一顿。
- 女人穿紧身上衣和超短裙就是想让人强奸她。
- 一个正常女人如果不愿意，她可以反抗啊。

这些想法逐渐强化就会成为一种态度，即用武力胁迫另一个人答应自己的要求是正当合理的方式。这种态度会迁移到亲密关系和性关系中。

当然，这种偏见的强度因文化的差异而有所不同，但它能诱发强奸犯侵犯他人想法的发生。当进行个案研究时，我们可以看到有很多因素导致强奸犯心目中女性形象的去个性化。在他们眼中，女性通常不是一个真实的人,而是一具肉体或一件东西。这些贬低的女性形象和关于女性的扭曲信念,影响着这些男性对女性行为的解读和他们对待女性的行为方式。波拉舍克、瓦尔德和赫德森强有力地证明了强奸犯存在偏见性信息加工。他们指出,强奸犯不仅将受害者的穿着方式解释为对他的"引诱",而且还将受害者惊吓不敢反抗和被动接受解释为享受的表现。此外,强奸场景比自愿通奸场景更能激发强奸犯的性欲望。他们相信女人喜欢被操控,他们觉得,而且实际上也是,他们在异性关系中占据主导地位。事实上,权力地位似乎对强奸想法和性交欲望已经做好了铺垫准备。侵犯者常常对受害人的反抗或憎恶表现视而不见,或者会误认为是女人的娇嗔演戏。相关实验的研究也的确证明强奸犯存在认知缺陷:他们不能准确地解读女性的表示。有其他学者发现,男性性侵者有关于受害者的"怀疑图式":他们认为女性心里实际想的和她们表达的意思正好相反(例如"女人说不要就是要")。因此,受害女性的愤怒意味着"她抗议做得太过了"。

有一些纠结于过去被女性拒绝或羞辱记忆的青少年或成年男性,会把强奸当成自己的一种平反或报复。有时候,帮派的规矩或观念会改变新加入者的想法,转而接受帮派其他成员更极端的性别歧视观点。例如,帮派新来者参与了帮派团伙轮奸案,他的行动出于对帮派忠诚的原因和出于实施暴力侵犯欲望的原因可能是等价的。暴力性行为可以代偿一个人自身缺陷性的自我意象:软弱、没男子气概、缺乏吸引力,因此青少年男性和成年男性都可能会受此诱惑。

还有一小部分男性,尤其是孤单的独行者,会把暴力性行为当作对不愉快情绪的一种自我疗愈,这与某些药物滥用者的成瘾机制类似。驱使他们这样做的不仅仅是来自性本身的满足,还有权力和操控另外一个人的体验，这种体验可以抵消他们自身的无助感。此外，操控意识与强奸犯头脑中性的概念是紧密捆绑在一起的。由无助感到操控再到性的这一系列心理过程，让人不禁联想到"被动性犯罪者"心理，后者的人际暴力行为是受焦虑情绪或抑郁情绪驱动的。

另外，有些强奸犯类似于极端自我中心者、心理病态者，他们以寻求自恋为人生目标。这一群体有着各种各样的反社会行为，强奸只是其中之一。

总的来说，男性强奸犯，不管是独自犯罪还是团伙作案，也不管是出于心理变态倾向还是出于反应性焦虑，他们都有一些共同的特征。在寻求和实施暴力性行为的过程中，他们都缺乏对受害者的同情心，他们会将在自己看来的女性含糊行为解释为性诱惑。他们狭隘的管状视野阻挡了他们对受害女性明显的痛苦和屈辱的辨识或关注。受害女性的哭喊，他们要么没有注意到，要么漠不关心。他们低估了性侵犯对受害者造成的身体上和精神上的痛苦（"这就只是性而已"）。在他们看来，性侵犯是正当的，是受害者"应得的"，或者认为受害者被强奸时会很享受等，这些观念让他们打消了惯常的不能伤害他人的行为禁忌。未来会受到惩罚的恐惧被当下即时的兴奋体验浇灭了。之后，他们会尽可能地压低他们对受害者造成的身体或心理创伤程度。如果可能，他们甚至会责怪受害者。他们认为错误的是法律，而不是他们的行为。

多个统计调查结果进一步验证了上述心理概念化内容。大多数强奸犯会责怪受害者，很多强奸犯相信受害女性会从这种经历中获益。然而，大约 60% 的强奸犯承认，他们的犯罪动机是羞辱和贬低受害者。许多人表达自己过去有过自认为被女性羞辱或贬低的经历。

可以看出，以体罚儿童、殴打伴侣、人身攻击青少年或成人、强奸等形式，对他人实施暴力行为者，都具有某些共同的心理因素。他们的负性信念会促使他们对受害者行为做出负性解读。他们缺乏社交技巧和读懂他人反馈的能力；他们以自己是受害者为由为他们的侵犯行为辩解。最后，他们经常情绪紧张或沮丧，总是需要诉诸暴力手段来消除痛苦和恢复自尊。

第 9 章

集体幻觉：
群体偏见和暴力

> 大众群体几乎是不区分主观与客观的，他们会把头脑中激起的幻象当成现实，尽管它们通常距离真相十分遥远……无论是谁，能给他们这种幻象的，就能轻松成为他们的主人；试图让他们的幻象破灭的，就会成为他们的祭品。
>
> ——古斯塔夫·勒庞（《乌合之众》，1896 年）

设想一下我们身处足球比赛现场：球场一侧的人群会为他们的球队得分欢呼，为比分落后哀号，而另外一边的球迷则会以唏嘘和欢呼回应。每一方人群都同步反应让人觉得他们是一个不可分割的整体，他们就像合唱团成员一样按照同一个脚本唱歌。人群会对自己人展现温暖和同情，而对另一方表达蔑视甚至敌意。冷静下来看的话，这免不了让人大吃一惊。球场上的队伍及其看台上的支持者呈现出的两极化思维，与偏见、种族骚乱和政治迫害中的极端思维十分相似。

现在想象一下，动人的军乐在耳边奏响，崇拜的人群欢呼雀跃，一列穿着长筒靴的冲锋队踏着整齐的步伐走来。这一幕和体育场上统一着装的足球运动员以及为他们欢呼的球迷的壮观景象何其相似。这些支持者的狂热行为，与那些统一着装闯入民居、商店的暴徒抢劫手无寸铁的少数人群时的狂暴行为，有着某些共同的心理过程作为基础。无论怎样，在集体行动中，人们会受到集体偏见和

"传染性"情绪蔓延的影响。当一个群体确立了"我们"和"他们"之间的界限时,群体中的个人就会用集体价值来限制和替代自己的价值观念。

剧院的一场火灾,足球比赛的一次失败,或者一条军事胜利的新闻,每个事件都会将人们的注意力聚焦于危险、失败或是成功的主题上。事件被赋予的共同意义带来共同的感受——惊恐、痛苦或狂喜;继而引发同一类行为——奔逃、骚乱、庆祝。滥杀或大屠杀中的暴徒对无辜受害者会持有同一种恶毒意象。庆祝胜利的人群被共同的集体或国家荣耀意象振奋。个人信念与群体信仰的契合为种族冲突、偏见行为、迫害行为和战争行为注入能量。个人利益对群体利益的从属具体表现为个体的自我牺牲,其中最引人注目的是自杀式爆炸袭击。

个体对自身成功的渴望,连同他对依恋和联结的渴求,都会在对所献身群体的成功及其与群体紧密关系的认同中得到满足。个人成功后主观愉悦感的心理发生机制也同样导致群体的胜利喜悦。但是,个体对群体的忠诚会带来超越纯粹个人体验的回报。由于团队成员间的互动,胜利的喜悦会在群体中被反射振荡而不断放大。

我们可以在人类发育最早阶段的婴儿时期观察到这种"情绪传染"或群体反应的同步现象。在育婴室照护过新生儿的人可以证明,育婴室里有一个婴儿开始哭,其他婴儿就都会跟着大哭。同样的连锁反应也会发生在他们后来的生活中:观众席中但凡有一个人开始打哈欠,其他人就会一个接一个地打起哈欠。同样,笑声一旦开始,就会在整个人群中不受控制地蔓延开来。

由于同理心(或至少是模仿)在生命中出现得那么早,对其他群体成员情绪表达的接受和响应似乎"直接连通"了人的精神器官。欢呼或抱怨、微笑或做鬼脸,这些都能被群体中的其他人感知、快速加工和复制。声音、面部表情和肢体语言这些信息会触发人们的兴奋、喜悦或痛苦的感觉。如果群体成员对他们的这些感觉赋予同样的意义，那么他们就会体验到类似的情绪。

大量研究证实人际"表露"在人类互动中起着至关重要的作用。人们不断地监视和模仿彼此的情绪反应，然而却没有意识到自己的行为。伊莱恩·哈特菲尔德和她的同事发现，受试者在观看演员高兴或悲伤表情的录像时，面部表情会自动"模仿"。珍妮特·贝勒斯和她的同事在关于这项研究的一篇综述中提出，这种表达的同步性说明人类天生就存在一种能促进群体团结和成员参与的沟通交流系统。

许多物种群体中，特别是社会性昆虫，都存在明显的内部通信联络网络，它们可以向其他群体成员发出"指令"，以协同工作方式完成巨大工程。有组织的人群也可以比作一个由信号发送者和接收者组成的网络。如尖叫、大笑和挥舞旗帜等非语言信号会在信号接收者那里激发反射式的反应。简单具体的刺激信号会在群体中波浪式播散而变得含义复杂。当领导者激情四射地演讲并激励他的听众时，他的言语信息会激发一系列非言语反应——欢呼、点头和跳跃，这些反应会在信息接收者之间来回循环。

群体领导者和成员的这些信号传递不到那些缺乏接收基础的人。这些信息会被认知结构图式选择性地收取，图式是由可以将信息转换为有含义概念的专门运算法则和粗略意象组成的。由于成员图式的背景环境在整个群体中是一致的，因此信息转换得到的集体含义也是相当统一的。

我们可以从网络结构的角度来看待群体间的冲突。群体成员常常对其他群体成员持有刻板印象。其他群体的负面消息常会激发人们的刻板印象，进而增进对其行为的偏见性解读的塑造。这些刻板印象常常根深蒂固。信息解读一旦套入一个僵化的图式（或规则），就不允许对形成的偏见信念做任何修改，进而会贴上我们称之为"思想闭塞"的标签。

如果好战的观念模型嵌入了刻板印象，就可能会把对手团队塑造成敌人的形象。如果这种观念包括"以结果决定的手段"原则为基础的道德准则时，就可能会对刻板印象化的他人进行迫害和谋杀。

想象和集体歇斯底里

在几乎所有的社会中，我们都能观察到想象及其在人与人之间传播的巨大影响。那种能把难以言表的甚至超自然的、给他人永久留下烙印的场景在头脑中变魔术般地呈现出画面意象的能力几乎是毫无限制的。当谣传涉及煽动性议题时，人们会创造出与所传信息相对应的生动形象，例如，身着长袍者在祭坛上献祭婴儿。虽然这种形象通常只是纯粹的幻想，但群体的加工调制增强了其可信度，群体成员会感觉那好像就是真的。

即便是受过高等教育、饶有才智的人，也会屈从于相信那些仪式性杀害儿童和吃人等耸人听闻的故事——纯粹的无稽之谈。1997年，对于许多成人提供的未经证实的想象，那些有关他们小时候曾目睹并参与了婴儿献祭仪式，许多心理治疗师和福音派牧师也会认为这是事实。在过去的年代，仅仅凭有折磨儿童和与魔鬼签了契约的主观臆断就足以激发听众的想象力，并煽动他们对所谓的犯罪者实施酷刑、火焚或绞刑。前述仪式性儿童受难传说的可信度是建立在信徒的观点基础上的，他们或者认为撒旦已侵蚀潜入人类社会，或者认为在男权社会中虐童者是倾向于热衷这种极端荒诞行为的。

只要捏造的污名化群体恐怖故事和听众的信念系统、思想意识形态相契合，就足以被听众接受为事实。一个污名者的所谓罪行（根据信徒先入为主判断的嫌疑人）的恐怖故事会激起人们心目中的痛苦画面，这些影像从表面价值上看会被视作事实。人们头脑中，活跃的想象容易取代逻辑推理，这促进了迫害性观点的形成，特别是当这种想象是由群体领导者及其成员发起时。

不管所谓罪行的实质如何，群体的报复欲望都发端于群体对所谓受害者（如婴儿）的同情和对污名者的坏人角色建构。这些谣言没有任何实质的明确证据基础，而是建立于不道德行为的精神意象之上，常常是故意栽赃的。这些意象之所以让人们深信不疑，是因为造谣者的可信度和人们对嫌疑群体有做最坏打算的倾向。在人的精神视野中，想象事件就像目睹一样真实。事实上，仪式性谋杀的现代传说会刺激个人"想起"对童年事件的生动记忆。

与对真实事件的实际观察不同，理性反思或基于证据的思考影响不了虚构的传说。其他相信传说的人会更进一步地证实传说，而怀疑者的反对则没人相信。骇人听闻的故事所唤起的意象之所以有强大影响力，不仅是因为它们的恐怖性质，还因为它们会让相信的人感到更加脆弱。人在危险状态下会想象最坏的情况。毕竟，既然他们这帮恶魔连无辜的婴儿都不放过，还有什么邪恶的事情是他们干不出来的。

如果一个人的文化传承观念受到恶魔、邪灵和恶魔附身概念的影响，那么他的想象过程就特别容易出现魔法、巫术和仪式祭祀的幻想。历史上有很多的迫害案例生动展现了想象的破坏力，例如，宗教火刑处死的无辜者，他们被认为是女巫、巫师或术士。

著名的1692年塞勒姆女巫审判案向人们展示了想象对受害者和迫害者的巨大影响力。当年塞勒姆的一个印第安女奴的巫术传说在易受影响的一群青少年中引发了一波大规模的歇斯底里发作。他们表现出类似癫痫样痉挛发作的体征和症状、奇怪的姿势、恍惚的神情和其他古怪的行为，这些表现和那些催眠易诱发的症状和体征类似。由于无法用医学解释，镇上的医生认为受波及的孩子们被施了巫术。随着人们对巫术难以言说的恐惧在镇上蔓延，数十名居民被指控犯有巫师罪。最终有19人被作为女巫绞刑处死，另有150人被监禁。

在当时塞勒姆社区中魔鬼和女巫的说法很流行，恶魔指控与个人早已存在的宗教意识契合。有趣的是，该地区存在相当多的种族、政治和经济变动，这让村民更容易受到超自然解释的影响。从历史上看，动荡时期人们对阴谋意象更加敏感。中世纪社会动荡时期欧洲盛行以火刑处死女巫。15—17世纪，据估计有50万名无辜民众被判犯有巫师罪而遭受火刑。

血腥的诽谤传说是人类幻想历史的绝佳例证。早期，基督徒就因被谴责绑架罗马的儿童进行献祭而受到指控。幻想的献祭是基督徒十足罪恶的标志。这个故事在中世纪重新上演，但这次基督徒所绑架的对象是犹太人而非基督徒儿童。直到现在，迫害犹太人的血腥诽谤传说仍在不断发生。新兴的竞争性宗教集团对已存宗教会形成威胁，这种威胁会激化现有宗教势力对所谓异端的迫害。新兴宗教团体被控与魔鬼为伍的例子历史上到处都是。人们对受谴责团体搞邪恶仪式如献祭儿童等的幻想是人们关于邪恶对抗正义之永恒战争的一种信念表达。即使是不相信存在魔鬼的人，也会享受他们揭露和谴责那些被断言有恶行的污名者以净化他们的体验。

在社会变革和经济动荡时期，如果一个偏执的观点是由权威者提出的，人们会更顺从地接受。历史上对女巫群体个人的谴责比比皆是，这些谴责让那些受压迫的民众找到了他们身陷贫困、瘟疫和饥荒的一个很直接的理由。政府和教会一起配合着刺激和推动延续对女巫的诽谤狂热，借此来转移民众对它们自身的指责，并以此来维护它们的地位和权力。因此，民众的敌人不是王子和教皇，而是女巫。建构特定的人群，把人分类，这种方式是将他人刻板化共有倾向的一种呈现。

成见和偏见

人们认为"刻板印象"这个词是由著名政治评论员沃尔特·李普曼于1922年首次提出其现有通俗意义的定义的。根据李普曼的解释，简单来说，我们创造刻板印象是为了引导我们对他人的感知，并帮助我们解释他人的行为。

心理学家戈登·奥尔波特在1954年提出，把人分类是具有适应性功能的："人类的思维必须借助于分类进行思考……分类一旦形成，它就为正常预判奠定了基础。我们不可能避免这个过程。我们有序的生活依赖于此。"奥尔波特指出，我们需要把社会环境的复杂程度降低到我们可控的维度。把人分类有助于我们调整，让生活变得"迅速、顺畅和调和"。当然，有的分类是合理的。有地中海血统的人很可能（认为并非不可避免）比斯堪的纳维亚人头发或皮肤更黑。但把其他的一些特点归类到一类人身上则不合理，例如苏格兰人小气或亚洲人狡猾。刻板印象会抹去其他群体成员的独特特征。一旦根据宗教、种族或信条给一个群体划定边界，它的个体成员也就被认为是可替换的。尤其是，对抗竞争性阶层、政治或经济组织或种族群体（政治左翼与右翼，劳工与管理层）会构建出相同的意象。这种群体的划分为偏见思维和偏见提供了土壤。

作为偏见原型的"分类思考"倾向，一直受到社会心理学家的深入研究。通过分类进行简化，很容易导致人们过度简化，继而出现认知扭曲。群体对自身和其他群体的感知存在偏见，这导致群体中的个体可能会认为同一群体的人要比其他群体的人有更好的动机和更纯正的品质。当事情出错时，人们可能会将责任更多地归咎于非本群体的成员，而非同群体的成员。

即使个人被随机分配到任意一组，也会观察到偏见的发生。实验表明，与被任意分配到一组的人比，被刻意安排到一组的人会认为同组其他人更友好和更合作，他们的身体外观和个人特点更受欢迎。这种感知到的群内优越感，让人回想起在传统游戏《颜色战争》中夏令营参与者被分配到不同的竞争队伍时的态度。随意搭配组成一队的人会彼此接近，并和其他队伍成员保持距离，他们会倾向于高估他们所在团队的相似性以及他们与其他团队的不同。团队之间竞争越激烈，他们感受到的这些相似性和差异性就越突出。

在一项夏令营实验中，男孩们被分成彼此竞争的两组。每一组男孩都对另一组男孩产生了敌对态度。发生在集体间的敌意最严重时会导致彼此抢夺对方财物和其他破坏性的行为。

即使是某些词语也可以影响人们的感知，这些词语常常用于表示不同的从属关系，特别是"我们"和"他们"。对任一群体仅仅用人称代词"我们"来指称就会产生一个"我们组"的诱导，而对同组成员做出比用"他们"来指定时更有利的评价。提升个人自尊的动机可以让人们更积极地看待他们所属的集体。人们倾向于搜索那些利于他们的集体而不利于其他团体的不同点，并且倾向于把有利于其他团体的不同点最小化。集体经验也会影响人们对自己的看法和感受。亨利·塔夫杰尔证明，一个集体获得成功后，集体中的个人自尊会有所提升。此外，集体失败则会降低集体成员的自尊而产生更多的偏见。

人们可能会无意识地歧视不同民族或种族的人群，了解这一点非常重要。例如，让受试者观看一张其他族裔者的照片，随后测量其对情绪词的响应时间，绝大多数受试者对不愉快词语的响应很快，但对愉快词语的响应时间则明显延长。而让他们看同族人的照片时情况正好相反。快速响应时间反映的是个体陷入了自动化评价过程。对另一个种族的负性偏见会促进负性自动化标签的形成，而对同种族的正性偏见则会促使个人形成正性自动化标签。

一些人的极端破坏行为，无论是种族事件后的暴动，还是内乱中对无辜村民的屠杀，都可以追溯至他们的信念和思维过程。就如同他们在与他人的剧烈个人冲突中的表现一样，他们在与其他群体的冲突中会表现出相同的观点和谬论、解释和误解。他们很可能将两个群体的摩擦或不良互动归因于对方群体成员难以改变的性格缺陷，而不是相关的环境条件或情势。

在群体间的冲突中，每个群体的内部交叉互动会成倍增加。这些内部互动会增强群体成员的决心，验证他们的偏见和误解，授权他们把破坏冲动付诸行动。集体敌意整合了群体成员的利群体偏见和利己偏见。

人们在与他们的社会、种族对手进行权力斗争的过程中，和他们在与父母、兄弟姐妹或伴侣的斗争中一样，会形成相同类型的负性归因和过度概括。他们还会用他们在与单个对手的"鏖战"中用过的同类型、整体的负性评价方式来构建一个对抗群体。他们会模糊对抗群体中的个体差异，认为他们都是从同一类令人反感的或充满恶意的模子里刻出来的，并且认为他们在心理和道德（或不道德）层面上彼此没什么两样。如果他们的敌意很强烈，在他们的眼里将再也看不到对抗群体成员的人性一面。

群体成员甚至会对那些不属于对抗团体的局外人做出自动化的负面评价——仅仅因为他们没和自己站一队。在许多情况下，被群体排斥的基础是该群体对所有其他群体的贬低：他们不属于这个阵营，因为他们有群体所不能接受的价值观或信仰，缺乏必需的美德或纯洁，或拥有"令人讨厌"的特征。

几乎所有文化中都能观察到把人划分为有利或不利类别的趋势：我们或他们、朋友或敌人、善或恶、诚实或不诚实。有些研究者认为，这种二元思维是心理功能基本原理的一种形式。人们在受到压力时似乎很容易回到这种原始的二元思维中。当然，临床观察也证实了这一点。患有抑郁症、焦虑症或妄想症的人会以对立特征的角度来整理他们的经历：有价值的或无价值的自我（抑郁）；安全或危险的情况（焦虑）；善意或恶意的他人（偏执）。

我们在描述一个人的个性或特质时所用的形容词或名词几乎总是评价性的，无论是褒义还是贬义，无论是令人满意还是不受欢迎。不管是用于个人还是群体成员，这些词都表达出使用者的尊重（光荣、活力、才华横溢）或是贬低（可耻、操纵性、狡猾）。已婚人士与其伴侣激烈争执时所用的谩骂语言，可能同样被一个群体成员用于描述敌对群体（背信弃义的、玩弄人心的、敌对的、危险的）。一旦有人用个性标签污化他人或一个群体，他就会用这个已赋义的特质来解释他人任何"不受欢迎的"行为。因此，人们会认为，一个好像与其集体利益对立的局外人是受到了他天生无意义的冲动和他本能的"邪恶"驱使才会这样不分黑白。

正是这个将群体各种特征简略成一个单一意象的做法，把群体所有成员都贴上了同一个贬义标签（低劣、好斗、不道德），并且扭曲了对个人的感知和行为的解读。这种归结为少数武断不受欢迎特征的简化过程，不可避免地会将积极品质过滤掉。其他群体成员被描述时用的不受欢迎的贬义形容词越极端，他就会越发显得没有人性，人们就会越容易攻击他，而不担心受惩罚。

封闭性心理

要全面了解偏见的本质,不仅需要理解偏见者的想法,还需要理解为什么他们会这样想。关于"低容忍度"的研究可以为此提供线索,特别是"封闭性心理"研究。米尔顿·罗基奇说,种族偏见测试高分者的问题解决行为过于死板,思考问题具体化,对核心利益相关主题理解狭隘。他们也倾向于做快速决断,且不喜欢模棱两可,同时他们回想重要事情时会出现显著歪曲。最重要的是,他们会主动抵制对他们信念的任何改变。罗基奇指出:"赞同者的接受(固执接受)与不赞同者的拒绝(固执拒绝)一样,都是一种低容忍度的表现。"群体成员对群体的关于敌对方观点的固执接受是偏见的基础。相反,宽容是对其他人的接纳,无论他们是否同意我们的观点。

那些与封闭在僵化范式内的高情感负荷信念相矛盾的信息是无法渗透进人们的封闭性心理的。正如罗基奇所指出的,似乎某些条件导致了心理的封闭:感到无助和悲惨,离群索居,害怕未来,以及指望有人来解决自己的问题等。这些发现表明,人们思维的僵化程度可能部分取决于他们所面临的压力。

外部压力会增强个人获得群体或权威人物认可的期望,往往会冻结心理封闭者的信念,导致他拒绝那些有不同信念的人。外来威胁特别易于让人的思维更僵化和绝对化。此时,个人更不可能做出独立于群体和权威期望的判断。相比之下,开放思维的特点则是个人能够根据事情自身的是非曲直做出评估,而不受个人从属关系和信念的影响。

僵化思维、意识形态和偏见之间是存在关系的。例如,一个极端虔诚的宗教信徒倾向于"神圣化"信徒和非信徒之间的差异并屏蔽所有不适合他的神圣世界的人。基于与纽约市原教旨主义新教徒的访谈，查尔斯·斯托齐尔认为，高度忠诚者的"绝对主义"让他们倾向于无法容忍其他教义。有研究表明，狂热的宗教信仰与偏见之间存在相关性。德国一项有趣的研究表明，人格类型和经济地位都能导致受试者的偏见性思维；调查者发现，愤怒阈值低和经济地位边缘状态与偏见态度相关。

人们受到群体或领导者的压力而接受了"普世"态度与价值观念，这可能会让人们陷入僵化思维方式。"群体思维"是贾尼斯从乔治·奥威尔的《一九八四》中的"新话"（newspeak）衍生而来的一个术语。贾尼斯认为，群体思维是"群体内部压力下形成的精神效能、信赖度检验和道德评判恶化变质"的产物。

通过对越南战争期间一些政策制定过程的研究，贾尼斯得出结论认为，政策制定小组成员间的高度友好和团队精神，加上军事威胁的严重性，阻碍了他们的独立批判思维。虽然詹尼斯和如麦考利等更多新近学者将"群体思维"一词用于决策者身上，但"群体思维"其实也适用于形容那些有凝聚力的群体在与其他群体发生冲突时所形成的或多或少的统一思维。群体思维可能会导致针对反对方的非理性和非人性化行为，这是基于群体所持的这些含蓄假设：我们是一个优秀的团队，因此我们的任何有意欺诈行为都是完全正当的，更进一步，任何不愿意接受我们对事实的看法的人都是不忠诚的。

除了封闭性心理之外，群体思维还包含无懈可击的错觉、破坏性行为的集体合理化，以及其他群体成员的刻板印象等模式。一个群体常常会有自封的"精神卫道士"成员，他的作用是阻止那些可能会侵蚀成员对集体信念和决策信心的外部信息进入群体。群体对精神卫道士的依赖说明，在某些情况下有些群体成员可能不一定会全盘接纳群体的决策，因此需要对他们施压以便和大家一致。

贾尼斯指出了这种群体思维会带来多种损失。由于对可选行动方案的调查不全面，群体决策可能有缺陷。群体也可能无法意识到所选方案涉及的风险，也无法在遇挫后重新评估方案。群体思维也限制了群体成员对所有信息渠道进行探索，并且会导致群体成员对已获取信息产生偏见性评判。麦考利指出，尽管群体思维有明显危害，但它有时可能是一种有效解决问题的方式。如果有足够的有效信息并且事实明确，群体思维可以被证明是行之有效的。

在观察封闭性心理和群体思维的现象时，我们可以看到偏见和仇恨不仅会伤害目标群体，还会损害攻击方群体成员的判断力。这些特征是如对污名者的仇恨和暴力等更恶意群体态度与行为的培养基。当敌人不再是污名群体而变成政府时，人们会经历明显的同一心理过程。在这种情况下，政治领导人和政府机构就会被视为敌人，他们的行为被扭曲解读。驱动这种偏见思维的思想意识不可避免地会导致暴力策略，因为这似乎是击败拥有强大力量的专制政府的唯一手段。

群体仇恨和恐怖主义

1995 年 4 月 19 日，蒂莫西·麦克维和特里·尼科尔斯策划了对位于俄克拉何马城的艾尔弗雷德·P. 默拉联邦大楼的爆炸案。这次爆炸造成 168 人死亡，其中包括 19 名儿童。随后，麦克维被控有罪，并于 1997 年 8 月 15 日被处以注射死刑。尼科尔斯承认了他的罪行，并与法庭进行了诉辩，而后以阴谋罪被判终身监禁，不过他免于实施爆炸和谋杀罪的指控。俄克拉何马城的爆炸案是暴力、左翼或右翼恐怖分子的破坏行动，尤其是社会各阶层的反政府狂热的典型范例。

右翼和左翼极端主义团体对政府的暴力行动可能源于若干人际和心理过程的聚合：高强度敌对思想的传播，将对立方刻板化并最终建构为敌人，以及取消对于杀戮的限制。事实上，恐怖分子认为他们是出于更高尚神圣的理想，而这些理想支持着他们的恐怖行动，高尚神圣的理想也优先于他们人类生命价值的传统观念，这种优先性消除了他们实施包括谋杀等暴力行为的心理障碍。

美国及其他地区的国内极端主义团体的社会政治意识思想聚焦于他们对政府及其他团体的强烈反感上，他们认为政府和其他团体会压制和侵蚀破坏他们的基本权利。无论他们的意识思想是来自极右还是极左，他们心目中的政府形象都是一个谋求侵犯他们基本权利的统一组织。对两翼的极端分子而言，政府都是靠武力胁迫、堕落和不怀好意的。

美国的极右翼团体，例如民兵和光头党，将政府视为那些意识形态倡导者为各种种族团体和国际金融家利益服务的工具。他们将联合国等国际机构想象成是由一群密谋建立"新世界秩序"的阴谋主义者组成的。20世纪六七十年代的极左团体，比如美国的"气象员"和黑豹党、德国的红色军团和意大利的红色旅，都对政府有相对应的形象，即企业资本家和军工企业的傀儡。还有一个宣扬和实践恐怖主义的团体——日本的奥姆真理教，它抱怨这个世界不干净并预言世界将在死亡和重生中得到最终救赎。

即使是在政治波谱两端的极端主义团体在集体自我意象上也有很多共同点。他们认为自己是正义的，并致力于崇高的事业。他们认为团体本身及其党羽以及同情者都是包括政府、媒体和大企业等权力机构的受害者。

教团是雅利安民族组织（Aryan Nations）的一个秘密分支，它的发起与一本名为《特纳日记》的书有关,这本书启发蒂莫西·麦克维和特里·尼科尔斯策划实施了俄克拉何马城爆炸案。《特纳日记》是由一个新纳粹组织头目威廉·皮尔斯于1978年撰写的,书中提出的行动计划后来在俄克拉何马城联邦大楼爆炸案中得到了实际复制实施。这个组织的使命是发动战争推翻美国政府,杀死犹太人和其他种族,使美国变为一个全白人的法西斯社会。为了革命成功,他们会使用游击运动战战术,其中包括抢劫、爆炸和其他恐怖行动。

美国极右翼团体的意识形态本质上是极端保守的,他们旨在使政府回归宪法制定者所信奉的原则:独立、自由和爱国主义。他们声称自己满怀为自由和公民独立而战的美国革命者精神。这些极右翼团体中的确有一个以"民兵"名字命名的团体,这个组织在独立战争时期曾在邦克山反抗过英国人。这些激进组织中的许多人都奉行种族纯洁性教义,这些教义指使他们实施种族清洗以清除人口中的"外来"血统(黑人、犹太人、西班牙语裔和美洲原住民),因为那些血统会玷污纯白种人基督教美国的形象。

美国民兵组织的心理状态

民兵以准军事化小组的形式分散在美国的许多州,主要是在西部,这些民兵小团体彼此之间联系很松散。他们通过互联网、广播、宣传单和书相互交换信息并宣传自己。这些准军事组织所吸引的人,对被人控制具有一种特别的个人敏感性,他们在生活中有一种大男子主义倾向。他们的集体敏感性、强烈的个人主义和极端爱国主义表现为他们对限制与规定的厌恶,以及他们对恢复所谓开国元勋之理想的渴望。他们的成员会把政府或令他们讨厌的社会分子对他们集体原则的所谓违反视作对他们的个人伤害。

民兵心理本质上是一种边缘心理状态。他们更偏好住在小型社区。他们非常独立，重视他们的机动灵活性和不受当局打扰保持他们生活方式的自由。他们不接受高于负责当地法律和秩序的县治安官的权力。在他们眼中，政府及其机构一心想要扰乱他们的生活方式：征税、通过枪支管制法，并建立层层官僚和执法机构。他们对政府将他们缴纳的税收转移给"受照顾"的异族或外籍少数群体感到不满。执法者的限制和打扰会让他们产生类幽闭恐惧反应：他们感到被包围和威胁。他们对被控制和被玷污的恐惧超越了国界：这证明了他们对有可能建立跨国或全球政府很敏感。

民兵组织主要通过组织准军事小组和建立武器库来保护自己，他们试图以此来实现社会和政治目标。民兵成员一方面与政府官员对峙，另一方面又与武装人员对峙，这些武装人员或是为技术性违反逮捕令服务，或是为了执行法院判决，抑或是为了收缴他们居所的武器。每逢此时，他们便会下定决心坚守立场不让步。

他们宣称宪法条款赋予他们建立民兵预备役组织和携带武器的权利，这是独立和自由的标志。他们进行准军事训练，组织自治民兵部队，建立军备库用以保护他们的权利，以及挫败非法"政府代理人"的阻挠。

1991年与联邦特工死命枪战的兰迪·韦弗是这群人个人哲学的典型代表。韦弗和许多其他极右分子一样喜欢广阔的乡村，生活在远离城市的喧嚣和颓废的东部。受到政府特工的威胁，他撤退到爱达荷州北部的偏远地区，他躲在一间人迹罕至的小屋里，对"非法"当局做最后的反抗。

美国近代史上有几起事件演变成对政府的暴力敌意迅速增长的催化剂。对激进分子来说这些事件承载着异乎寻常的象征意义，类似于"波士顿惨案"、阿拉莫之战和哈瓦那港缅因号战舰沉没等。

1991年，兰迪·韦弗被试图逮捕他的联邦特工包围在红宝石山脊，随后韦弗怀孕的妻子和儿子被枪杀，这让政府在民众心中的形象变成了无情的破坏者。联邦特工的错误认知导致了事件中的额外牺牲。1993年2月28日开启的得克萨斯州韦科惨案成了激怒极右翼团体最后的催化剂。号称救世主的大卫·考雷什及其包括18名儿童的79名大卫教派分支追随者在联邦特工袭击的大火中湮灭了。这些事件在武装激进分子心里留下了炽热的记忆烙印，也吹响了他们的战斗号角。尽管也有几名联邦特工在两次对抗中丧生，但事件向武装激进分子传递的信息很明确：政府就是要摧毁对其非法活动的任何抵抗。

大卫教派的分支在美国得克萨斯的韦科教派基地与联邦特工对峙了51天，这是引发席卷美国的民兵组织急速扩张的三起事件中的第二起。大卫教派是基督复临安息日会的一个分支，自1935年以来一直在得克萨斯州开展活动。他们有着传讲世界末日论的历史。其头目大卫·考雷什有一个非寻常宗教信仰的特别预言。他专注于解密神秘的《启示录》(如《启示录》中的七封印)。他相信即将发生一场大灾难，一场善恶之间的宇宙战斗。汇集在美国政府中的邪恶势力将会被卷入末日审判。由于特工解读人心的能力特别差，他们把大卫教派的狂热宗教激情误以为一个简单的人质绑架案，这让特工们认定那是邪教的偏执观念并最终造成了韦科惨案。

激发反政府立场的第三起事件是《布雷迪枪支管制法案》的通过。这项立法被右翼团体广泛解读为企图压制他们携带武器自保、抵御恐怖政府的权利。这也再次向他们表明，他们的政府正试图干涉他们最基本的权利。

麦克维和尼科尔斯深受强烈的反政府情绪影响。俄克拉何马城爆炸案在韦科惨案两周年之际发生，这一事实似乎显示了政府行为失去控制的强烈象征意义。麦克维的声明清楚地表明，他认为有必要以"世人瞩目"的反击来惩罚政府，哪怕是牺牲无辜的生命。

左翼恐怖主义

美国极左恐怖主义的发展起于越南战争期间学生团体日益激进化。1966 年休伊·牛顿和博比·西尔在加利福尼亚成立了黑豹党。这个团体的政治哲学受到切·格瓦拉、马尔科姆·X、胡志明等很多自由激进主义英雄人物的影响。这一组织最初偏重文化民族主义，但在 1971 年一名成员越狱被杀后转向了恐怖主义哲学。黑豹党与警察有过几次枪战，发动过几次爆炸袭击。与此同时，在伯克利成立的共生解放军犯下了多起银行抢劫案和谋杀案。后来黑豹党绑架了报业巨头的女继承人帕蒂·赫斯特并将后者转变为黑豹党的"城市游击队员"，这让黑豹党恶名远扬。

"气象员"是美国"学生争取民主社会"组织的一个极端派系，1969 年底，这个极端组织在纽约格林威治镇的爆炸案中彻底消亡。气象员组织将企业资本主义塑造为"一个不分国内外的极端残酷和非人性化的系统"。他们的意识思想中包含了这样一种观念，即现代社会创造了一个中产阶层和专业工人构成的新无产阶级，社会环境可能对他们造成了压迫，这些社会环境也剥夺了少数群体的权利。

与激进右派的反动哲学相反，新左派对未来持有革命乌托邦思想，这些思想致力于对社会受压迫阶层以及第三世界的被剥削国家的解放事业。但是随着这些思想的激进化加剧，这些组织的个人认同越来越融入群体认同，直到达到恐怖主义的阶段，这种群体认同达到了顶峰。

群体的偏执

霍夫施塔特在一篇关于美国极端主义团体的综述中用"偏执风格"一词来描述极端群体的思想和行为。不过,"偏执视角"一词似乎能更完整地展现他们的世界观。在一个以自己易受政府控制侵犯为集体自我意象的群体中,偏执视角的发展几乎是不可避免的。偏执视角会导致个体远超客观证据的恶意行为解读和预期。这种视角会让人对那些相对无害的事件赋予潜藏的恶意含义和动机。例如,由于他们偏执的视角,民兵成员会怀疑他们的敌人使用秘密手段来达成他们的邪恶目的。在这个案件中,他们就认为政府已经密谋要让美国接受世界政府的控制。

民兵组织散布的故事中,联邦高速公路标志上的标记实际上是政府做上去的密码,它在联合国装甲部队进入以接管美国时可以起指引作用。俄罗斯坦克在密歇根的照片被解读为俄罗斯军队已经进入美国的证据。他们看到黑色直升机在头顶盘旋,就得出结论认为政府正在监视他们的行动。

那些脱口秀、互联网网站文章和视频影像中关于这些问题的刻意歪曲和谎言,助长了偏执视角的形成。有一段广为流传的视频就曾严重歪曲地记述得克萨斯州韦科惨案事件。那段视频是经过恶意剪辑的,看起来就像是联邦特工纵火烧了那个大院。而未经剪辑的视频原版则清楚地显示致命火灾是在大院内部烧起来的。

剪辑的媒体视频、互联网帖子和民兵文学表达了极端主义组织的被迫害信念与恐惧。这些媒体散播了各种"曝光"报道:政府计划将持不同政见者关押进43个集中营;香港警察和廓尔喀军队正在蒙大拿州野外训练,其目的是让美国人缴械;政府计划把华盛顿州的北喀斯喀特山脉划归联合国和中央情报局;有一个意图接管全世界的国际组织正在改变地球的气候。这些故事推测性地揭露了一个建立新世界秩序的全球阴谋。政府对他们理想的压制让民兵感到自身的脆弱,并随之因他们的价值观受到威胁而愤怒。由于民兵组织无法与政府的军队或警察力量相抗衡,他们转而进行主动对抗和破坏行动,他们希望能以此将其他同情者集结到他们身边。

尽管极端主义组织成员和心理障碍者之间存在明确的差异,但对他们信念和思维之间的相似性进行研究是极具启发性的。民兵的群体性思维和偏执性妄想之间的比较有助于理解人类心理的本质,以及理解人类心理应对危难处境而创造幻想性解释的倾向。

与偏执性妄想一样,偏执视角以敌人及其"阴谋"为核心。与迫害者不断升级的冲突会增强偏执视角。正如好斗、偏执的病人会猛烈抨击他所谓的迫害者一样,民兵认为他们受到了残暴政府机构的压迫,他们要对这些所谓的敌人进行报复,也就酿成了1995年的俄克拉何马城联邦大楼爆炸案。偏执妄想症患者和极端主义团体成员对他们不切实际与被迫害的信念有着巨大的心理投入:"我们可以推翻专制政府"或"我们可以拯救世界"。他们假想敌人会利用隐藏的力量或秘密武器来威胁他们的安全和目标。他们会设想对手暗地里实施恶意攻击行动,而没有道德准则或标准能约束他们。这些组织成员不仅认为自己是正确的,而且觉得自己被赋予了弥赛亚使命:恢复国家的纯洁性和将同胞从敌人的霸权中拯救出来。

妄想和偏执视角都有"封闭性心理"的特征。他们的信念无法融入与他们的神话(群体)或妄想(患者)矛盾的证据。事实上,他们认为敌人会不择手段进行欺骗,因此任何未被证实的线索都会被解释为敌人欺骗的证据。因此,群体会采用地下行动和颠覆的对抗策略来反击敌人的暗箱操作和公开操纵。

对于极端主义团体分子和偏执患者来说,仇恨和敌意的外表掩盖了一个根本问题，即他们的脆弱感。由于他们的意识思想，自身对政府就存在恶意态度以及试图改革或颠覆它的目标，因此他们倾向于抵制政府的侵扰。当政府让他们顺应民意时，他们就会觉得自己越来越脆弱，并被迫进行"反击"。

为避免陷入给民兵组织成员贴上精神病患标签的陷阱，我们有必要强调一下民兵与妄想症患者的不同之处。首先，民兵成员的阴谋论观念只局限在一个相对确定有限的领域：他们的组织与政府的关系。他们与家人和朋友关系正常，能进行正常的业务往来，能理性地出庭做证。相反，偏执患者通常在与他人的人际关系中思维混乱，并且可能持续处于兴奋状态。其次，与群体思维相反，偏执患者的信念无法获得群体中他人的认同，而且如果经过药物治疗他的信念能"正常化"，这也是他患精神障碍的证据。相比之下，在环境变化或民兵领导者改变了组织理论时民兵组织成员可以改变他们的信念。

文化规则

南方的荣誉准则

很多人都有一套部分地基于个人经历或吸收自他人的特定敏感或易感系统。各种文化和亚文化都有着规定性的行为准则，其具体的行为规则都表现出对个人受尊重的重视。如果其自身文化中蕴含关于什么是侵犯行为以及如何做出反应等的规则，要保持对其自身视角及其衍生的害人行为的客观性态度就会相当复杂困难。那些被普遍认可的文化及亚文化规范对于什么样的行为适当、具体哪些情况构成侵犯以及相对应的纠正措施都有规定。美国南部及地中海国家盛行的荣誉准则和美国都市街道文化守则都是这种文化确定规则的例子。

尼斯比特和科恩在《荣誉文化：南部地区的暴力心理学》(Culture of Honor: The Psychology of Violence in the South) 一书中称，在美国南部，维护权力和力量的公开形象对男性而言是比任何事情重要的事。一个男人所认定的名誉，即他认为别人如何看待他，取决于他对公然冒犯的敏感和他在被挑衅时的强有力的报复。这种南方亚文化价值观深植于个人的二元信念体系。在个人人际交往中，男人看起来要么很脆弱要么坚不可摧，要么软弱无能要么无所不能。男性个人的二元信念可以概括如下：

- 任何针对我的负面行动或言论，对于我和我的同伴来说，都是在贬低我。
- 如果我不报复，我的地位（荣誉）就会下降。
- 如果我不报复，我将失去同伴的尊重，也容易受到他人的攻击。
- 即使可能只是纯粹口头上的冒犯（急慢或无礼），也必须暴力回击。
- 复仇成功将让我的荣耀形象更高大，我理应获得尊重。
- 一个真正的男人要敢于和侮辱自己妻子或女朋友的人决斗，如果有人要抢走自己的女人，就应当开枪打死他。

尼斯比特和科恩指出，这一价值体系可以解释南方白人杀人案比率相对高于北方白人的现象。这一价值体系起源于遥远的过去，那时它可能是有一定功能价值的。南方的苏格兰及爱尔兰殖民者是盖尔牧民的后裔，他们将这种价值观带到了新国家，无论是否继续以放牧为生。牧民们普遍倾向于会暴力报复那些侮辱他们名誉的人。这种倾向的根源最初是经济方面的：历史上牧民们很容易遭受牲畜被偷盗，一旦发生，对于他们来说就是一场经济灾难。因此，对他们来说，树立强硬的社会形象和建立暴力打击窃贼的名声是非常重要的。此外，他们很容易被挑衅激怒，这显然是基于他们更容易受潜在侵犯影响的脆弱性。

虽然这种经济原因已不复存在，然而这一准则的维护者仍然认可它的价值，因为如果不遵守它将意味着不仅会被人视为软弱而且事实上也的确软弱。如果他们不报复，无论是否真会受到威胁，他们都认为他们会因此受到欺压。这些信念一旦发生就会自我巩固维持下去。孩子们，尤其是小男孩，会被父母训练为捍卫自己的权利而战斗。而在其他情况下南方白人并不比其他地方的白人更暴力。他们都倾向于寻找宗教信仰，一般都遵纪守法。而法律支持人们使用武力保护住宅、家庭和财产。

暴力报复信念的影响不仅明显地体现在南方白人的高凶杀率上，还明显地体现在他们受到侮辱时强烈的生理和行为反应上。在实验室研究中，有暴力报复信念的人会感到更多压力，他们的皮质醇水平升高可以反映这一点。他们也会更具攻击性，这从他们的睾丸激素水平升高可以看出来。在遭遇侮辱的情况下，他们也更有可能优先考虑暴力解决方案，并且在这些情况下表现出更多的愤怒。

尽管在面对争论和诽谤时他们有暴力反应倾向，但南方人的观念体系有许多特征有助于改善他们的行为。他们的报复观念仅在某些情况下才起作用，即当遭遇人身攻击和财产或婚姻操守受到威胁时。尼斯比特和科恩强调试图改变根深蒂固的暴力是有困难的。他们承认马赛勇士、德鲁兹氏族、苏族（印第安民族）人的浪漫和魅力。不过，尼斯比特和科恩认为，干预项目通过鼓励南方人检验他们不报复会丧失声誉的观念，或者通过教会他们不用付诸暴力来获得人们尊重的方式，成功的机会有限。

现行某些戒律的废除可能会对矫正暴力文化有帮助，这是因为废除戒律可以削弱暴力行为的合法性和正当性。可以针对有暴力倾向的儿童，开展一个专门的教育计划，这可能有助于改变男孩子从小就接受的以攻击和战斗来维护尊严的告诫。可以开展一些其他宗教或教育机构项目来探讨暴力行为的道德合理性。个人对社会的责任和对个人的责任是可以区分开的。社会对男人的预期是男人应当在战场上牺牲而不是庸碌而死，因为"这才是男人应该做的"。社会向男人提出的要求是高贵善良的男人应该服从。但是社会标准也会裁定允许男人的报复行为，因为"这些只是你不得不做的事"。改变了社会预期，你就可以改变人们的行为。

北方的街道准则

北方城市中心区的黑人贫困社区深受暴力问题困扰，这些暴力问题背后的观念系统，与造就南方白人荣耀文化的认知体系在许多方面有类似之处。北方都市的暴力行为具体表现为行凶抢劫、入室盗窃、绑架劫持以及与毒品有关的枪杀案等形式。这些暴力问题是由一种被伊莱贾·安德森称为"街道准则"的街头文化造成的。这些融入街头文化的规则不仅规定了什么样的行为举止适当，也规定了受到挑战时以何种方式应对才是正确的。

与南方的荣誉准则一样，尊重也是街道准则的主题，它强调，人应被恰当地对待或者人应当得到他应得的尊重。如果一个青少年呈现出强大的社会形象并得到了相应的尊重，他就能避免在公共场合遭遇"麻烦"（被打、被推、被抢）。就像南方的白人一样，如果他遭到"羞辱"（不尊重），会感到很羞耻。

一个大家熟知的羞辱例子是，如果你与另一个人眼神接触过久就会产生一种被羞辱感。这种故意冒犯判断的逻辑依据似乎是，这种持续过久的眼神接触说明对方有不良企图。这与南方的情况类似，一个人受到羞辱将会导致他群体地位的丧失，这在两种亚文化中都只能以暴力报复来弥补。有报告称这些北方城市青年大多长期自卑，他们通过展示自己的强健和威猛以及身着昂贵夹克、运动鞋和戴黄金首饰（通常是他们从另一个文弱青年那里抢的）来弥补代偿自己的低自尊。为了维护他的荣誉，或权势，他必须向人们展现出，如果情况需要，他会暴力伤人。

他们具体的观念系统集中体现在从街头出身的成年人获得的信息上：

- 如果有人惹你，你必须修理他们。
- 打人可以让你更有"权势"。
- 你必须冒险（例如，被杀死的风险）才能显示男子气概。
- 多留心，别"退缩"。

亚文化提供的不仅仅是行为规则（如何在街头生存，什么可以，什么不可以），还提供了一个认知图式——个人通过它赋予自己和他人行为的意义。

如果不了解这些解释规则，局外人就难以理解这些青年的敌意、有时会有暴力反应，以及他们的印象经营策略。例如，他们的信息加工过程会嵌入有关不尊重的规则，继而导致他们会把局外人所认为的中性或平常陈述自动默认为对他们的冒犯。同样，有关自尊规则在信息加工过程的嵌入也会导致自我膨胀式的解释，比如，"他们之所以讨厌我，是因为我每天都穿运动服和运动鞋"。这些规则中也包含着对伤害和杀戮的辩护。谋杀者可能会以受害者应该懂得规则为由为自己辩解:"太糟糕了,但这是他的错。他应该更了解我才对。"这些规则的意识形态似乎也集中体现在反建制价值观上,当执法或遵法薄弱或不存在时,这种意识思想就会蓬勃发展。他们对象征着白人主导社会的警察或司法系统严重缺乏信心。因此,街道准则会取代既定的法律和正义。

南方荣耀文化起源于很遥远的过去,其发端基础早已消失。北方街道准则不同,它起源于近代,而且当前社会环境状况支持它继续存在。正如安德森所指出的,长期失业、毒品文化以及与当局的持续冲突,催生并维持了这种意识形态。在可预见的未来,社会经济状况似乎不太可能明显改善,因此有必要在其他方面寻觅挽救措施。继续教育、宗教和休闲运动似乎对改变意识形态作用不大。即使是那些有"正派取向"和反对街道准则价值观的家庭,也经常鼓励他们的孩子熟悉街道准则——尽管很不情愿——以便使他们的孩子能够适应市中心的环境。

这些青年人的童年养育方式存在明显缺陷,这是导致街道准则被重视并且其意识形态被巩固的因素之一。许多不良青年是单亲家庭抚养长大的,通常是单身母亲,她们承受着严重的经济和社会压力。这样的父母通常会毫无征兆地打孩子,让孩子形成一种敌意无所不在的世界观,也让他们学会了暴力可能是最有效的生存和影响众人的方式。因此,街道准则代表着获得尊重、获得权力感和建立自尊的最佳方式。

范德堡大学的肯尼思·道奇和他的团队开展了一项旨在解决青少年犯罪问题的项目,这个项目很有前景。这个项目的一部分是帮助父母提升儿童养育技能,从而削弱孩子的敌意观念模式和自卑感。尽管现在要确定项目干预的有效性或普遍适用性还为时过早,但项目的原理看起来是不错的。

第 10 章

迫害和种族灭绝：
创造怪物和魔鬼

创造一个敌人

在一张空白的画布上

粗糙地勾勒出

男人、女人和孩子的形状。

遮盖每一张个性甜美的脸庞。

抹去每一颗有限之心万花筒中闪过的

无数爱、希望和恐惧的所有痕妆。

扭曲了微笑

向下残忍成弧线的延长。

每个特征都变形夸张，

直至人成了野兽、虫子和怪物。

那远古噩梦的邪恶者将背景填满

——魔鬼、邪恶的迈密登、魔王。

一旦你完成了敌人的画像

你将可以无情地杀戮

肆意屠杀，无愧如常。

——萨姆·基恩（《敌人的面具》，1986 年）

在有迹可循的历史长河中，处处都是对整个部落或族群的杀戮。

《圣经·旧约·撒母耳记上（15:3）》就记录着进攻亚玛力部落并消灭部落中所有生灵的命令。成吉思汗和帖木儿因他们战胜后的大屠城而恶名昭彰。十字军东征开始时屠杀犹太人，而在结束、东征"成功"时则大肆屠杀穆斯林。在三十年战争（1618—1648年）期间，很多德意志人口遭到屠戮。

20世纪的各种大屠杀事件彼此之间存在很多共同点，同时也与个人暴力事件有共通之处。无论是参与集体行动还是个人行动，当事者都有内在的心理分类概念来区分识别好坏对错。这些概念往往会受到他们所遭遇的被伤害经历记忆的修饰。当他们遭遇巨大伤害或严重威胁时——无论是真实的还是想象的——都会动用这些心理分类把"有害"实体转化为敌人的形象。其他人群或国家领导人也会采取这种方式。他们被迫采取行动——驱逐、惩罚或消灭有害源头来克服困境。

人类的放纵信念会为暴力行为提供辩护而突破对伤害或杀害他人的本能束缚。然后人们会使用他们手头用得上的工具——刀、枪、炸弹——来达到他们的目的。

迫害和大屠杀都遵循着类似的路径。迫害者建立起一套信念系统，这套体系为原始善恶观点奠定了基础，会孤立那些被污名化的少数族群并视其为异类。那些弱势少数族群文化对其成员的影响会塑造那些既往罪行的真实或想象的记忆。虽然这些负性意象可能会以潜伏或轻度活跃的形式长期存在，但也可能会被外在因素完全激活。

很多外部情况——经济困境、战争、政治宣传——可以激活这些信念，并且能把弱小族群的意象转变为敌人形象。政治领导人会强制推行能强化敌人意象的政治、社会或种族意识形态。

那些与深入人心的敌人意象有千变万化般的关联会被激活：阴

谋诡计、欺瞒哄骗、私下操纵。当污名少数族群在国家经济和文化生活中崛起时，他们会被指控为要试图篡夺传统、政治权威或经济权力的反叛者。

政治领导人会将经济困境和社会动荡归咎于孤立少数族群的反叛。随着少数族群成员的负面形象的增强和固化，他们会越来越被视为危险、恶毒和邪恶的化身。通过将污名少数族群描绘为叛徒、革命者或是反革命者，政治领导阶层利用这些负面形象来推进他们自己的政治野心。

在某些时候，这些污名少数族群的负性意象隐喻会被具象化，他们的成员被视作怪物、恶魔或寄生虫。统治族群会动用力量来隔离、驱逐或铲除这些有害个体。意识思想上的正当性移除了对杀戮的心理和道德限制：结果决定手段；为了活命，截肢是必需的；某些人不值得继续活下去。

尽管人们对于杀戮有一种与生俱来的条件反射式恐惧，但人们确实可以变得麻木不仁，的确也会因杀人行为而获得群体奖励。那些污名少数群体会被刽子手开枪打死、在致命毒气室被毒死或者在强制劳动集中营被累死。有效运转的当局和武装势力会专门利用战争时期的各种条件来促成这些杀戮。

这条路径可以有效地解释发生在土耳其、纳粹占领的欧洲、德国、苏联、柬埔寨、波斯尼亚、中南半岛和卢旺达的意识形态或政治大屠杀。土耳其人将亚美尼亚人认定为叛徒并灭绝了他们（1915—1918年）。斯大林把政治反对派列为与帝国主义列强为伍的反革命者并于1932—1933年将他们饿死或杀死而完全肃清。希特勒利用反犹太主义契机获得了权力，后来战争期间因没有地方可流放犹太人而计划将他们彻底消灭（1942—1945年）。

1966年，印度尼西亚政府指控华裔族群与印度尼西亚共产党同谋而屠杀了数十万华人。1975—1976 年，波尔布特和他的红色高棉声称柬埔寨的专业阶层、知识精英是农民的剥削者和美国武装势力的工具而强迫这些无辜者到农场改造，他们中的大多数人都葬身在那里。

这些超越人类常识的超验种族灭绝，即为了实现政治目的对某些派系群体发动的战争，例如为殖民者腾出空间而清除某地域的土著居民，其基础是对国内污名群体的仇恨意识。发生于奥斯曼帝国、德国、苏联和柬埔寨的弱势族群毁灭就是这种大规模屠杀的典型例子。在奥斯曼帝国、德国、苏联和柬埔寨，当权者加剧了特权群体（本地人、"人民"、工人、农民）对弱势亚族群（亚美尼亚人、犹太人、富农、中产阶级）的偏见。他们指责弱势亚族群剥削了他们，以此发起和操纵了对污名群体的偏见。他们把这些亚族群确定为敌人，而这种做法会提升他们理想化团体的集体自尊。然后，暴力行动则会满足他们对被鄙视群体所谓的凌辱进行报复的渴望。

土耳其人担心会受到亚美尼亚少数民族的"背叛"威胁，因此于 1915 年以国家安全为由发动了周密系统的灭绝运动。希特勒、斯大林和波尔布特甚至不需要详细的正面计划来巩固他们的权力。每个人都演绎描绘出一个黑暗敌对意象，每个例子中都有惊人的相似之处：颓废、腐败、阴谋、剥削。德国犹太人被指控与苏联、法国、英国、美国等国的势力勾结。在苏联，反对派被谴责为西方帝国主义的工具。柬埔寨的知识分子和资产阶级则被描绘成越南和美国的代理人。

在所有案例中那些"天选之人"都得到了慷慨热烈的赞美：苏联的工人、德国的"人民"、柬埔寨的农民。他们被塑造成高贵、纯洁和道德高尚的形象。在这些国家，对污名群体的攻击要比推进积极政治议程更具吸引力。对于大众而言，在理解经济政治问题的盘根错节以及复杂的积极政治经济计划和指责攻击一个外来族群之间，人们更倾向于选择后者。阶级斗争比阶级和谐更有吸引力、更容易实现，对顽固的农民、知识分子或少数种族的清除欲望要远强于真正解决问题的动力。

被众多政治和经济问题困扰的印度尼西亚政府视华裔为试图颠覆政府的共产主义革命者，主张要将其灭绝。本节最后一个国家推动大规模屠杀的例子发生在卢旺达，卢旺达的一个政治精英试图通过指控图西人是敌人并煽动胡图人消灭他们来巩固自己的权力。

控制政府的警察和军事力量是种族灭绝的显著必要条件。战争紧急状态下，种族灭绝机制更容易启动，因为战争状态下资源会被全面动员起来，而且群体有明确的外部敌人。草率执行的德国犹太人种族灭绝发生在第二次世界大战期间，而柬埔寨波尔布特政权的大屠杀同样也发生在越南战争期间。

因果关系和阴谋论

将不幸事件归咎于外来群体的倾向源自人类远古因果观念，那时人类认为洪水、干旱、饥荒和流行病等自然灾害是超自然力量的恶意干预。人类早期的迷信充斥着愤怒的神明、奸诈的魔鬼和邪恶的精灵。黑暗与光明力量之间的战争预言编织成了宗教信仰。最终，这些传说中的作恶者影响着人们的行为或假扮成人的形象密谋毁灭人类最神圣的东西。

某类人群容易被认为获得了秘密的邪恶力量。例如，犹太人和其他异端分子会被视为撒旦的代表，企图颠覆基督世界。有一种颇为流行的说法就是与这种信念一致的,即疾病和灾难是撒旦通过他的代理人犹太人制造出来的。

像这样的阴谋论其实是邪恶团伙设计陷害无辜邻人这一观念的细化阐述。主流群体成员通常会认为污名亚族群一直在密谋设置陷阱和控制他们。近代犹太人和亚美尼亚人被宣称他们阴谋颠覆社会,这成了迫害他们的正当理由。

人们将有嫌疑的少数族群所有成员混淆为一体(过度概括)的方式会进一步固化阴谋论本质的观念。少数亚族群成员因经济或政治上的成功而出名,他们会被怀疑认为他们与同党密谋以牺牲无防备的大多数人的利益为代价来谋求自己的利益。他们的成功贬低了主流群体内成员的自尊,后者经常会总结出这样的结论:这些成功的小团体肯定是靠阴谋手段和策略获得了不正当利益。当人们宣称成功的亚族群剥削了大多数主流群体的利益时,也就是在假定这些亚族群成员是在秘密运作,按照某项秘密计划非法篡夺主流群体的经济和政治权力。

这种对阴谋和隐匿影响的怀疑倾向是个体对来自群体内其他成员或外来者欺骗所持有的敏感性的延伸。这种敏感性的另一面则是欺骗他人的普遍倾向,体现为那些如开玩笑、表演或吹牛等相对善意的举动,也会体现为欺骗、说谎和阴谋等行为。

由于亚族群成员已被贴上了邪恶且强大的标签,他们就成了人们解释不幸的政治或经济事件的便捷缘由。统治集团没有将经济和政治失利归因于政府系统的无能,而是认为这是那些被当成靶子的污名群体破坏的结果。随着这些少数族群形象的扭曲,统治集团就控制了他们并将他们变成国家的人质。

被邪恶势力控制的想法自然也存在于偏执型妄想症患者身上。虽然人们不能将政治团体的敌意表达与精神错乱患者的病态创造联系起来，但他们之间的相似性表明人类有考虑那些并不存在的阴谋方式和密谋策划的倾向。这些观察结论构成了政治团体或国家的"偏执风格"或偏执视角概念的基础。

显然，易感群体成员对少数群体邪恶行为的指控本身并不会导致大规模屠杀。无论这种冲动多么强烈，人们不会参与有组织的杀戮，除非他们当时认为这样做是正当的。通常，杀人行为会受到道德规范、对目标受害者的同情，以及对事后受到惩罚的恐惧的制约。

对街头帮派的信念体系的研究可以更清晰地理解道德遏制对杀戮的中止作用。班杜拉和其他一些学者对青少年罪犯和恐怖分子的"道德脱离"进行了广泛研究，发现他们的"道德脱离"部分取决于罪犯能否把他们的破坏行为正义化和把受害者妖魔化。这些犯罪者通过把责任转移到集体或领导人身上从而减少了自己的个人责任。最后，他们对受害者的非人化处理消除了他们可能感受到的任何同情。恐怖主义和迫害行为的实施者，不论国家是否明令允许或禁止他的行为，都会同时受意识形态指示、正义化、责任转移和受害者非人化的影响而中止或重建他的道德信条。

纳粹大屠杀

纳粹大屠杀是被最广泛分析的超验或意识形态的种族灭绝案例。虽然这场浩劫在许多方面都是旷古绝今的，但案例中的行凶者、旁观者和领导人的心理总体上可以明确显示出大屠杀的基本特征。许多作者将大屠杀描述为"终极邪恶"，并思考什么样的人会参与反人类的罪行。用"邪恶"标签来解释纳粹及其支持者的行为，对进一步理解他们的思想和行为没多大帮助。在行凶者和被动参与者的眼中，犹太人才是邪恶的恶魔，他们必须被消灭。

大屠杀的执行人员，遵照死亡流水线的路径，将受害者从他们的家中转移到毒气室，他们并不认为自己是邪恶的。许多人认为自己在做正确的事。那些围捕犹太人的警察、用火车转运犹太人的工程师，把犹太人赶进集中营的警卫，都由衷地认为自己并无过错。他们认为犹太人道德堕落，渴望统治世界并污染文化。这些迫害者认为犹太人"邪恶本性"根深蒂固，为了保护自己和他们的文明，他们有必要消灭所有犹太人——男人、女人和孩子。只要有一个恶魔种族分子活下来，他们就面临危险。

他们的敌人意象聚集的力量足够强大，以致能驱动他们实施屠杀行为，无论他们这样做是否感受到施虐快感。由于非理性假设的强势力量，即使是妄想，也可能遵循逻辑的、理性的进程发展成为破坏行为。种族灭绝的意识形态在当时的德国获得了人们的信任，因为它得到了科学家、学者和专业人士的支持认可。种族灭绝思想在课堂上被教授给学生，国家领导人也到处宣传它。

恶魔形象的形成

我们可以从犹太人形象的转变和德国人的民族自我形象的角度，来分析反犹太主义的发展及其向种族灭绝的演变。关于犹太人恶魔形象的历史背景可以追溯到早期基督教教义。直指犹太人的谋杀咒骂（杀死基督）一直持续到现在。在中世纪，犹太人被指控在井中下毒，举行祭祀仪式，献祭基督徒儿童。在欧洲的宗教戏剧、民谣和民间故事中，犹太人都作为恶人出现。受马丁·路德教义的强化，犹太人的邪恶形象被编织进德国民间传说的建构。从最早的十字军东征起，犹太人族群最先遭到屠杀，到后来的宗教裁判所，以及西班牙、法国和英国的驱逐，再到马丁·路德对犹太人的苛责，犹太人被塑造成了凶手，这迫使他们的敌人先发制人对他们展开了杀戮。

启蒙运动和拿破仑时代都强调人权，但对犹太人的命运产生了矛盾的影响。拿破仑将犹太人从他们的社会和经济禁锢中解放出来，最终俾斯麦承认并授权犹太人拥有基本平等的权利，这让犹太人爆发出极大的热情，并参与了德国和奥地利绝大部分社会生活领域的活动。只有公务员、司法部门和武装部队军官等岗位明确不对他们开放。犹太人在很短的时间内就在商界、政界和新闻界崭露头角并得到了关注。

然而，犹太人的形象并没有随着他们社会、政治和经济地位的提高而改善。在德国社会的许多领域，持续数百年的犹太恶魔形象仍然是一种长期恶性刺激。它一直潜藏在其他人群心中，直到纳粹将其完全激活。犹太人的成功引发了一个古老阴谋论故事的新版本，即犹太人试图阴谋腐蚀和掌控他们周围的基督教人群。对犹太人操纵、贪婪和唯物主义的恐惧深植于费希特、黑格尔和康德等哲学家的著作。尽管启蒙运动带来了新变化，但德国民族主义者，即便不是保守派，他们本质上也是保守的，他们会认为犹太人的进步是对他们社会体制的一种侵犯和威胁。

这种对犹太人快速崛起的反应以及假定的基本价值观威胁促成了反犹太主义的爆发。19世纪下半叶，德国保守派和奥地利神职人员发动的群众性政治运动，就是受人们对威胁到既有秩序的社会、经济和政治变革的恐惧驱动而发生的。犹太人，作为自由运动的积极参与者以及迅速发展的资本主义代表，被视为对既定社会秩序的威胁。新的世俗反犹太主义政治叠加犹太人杀死耶稣和魔鬼代言人的宗教神话。反犹太神学持续地在教堂、学校和家庭中间，以及耶稣受难复活剧中广泛传播，贯穿整个希特勒时代。然而，政治意识形态摧毁了基督教传统观念，原本犹太人的存在是为了作为在这个世界创造基督国度的"见证"，而现在这已经不是必需的了。

犹太人危害社会观点的象征性事件是《锡安长老会纪要》——一份伪造文件——为大众所相信。犹太人有组织地谋划控制世界的传说源头可以追溯到1806年，当时拿破仑召集了一个由杰出的法国犹太人（主要是学者和犹太拉比）组成的泛常顾问团，他称之为"大公会"，在古以色列，大公会是位列高等法院之下的机构。这次顾问团会议的召开引发了人们的一种猜想，即自古以来就存在一个秘密的犹太长老团体，他们得到了拿破仑的支持，与共济会联盟，其目标是推翻基督教。

1868年，在德国发表的一部小说再次展现了关于犹太人企图统治世界的主题，其中提到十二支以色列部落代表开会讨论他们统治欧洲的战略。大约1872年，圣彼得堡开始流传这个小说情节的宣传小册子，模糊地暗示这个故事有现实基础。这个传说后来的编排加入了更泛化伪造的记载文献，即《锡安长老会纪要》。这部小说的出版是德国反犹太主义宣传浪潮的前兆。从19世纪80年代开始，德国成为反犹太主义宣传单的主要生产地，该国政党的反犹太主义纲领加剧了社会对犹太人的恐惧和仇恨。随着社会道德及身体健康的威胁感知日益增强，必须消灭敌人的想法也就形了。这种消灭犹太人的指示，戈尔德哈根将其描述为"淘汰主义意识形态"，韦斯将其描述为"死亡意识形态"，在希特勒之前几十年就已经成形就位。政府机构指控犹太人会导致教育系统、政治和经济结构的腐败，这种谬误也正是通过这些机构本身散播出去的。德国的"人民"，害怕传言所说的犹太人释放出布尔什维克主义和资本主义两个恶魔，并导致德国文明的彻底消亡。

德国的"人民"缅怀那些传奇化的过往及其荣耀、神话般的经历和传说中的英雄。他们与那些试图征服或消灭他们、湮灭德国精神的敌人进行了极其艰苦的斗争，这塑造了他们当前的视角。德国人对侵略的历史脆弱性，以及他们损失惨重的三十年战争和悲惨的第一次世界大战的残余记忆，促成并维持了一种偏执的视角。德国人的力量、美丽和纯洁的理想化形象，与第一次世界大战后被敌人包围、遭背叛挫败、受无情的《凡尔赛和约》羞辱的被迫害者的自我意象，形成了鲜明对比。

尽管经历了敌意骚乱，犹太人在更宽容的德国人那里还是获得了一点社会认可。许多人认为犹太人正在促进德国的文化、科学和医学进步，这是思想更开明的政党其政治纲领鼓励的一种仁慈观念，这吸引了许多犹太人。反过来，这些政治党派因倡导犹太人的平等权利而受到反对者的攻击。

在萎靡不振的时期，人们自然更容易受到阴谋论的影响。从前隐匿的奸诈犹太人意象在第一次世界大战后变得更加突出。在领导人和媒体的引导及强化下，这种信念在社会人际中一再重复，古老的反犹太主义因此愈演愈烈。犹太人的邪恶形象是德国人信息加工过程中的核心元素，它为不利境况提供了简单、可接受的解释。他们认为不利的事件是犹太人阴谋策划的结果。就连英国或法国的不友好外交行动也是犹太政客的杰作，经济危机源于犹太银行家的操纵，而苏联的谣言则是受到犹太布尔什维克的启发。

将灾难归于犹太人的阴谋，这样就能满足人们对德国遭受屈辱要有一个体面解释的要求。犹太人被指控在战争期间于德国后方蓄意搞破坏（"背后捅刀子"），被指控与盟国密谋，被指控战后加重德国经济困难。最重要的是，他们被认为对共产主义派系的崛起和软弱的魏玛共和国（魏玛德国）负有责任。德国共产主义派系的出现以及短暂的巴伐利亚革命给德国社会带来的红色恐慌,更加重了犹太人危险的社会形象,其危险在于他们撼动了德国人的基本制度和价值观。

随着纳粹时代的到来,犹太人问题变成了一项国家政策,犹太人的负面形象被进一步强化。20世纪30年代德国中小学人种健康和生物学课曾试图从学术上证明犹太人和其他少数族群存在缺陷。当时的教科书将犹太人描绘成一种病态形象。纳粹海报把犹太人等同于斑疹伤寒、疾病和死亡。这种对犹太人病态的成见可以追溯到中世纪,当时犹太人被认为是黑死病的代理人。纳粹以老鼠、蛇和细菌的比喻把犹太人具体丑化为令人作呕的病态形象。

罗伯特·杰伊·利夫顿把犹太人描述为"病态的纯洁形象",将其想象为威胁德国文化的"致命毒药"。这副躯体被感染、有毒的犹太人形象不仅否认了他们的人性,也更坚定了人们认为的他们被消灭的必要性。詹姆斯·格拉斯提出,这种病态形象在德国人中制造了一种恐惧反应,不然就是一种偏执。这种对犹太人的描绘最终导致犹太人的绝对的邪恶形象,这种情况的解决方案必然是绝对的:彻底毁灭。正如希姆莱所说:"要彻底根除细菌,我们不希望最后被细菌感染并因此而死。"

恶魔形象的生成

一个污名族群的极度危险形象通常是发生在作恶者的意识形态和国家自我意象的背景下。教义、传说和记忆,与过去的不公正遭遇和现在的敌人交织在一起,同时也总是明确地指明那些群体内的和外部的敌手。近代以来,德国的民族主义意识形态演变发展成为种族纯洁主义、权力与自我优越的集体自我意象和其他派系力量的阴谋论。按照纳粹的鼓吹,雅利安"种族"会把德国社会中的"外来者"视为一种必须焚毁的污秽。纳粹的思想观念中明确地把犹太人、吉卜赛人、同性恋者和精神异常者看成对雅利安种族的腐蚀。犹太人被认为格外有威胁，因为犹太人可能已经缔造了资本主义武器，从上层逼迫国家，发展了布尔什维克主义，从底层侵蚀国家。德国人现在对自己的看法与过去自我意象的落差，激发了他们重新夺回失去的荣光的决心。这就要求清除内敌，战胜外敌；膨胀的意识形态必然与对其他势力背叛的恐惧紧密关联在一起。

每个德国人都置身于充斥反犹太浮华辞藻的社会环境中，如对话、演讲、作品。他们在家中受到的反犹太非正式教化会在学校和教堂得到巩固与润色。大学生从他们的教授那里接收了更多的民族主义（不然就是纳粹主义）的哲学观，而教授们当中很大一部分都是纳粹党员。这些学者拥护社会达尔文主义理论，该理论的种族至上观点极端悖谬。这一学说在学术圈风靡一时，它在"适者生存"的曲解概念基础上宣称雅利安血统相对于其他种族的优越性。不仅是犹太人，连来自斯拉夫民族的"蒙古游牧部落"也被禁止与雅利安人联姻，以免这些劣质种族污染纯洁的日耳曼人血统。种族至上主义成为统治世界梦想（这也是他们投射到犹太人身上的幻想）的辩护理由。纳粹利用恢复曾统治世界的千年德意志帝国的理想化愿景得到了民众的支持。

德国社会中有两个犹太人的负性意象成为主流。随着犹太人逐渐参与到德国社会的大部分领域，人们越来越害怕他们正在"掌管"商业界、学术界和艺术界。正是这种恐惧导致他们被指责企图统治德国，要不然就是统治世界。在这个意象中，犹太人被视为超人和恶魔。另一个意象——人类种族之一的犹太人——发源于这样一种观念，即犹太人正在污染日耳曼德国的纯洁血统家系。犹太人可能会通过种族同化和通婚将他们的劣等血脉混杂于基督教徒的血统。在德国的漫画和口头描述中，犹太人都被描绘成怪物、老鼠或害虫。

历史的罪过、现在的恶行和未来的灾祸，正是这些传说造就了焦虑和仇恨。并没有证据支持这些对犹太人的指控，但是这会被解释为犹太人善于欺骗和掩盖其不法行为的证据。归咎于犹太人的事件越令人痛苦，犹太人的形象就越邪恶。

德国民众的反犹太主义观念并不是完全一致的。除了这些观念的极端性和毒害性变化，随着时间的推移，这些观念的强度也在变化。在社会繁荣时期，普鲁士地主可能会相信犹太人有威胁，但并不在意他们。然而，在战争时期，军事失败和对背叛的恐惧会促使他们认定"犹太人就是那个叛徒"的结论。

看起来可能是人性和道德感约束了破坏性态度，但随着纳粹宣传加剧了对犹太人的敌意态度，矛盾心态的消极面变得更加强烈，而保护性的、人文主义的方面则变弱了。政府煽动的反犹太口号、新闻和海报不断地诱发人们的负面信念。当某些民族的不幸可能归咎于犹太人时，敌意就更加严重了。

犹太人在苏联政府中的显著地位促进了犹太人被等同于布尔什维克主义的观念。纳粹宣传引发人们的恐惧使得犹太人在人们心目中的敌人形象刻板化——尽管大多数德国犹太人不是共产主义者——但宣传不仅固化了对犹太人的仇恨形象，而且向人们提供了一种解决方法：消灭他们。

起初，只有少数德国人坚持消灭犹太人的想法，但随着这种扭曲思想被狂热分子大肆散播渗透进非纳粹群体的观念体系，对犹太人的恐惧就为种族灭绝的战略奠定了基础。一系列事件加剧了这种扭曲观念引发的恐惧，当有人大喊"着火了"时，对犹太人的仇恨就像剧院里的惊恐一样蔓延开来。

行凶者的思想

一位父亲和他的孩子一起玩耍的画面，和这位父亲作为军营守卫冷酷地射杀一个虚弱囚犯的画面，看起来是如此不协调。这提出了一个问题，即一个人如何能既是一个无情的杀手又是一位善良的父亲。更荒谬的是，一位医生救死扶伤照顾他的病人，但随后就做决定谁应该活着，谁应该被送进毒气室。

精神病学家和作家罗伯特·杰伊·利夫顿对纳粹医生的描述揭示了一般犯罪者的心理。利夫顿在他对五名纳粹医生的研究中提出，由于区分的心理过程，可能存在双重角色的情况。守卫和医生可能在不同的角色中呈现出不同的自我，利夫顿将这种现象称为"双重身份"。明显矛盾的行为有一个共同的主题：要做一个好男人，同时也要做有价值的社会成员。

纳粹派系医生致力于并坚信生物医学模式，因为生物医学模式中包含了科学的确定性和医学人文主义。他们把该模型应用整合到了纳粹种族理论中，认为德国"人民"是一个神圣的有机统一体，容易受到外来血统的污染。奥斯维辛集中营的一名医生曾这样说："当然，我是一名医生，我想挽救生命。然而出于对人类生命的尊重，我会从患病的身体上摘除坏掉的阑尾。犹太人就是人类体内坏掉的阑尾。"他认为灭绝犹太人就是他对《希波克拉底誓词》的兑现。虽然角色不同，但他们都有着统一的主题，就是他们是在为人类服务的信念。杀戮模式整合了生物医学模式："认识集体疾病，治疗构想，发现和应用那种治疗的一套驱动激励机制。"所处的情境决定了纳粹医生从治愈模式到杀戮模式的转换，从而激活人格的相关"分裂"。当医生走进他的医疗咨询室时，他的治疗模式及其信仰、动机和程序会被启动，而当他进入死亡集中营时，他的杀戮模式会被启动。

目前对纳粹大屠杀行凶者人格的主流观点起源于汉娜·阿伦特"平庸之恶"的观点。阿伦特认为阿道夫·艾希曼是政治谋杀的元凶，而参与到种族灭绝过程的官僚和技术官僚都是普通人，他们是那个时代的产物。实际上任何被分配到同一岗位角色的人都可能以同样的方式服从屠杀犹太人的命令。不过，即便屠杀犹太人是出于心理强制性规则（消灭邪恶）被激活的结果，这种行为是如何超越常规道德禁制、对良知的刺痛和对无辜者、无助者的同情的呢？

虽然这个问题可能永远无法完全回答，但很明显，许多因素都推动了杀人计划的实施。犹太人被指控对德国第一次世界大战的战败、德国及其他地方的战后共产主义革命，以及德国经济萧条负有责任，德国社会对犹太人的复仇意愿强烈。犹太人与外国人合作腐化德国社会的盛行刻板印象为纳粹宣传提供了便利的支持材料。利用消灭犹太人，纳粹可以统一他们的势力和展现他们的力量。战时条件，即第二次世界大战中生死抉择的局势，为种族灭绝提供了正当理由。

在尝试搞清楚行凶者的思想过程中，需要强调的是并非所有德国人或奥地利人都对犹太人持有相同的意象，或对待"犹太人问题"持有相同的计划。虽然人们很省事地把所有德国人或美国人，抑或英国人归为一类看待，好像每个国家的民众都拥有一套同质化的信仰一样，但即便在独裁统治下，普通民众也经常存在相当大的差异。在希特勒之前的德国公众舆论范围广泛涵盖了从民族主义右翼政党的极端反犹太主义到自由左翼的哲学犹太主义思想。

公众态度可以用众所周知的钟形曲线来描述其统计学分布。主流民意处于人数密度最高的曲线中心和峰值附近。民意曲线斜坡到曲线末端（或"尾巴"）则代表不怎么流行的观点，曲线的一端可能是狂热的杀戮态度，另一端则可能是较为温和或仁慈的观念。尽管没有关于二战时期德国和奥地利对犹太人的态度的统计分布数据，但看起来当时的公众态度似乎向更负面的方向发生了相当大的转变。从相当一部分德国人积极参与种族灭绝活动来看，可以推断出当时民众的反犹太信仰变得更加极端和强烈。不过，当时至少有5万人参与营救犹太人，这一事实也清晰明确地表明当时也有相当多的德国人不支持或积极反对种族灭绝政策。

希特勒的元首形象

无论是苦难的主流人群，还是被打压的少数族群，他们的领袖通常都很有吸引力，他们的话甚至他们的出现就可以鼓舞并左右他们的追随者。追随者除了认为他们的集体比其他团体优越，也会认为他们的领袖至高无上。这些理想化过程提升了他们的个人自尊和力量感。国家领袖的美化形象——当集体受到威胁或攻击时尤其强烈——往往会诱导追随者做出其他时候不可想象的事情。

早在希特勒登上政治舞台之前，造就一个拯救德国的国家救世主的框架就已经搭好了。19世纪"人民"元首的提法开始出现。民族崇拜中开始呈现出日耳曼领袖的传说形象。19世纪早期的德国胜利庆祝活动展现出围绕勇敢、胜利和英雄主义主题的浪漫主义风格民间思想。日耳曼异教与基督教的象征与仪式伴随着社会庆祝活动的烟火与灯光，幻想中的领袖就是这种神话象征的表达。未来的领袖——"神权和恩典的承载者"，将是强硬的、直率的和无情的。

这个英雄形象已然形成，随时准备投射到某些人的心中，他们有与形成这种意象的意识形态相匹配的信念。虽然最初只有一小群忠实的追随者认可，但慢慢地，整个国家都开始认同希特勒就是这个英雄。他的超凡气质和简洁谋划都代表一种强大，标示他能够带领国家走向理想的辉煌,能粉碎内外敌人,并扩展德意志帝国的版图。要将这个英雄形象投射到希特勒身上,需要源源不断地宣传美化希特勒。戈培尔在组织相应的宣传方面是个天才,他能源源不断地制造一个想象中的希特勒形象。当纳粹上台掌握了权力后,他们控制了大众传媒,保证只有与希特勒英雄形象一致的美化报道,才能传送到德国人民手中。

正如斯特恩所指出的那样,希特勒的演讲是"层层叠加的谩骂抨击,其中网罗了谴责、不公正事件的逐一列举、威胁、真实和想象的恐惧在内的整套内容,被具象化成对德意志民族元首,进而成为对那个国家的每个人生死攸关的攻击"。希特勒的演讲辩论遵循着对其追随者偏执观点先触发激活、再强化的逻辑过程。他的演讲通常会持续好几个小时,他会利用人们对犹太人、共产主义者和其他不友好国家的恐惧作为开场。然后连篇累牍地讲述各种屈辱伤害,其目的不仅是重新揭开民众历史耻辱的伤痛,还在于激活人们对未来被虐待侵犯的恐惧。他用被迫害的历史叙事和对敌人恶魔般的描绘激起了听众的情绪后,再提出解决的办法以对人们赋能:向这些可恨的人复仇。德国人的意象从无辜的受害者转变成为复仇者,这一转变给追随者灌注了全能的力量和兴奋感。民族自豪感和荣誉将得到恢复,敌人将会被消灭。这样,他成功地推销了戈尔德哈根所讲的淘汰思想。

希特勒将所有复杂的问题简化为几个简单的公式,除了谩骂,他几乎没有向听众提供任何事实信息。他只为他的指控提供了极少的根据,也没有解释犹太人如何同时作为布尔什维克和资本家对德国文化阴谋破坏的悖论。此外,他也没有清楚阐明人群中的这部分极少数人是如何拥有如此巨大的权力的。他利用修辞技巧发挥他的影响力,赢得人们的敬畏,塑造民众的思想从而遵从于他。他有一种不可思议的天赋，可以读懂不同听众的想法，并根据他们的特定观点和偏见来改变自己的言论信息。他的"催眠"力量显然来自他能在听众意识中构建强大的拯救幻想和荣耀梦想的能力。他变成了听众渴望的德国象征。

希特勒早期在国际和国内的一系列成功奠定了德国人的"优等种族"民族自我意象。这些事件也煽动着人们对犹太人的鄙视形象，认为犹太人腐败、有政治颠覆野心或要毒化纯种雅利安人。这种对立似乎是国家领导人及其追随者表达他们自己方式的特点：他们光辉的形象如此神圣，而作为对比，反对者的形象则如此卑鄙。通过他在媒体上的公开亮相和形象塑造，希特勒开始成为人民崇拜的理想代表。根据克肖的说法，希特勒向民众展现了一个权威、力量和果断的形象，展现的这些品质旨在证明希特勒有能力带领他们成功实现国家复兴。他也被视为理性、温良、正直和真诚甚至圣洁的化身，这些品质都有助于建立人们对他的信任。德国民众将他视为有强烈为人民事业奉献精神的道德和种族纯洁的捍卫者。

希特勒的形象作用在民众动员中明显要比他宣扬的意识形态更加重要。当然，两者其实都很重要。他对意识形态的语言包装很具有煽动性，但更重要的是他所宣扬的内容迎合了民众自身的目的、幻想和偏见。他的个人形象因为国家外交关系上的惊人成功而得到加强：战争开始时兵不血刃征服对手和轻松获胜。德国人普遍将他看作卓越的政治家和卓越的军事指挥家。他的人格魅力、演讲才能和策划能力的巨大影响让人们更加信服他的强大。此外，他成功地建立了抵御危险的布尔什维克的堡垒，也是第一个引发然后消除危险的犹太人幽灵的威胁。

希特勒显然一直痴迷于消灭犹太人。在他自杀前的遗嘱中，他呼吁——并预测了——犹太人的最终灭亡，他重申了他的主张——

犹太人导致了这场战争。这种痴迷类似于强迫症患者的强迫观念，他认为自己的手或身体上有致命的细菌，必须不断洗手以确保所有的微生物都已被清除。即使有一个细菌存活下来，它也有可能繁殖并毁灭宿主。以此类推，犹太人必须彻底被消灭。

希特勒在他的遗嘱中所呈现出的对犹太人的强烈和极端思想已近乎妄想。事实上，有一些证据表明，在生命的最后一两年里，希特勒变得越来越不正常。不过，将纳粹的种族灭绝意识归咎于精神疾病很可能是错误的。事实上，埃里克·齐尔默和他的合著者对纳粹犯罪者心理记录的研究也没能将纽伦堡被告的暴力行为归咎于严重的精神病理学。他们也没有发现任何一致的人格特征。布朗宁和戈尔德哈根的发现也类似，即那些屠杀犹太人的积极参与者并没有异常之处。

希特勒的演讲及纳粹媒介宣传所表达的意识形态与其他暴君所表现出的意识形态是类似的。例如，斯大林向资本主义宣战——更具体地说是向资产阶层宣战——同时颂扬那些无产阶层者的卓越美德。他将反对他或他的计划的行动描绘为早期反革命。在第二次世界大战之前，他消灭了农场主、乌克兰农民、党内的知识分子和军官。同样，柬埔寨的波尔布特神化了农民，对柬埔寨的知识分子、专业人士和城里人实施了残酷的迫害。

纳粹大屠杀的发生

极端化的信念、污名群体的恶毒形象，加上消灭污名群体的意愿，这些都不足以驱动行刑队员或把人们训练成驱赶他人进入毒气室的刽子手。哪怕有些人杀人的愿望很强烈，也会受到反对杀戮的道德准则的阻止。无助受害者的形象可能会弥补和平衡他们作为敌人的冷酷形象。一个人要实施不人道的行为需要他先允许自己杀人。当一个人暴怒，认为冒犯者是彻底的坏人或对"邪恶"团体有着持续冰冷的仇恨时，他对杀人的克制通常会被解除。

当这种恶意信念变得强烈时，它可能会排斥更仁慈的信念，并迫使行凶者付诸行动。一个对被胁持群体有清除意图的国家，不仅会为灭绝行动提供工具，还会为杀戮行动开绿灯。这为种族灭绝穿上了一种正当的、忠诚的和爱国的外衣，替代了扎根于社会秩序和宗教教义的传统道德准则。

战争的卷入往往会强化敌人邪恶的信念。在真正的生死斗争中，以绝对的和扭曲的方式看待敌人可能会救自己一命。一旦人们的注意力转移到污名群体（这个内部的敌人）时，与对待敌人时同样的"杀死对方或被对方杀死"的信念就会变得非常强烈。把想法付诸行动的冲动也会变得活跃起来："宁可杀错，不能放过。"此外，把敌人描绘成害虫的做法不仅可以鼓动施暴者消灭他们，也会把受害者去人性化。这样施暴者就几乎不会因为消灭了一个生物而觉得懊悔或内疚。

大屠杀的后续阶段中，犹太人首先被认为不配享有纯血统日耳曼人所享有的社会、政治和经济权利；随后，他们被认为给德国带来了厄运，所以他们应当受到惩罚；最后，他们被认为对人类种族血统造成了威胁，所以他们像瘟疫一样必须被铲除。在18世纪20年代、30年代早期以及整个二战期间，这些主题思想通过希特勒的文章、著作和演讲在德国社会不断重复散播。

大屠杀始于社会、政治和经济的各种限制规定。纳粹的国家政策社会化推动了德国社会对精神和躯体残疾者的灭除、对同性恋者的迫害，以及对政治反对派的谋杀。随着第二次世界大战的开始，犹太人被集体驱赶做苦力劳役、被集中监禁到集中营，这些都为最后的大屠杀做好了准备。

朋友和敌人、忠诚者与背叛者的战时二分思维加速了对杀人禁忌约束的削弱。那些在大屠杀中涉嫌杀害犹太人者的相关卷宗研究显示，杀人者不仅有纳粹和他们的支持者，还有住在被德国占领的波兰和苏联地区的"普通德国人"和市民。

在1941年德国入侵苏联期间，希特勒安排通过从当地族群招募组成的死刑队和警察营来执行处决共产主义者与犹太人的任务。最后，那些德国境内和占领区的犹太人被遣送到配备了致命毒气室的死亡集中营。在对德国警察营的研究中，勃朗宁证明大部分酷刑和系统性屠杀都是由对纳粹并非特别忠诚的个人实施的，这和戈尔德哈根对大屠杀行动的行凶者更广泛的调查结果是一致的。

随着犹太人邪恶形象的传播、人们对杀人态度的宽容、伴随而来的道德约束的放松，以及对受害者的同情心丧失，德国的反犹太人行动愈演愈烈。公众对越来越严酷的反犹太人行动的容忍背后是社会心理学规律在起作用。如果人们突破了对危害性政策（例如，剥夺公民选举权）的内在抵抗，他们对伤害污名群体的行为的态度常常会发生逆转。传统的禁止害人或杀人的道德规则此时会被替换为"在某些条件下，害人或杀人是被允许的"。这种看法一旦被理解接纳，他们就可能会一步步地接受更具破坏性的行为，然后不断延续，进而导致最终的结果：种族灭绝。随着对潜在受害者形象的去人性化，他们会更容易认可这些不人道的政策。

其他种族灭绝：柬埔寨、土耳其和苏联

1975—1979年间，柬埔寨大约有300万人被迫害致死，这是意识形态种族灭绝的另一个例子。一群曾在巴黎学习革命战略的共

产主义知识分子策划了柬埔寨革命。红色高棉是波尔布特领导的柬埔寨极左组织，该组织密谋在越南战争期间夺取柬埔寨的政权。该组织利用一系列事件激起了柬埔寨人对美国和当时被广泛认为是美国傀儡的柬埔寨政府的仇恨。

美国对柬埔寨的援助催生了以餐馆老板、女服务员、女佣、出租车司机和文职人员为主的柬埔寨服务业。此外，大量美元涌入柬埔寨也滋生了柬埔寨军队越来越严重的腐败。右翼军人和美国中情局策划政变取代了西哈努克亲王的统治，这加重了美国在柬埔寨的负面形象。随后美国和南越入侵柬埔寨试图封锁北越通过柬埔寨的后勤供应。1973年美军轰炸柬埔寨，试图摧毁北越在柬埔寨的基地，但结果是又一次无功而返，这让民众对美国及其柬埔寨政府"走狗"的敌意日益增长。美军对柬埔寨无休止的轰炸被解释为帝国主义、种族主义、资本主义超级强权对无辜、无助民众的无故毁灭。这些行动为波尔布特做了嫁衣，他随后利用对美国的反抗获得了大量民众支持。

波尔布特政权的革命策略效仿了苏联政权的革命路线。他们确定了哪些是敌人：腐败政权的军队和城市中的知识分子、商业和专业阶层。这些人是美国的傀儡和社会的寄生虫，这一形象与红色高棉纯洁的、真诚的且合作的形象遥遥相对。他们激发柬埔寨社会的剥削者、城里人与被剥削者、农村农民之间的阶级斗争。为了安抚农民，波尔布特政府将城市居民流放到农场劳动。他们确定的敌人还包括其他族裔。

红色高棉的意识形态是要彻底重构社会，消除西方所有影响。这种意识形态要求个人的意志自由要让位于集体意志。他们清空城市，逼迫腐化的父母服从自己未腐化的孩子，让没有腐化的农民和工人承担社会的教育，他们以此方式来追求当代社会的净化。一切与他们这一目标不一致的东西都将被消灭，如个人主义、私有财产、家庭。

在红色高棉革命者消灭了可恨的资产阶级之后，他们将矛头转向了自己人，这些人被指控为越南的特工。可能有多达100万的城市居民或者在被转运去强制劳动时死于饥饿，或者被直接杀死。这种"净化"运动一直持续到1979年越南入侵，柬埔寨社会得以恢复了基本秩序和表面的正常。

1915—1918年发生的奥斯曼帝国种族灭绝事件，其起因可以源自俄土战争（1877—1878年）结局，即俄国和土耳其瓜分了亚美尼亚。俄国战胜后，亚美尼亚人向俄国军队指挥官申请在和平协议框架下的俄国庇护。尽管对一个不受保护的少数族群来说，他们希望能获得战争获胜者的保护似乎无可厚非，但是此举严重激怒了土耳其人。亚美尼亚人的形象从单纯的不受欢迎变成了土耳其的叛徒。随后，亚美尼亚人因为争取与奥斯曼帝国其他民族同等待遇向土耳其人施压，从而恶化了这种邪恶形象。1894—1895年爆发的一连串大屠杀导致10万至20万亚美尼亚人死亡。

奥斯曼帝国随后开始衰落，加上连续的军事失败，1908年，一群年轻军官组成的极端民族主义团体"青年土耳其党"发动政变终结了奥斯曼帝国政权。后来的屠杀是新政权的政策结果。青年土耳其党追求的是一种极端敌意的民族主义，在奥斯曼帝国垮台和解体后这种民族主义思想频繁出现（奥匈帝国垮台后，奥地利人也表现出类似的狭隘民族主义和反犹太主义）。

青年土耳其党声称土耳其人民已完成了神奇的统一。他们有统一的土耳其国家构想，他们认为土耳其应扩展跨过东欧，应涵盖包括俄罗斯地区和深入中亚的土耳其族裔。他们严格规定只有讲土耳其语的人才被认定为土耳其人。国内的所有外来者都被视为外国人和嫌疑人。后来，青年土耳其党剥夺了少数族群的权利，否定了跨国经营和多元主义。

在反亚美尼亚运动演变过程中，土耳其政府要求国内的亚美尼亚人煽动在俄国（第一次世界大战期间土耳其的敌人）生活的亚美尼亚人支持土耳其军队，但遭到了拒绝，这一事件成了反亚美尼亚人运动的导火索。事实上，有许多亚美尼亚人确实加入了俄国军队和志愿者与土耳其作战。1914年冬天，俄土战争以土耳其惨败于俄国收场。后来就发生了土耳其种族灭绝大屠杀，其中包括亚美尼亚人家庭中身体健全的男性被处决，随后亚美尼亚妇女和儿童被驱赶到集中营，这在本质上是灭绝性的。据估计，有多达100万亚美尼亚人在这场运动中死亡。

苏联的农业强制公有化导致了一些自由农民（富农）的死亡。这个群体因为所谓对抗国家而被指责。苏联的政治受害者被贬低为所谓的反革命分子、人民的敌人、外国势力代理人。无论如何，自上而下的政治迫害者认为，他们是在用"坏手段"来实现"有意义的结果"。

苏联执政精英执着于目的决定手段的原则。这种对道德的重新定义是基于这样一种信念，即当下邪恶和未来光荣之间是截然分开的，未来不会受到当下邪恶作为的污染。是什么驱使这些作恶者对他们自己人实施了一连串杀戮或种族灭绝行动呢？苏联共产党制定的不断变化的革命需求加速驱动着这个毁灭的引擎。在这样的情况下，苏联共产党就是指路明灯，它依次照亮了那些待清洗的群体——资本家、农民、红军军官、可疑的共产党官员和失势的普通共产党党员。

苏联多个民族都遭受过恐怖迫害。苏联革命分子和后来的暴力专家通过参加他们也承认不道德的恐怖活动以示他们对苏联共产党的忠诚奉献。由此，个人的行为道德责任被完全转嫁到了苏联共产党身上。政治暴力被认定是一种保护系统免受内部敌人伤害的防御手段。

光荣的党是一个抽象概念，正如敌人是一个抽象概念一样。在现实实践中，党基本等同于党的领导层，而领导层是由进进出出的不断更替的一个个党员组成的。苏联共产党的领导人，尤其是斯大林，会受制于包括偏执视角的人类所有弱点，同样也会犯错。有这些偏执视角的人把他们要批判的人划入敌人的行列，他们就能够否定受害者的人性而无情实施迫害，而受害者通常是无辜的，与其受到谴责的罪行没有任何关系。

许多恐怖和暴力专家显然是受权力诱惑驱使。保罗·奥朗代认为，那些对大量人群躯体施暴者的权力感与精神施暴者的权力感之间存在连续性。许多施暴者"发现施暴是一种令人愉快的而非痛苦的职责行使"。

宣传和敌人意象

极权主义政权中的政治精英的宣传目的在于利用人们的重要关切和激发人们心中不切实际的梦想。希特勒宣称第一次世界大战期间犹太人在背后中伤德国，民众因此感到深受伤害而怒火中烧。希特勒向民众承诺要复兴千年帝国，民众兴奋得炸开了锅。希特勒有意选择的措辞、刻意创造的愿景，激发了民众的原始恐惧或海市蜃楼般的渴望。

当人们以这种方式被唤醒时，人们就会从平常更为开放、相对务实的逻辑思维方式转变为封闭的、极端的分类思维方式。他们的信念就会被压缩成绝对的类别，例如，"犹太人（或富农、资本家、知识分子）是我们的敌人"。这种原始思维自动将人们归类：友好或不友好，好或坏，纯洁或邪恶。当斯大林提出反抗他的富农是幽灵，或波尔布特将城市居民定义为寄生虫时，反对者自然而然地就变成了邪恶一类，而他们掌控的党自然就能继续占据正义之席。

斯大林和其他苏联共产党领导人借助于摩尼教用词来标示支持者和反对者。人们（或国家）是合作的或是蓄意阻挠的，是爱好和平的或者是睚眦必报的，是进步的或者是反动的。其政党路线试图通过区分真正民主（共产主义）和形式民主（仅在表面上的）、真正的人道主义和虚假的人道主义来表明民主资本主义国家"自命不凡"的虚假性。奥威尔在《一九八四》一书通过描述指东说西的官腔"新话"讽刺极权主义言论。这种思想控制的突出特点是否认事实和逻辑，废除独立思考。汉娜·阿伦特认为，让人们知晓真正的现实可以削弱宣传鼓吹的影响，可以戳破神话和谎言。意识到这一点之后，苏联政府采取措施阻断"自由世界"的广播，禁止有关图书的出版，并压制持不同政见者。

据说，对于东欧国家谎言和欺骗最有效的解药之一是走私过去的《一九八四》，它讽刺了极权主义国家对人们思想的控制以及对逻辑和理性思维的冻结。东欧国家的人们告诉我，这本书在冷战期间改变了他们对本国政府的看法。他们开始审视自己的假设和信念，开始思考资本主义国家行为的可能原因，开始抱着怀疑的态度甚至不相信的态度看待他们所看到和听到的一切。

极权精英的成功宣传会把民众拉拢在领导人周围，然后集中精力来挫败敌人。夺取权力和行使权力对这些领导人和他的精英干部们有着特殊的吸引力。从运动开始到最终接管政府，运动的规模和影响力的每一次增加都会给他们带来快乐和鼓励，并让他们继续前进。运动的成功在全党内引起了反响。由于群体动力学的特点，人们的热情和不断提高的自尊在群体中循环往复。

领导人及其信众对自身理念相比于其他群体的优越感增强了他们的权力感和团结感。污名群体的陷害和侮辱则进一步强化了他们的集体意象和力量。与传统的宗教运动依靠信仰和神授灵感向信徒传递信息而攫取权力相比，现代政治运动会披上科学的外衣来推销他们自己的理论，比如种族主义学说就曾被利用，而在当时这个学说得到了他们国内主流知识分子和科学家的认可。

政治运动的力量会随着国家对外关系的不断成功而增强。希特勒谋划的系列快速成功催生了更多的成就，最终驱使他冒着战争的风险来实现他全面统治欧洲的目标。他对德国民众的绝对权威性操纵，以及民众对纪律管制的热情服从，进一步强化了希特勒及其权力精英们的权力意识。

一些学者认为，人先天具有包括察觉他人欺骗行为在内的某些促进人际适应的特殊心理功能。我们从小就学会了读懂另一个人的面部表情、语调和行为，从而判断他是否在开玩笑、嘲弄或操纵我们。这种对欺骗的敏感性在动物界种群和族群内外是普遍存在的。由于其他个体对敌对意图的隐藏是有潜在危害或有生命威胁的，人们发展出"反谍报"策略，例如怀疑和高度警惕来应对此类问题。当注意到这种潜在的危险时，个体会观察他人行为来发现伪装模式和隐藏的含义。

和其他生存策略一样，对欺骗的敏感可能会过度。对于个体而言，宁可将无害行为错判为欺骗，也不能遗漏实际的欺骗。对隐藏敌意错判是可以纠正的，但如果一个人没能看破真正的阴谋，那他可能就没有第二次机会了。

对他人的阴险操纵的识别关系到分清敌我、恩怨的生存策略。

国家领导人也采用类似的策略来判断其他国家领导人的意图：他们的友谊表示是否真实，他们是否在真诚交易，他们是否会诚实地披露信息。其他国家的地下联盟将会特别危险：政府必须警惕外国可能的阴谋诡计，因为地下联盟和背叛可能意味着战争。

当受到相邻的其他民族国家威胁时，一个国家会倾向于对内部的背叛者保持绝对的警惕。在国家危难时，这种警惕性会转化为一种偏执，境内的"外来"群体都将受到严格的监管。二战期间，尽管没有通敌的证据，但在美国的日本人和在日本的美国人都受到了严厉的限制。他们被剥夺了财产，然后被送进了集中营。

虽然总的来说大屠杀尤其是种族灭绝的发生有不同的路径，但可以清晰分辨出统治权力集团的态度从偏见发展到群体灭绝经过了连续的多个不同阶段。在最初阶段，弱势的少数族群被污化为与国家政治主体格格不入并被冠以肮脏、无原则和不合法的形象。在欧洲的大部分历史中犹太人都背负着这种耻辱。当时的政府制定了政策旨在尽可能地遏制他们。在接下来的阶段，随着遏制部分地放松，污名族群成员越来越多地进入国家的主流政治、文化和经济生活。污名族群成员地位和成功的日益突显激起了他们在民众心中的一种更恶毒形象：文化的污染者、政治权力的篡夺者和国家经济生活的掌权者。

统治阶层将污名群体描绘成一群剥削者、阴谋者和背叛者的形象。而受支持的群体（德国的"人民"、工人、农民）则被理想化，他们被赋予是美德、纯洁和正义的代表。在遭遇困境的时期，大多数人会认为是污名族群造成了问题。然后国家取消了对这些污名弱势群体的保护，并展开了主动迫害。

在战争时期，弱势少数族群的形象被转换成国家敌人的形象。当外部军事攻击对国家生死存亡的威胁日益逼近时，弱势族群在人们心中的敌人形象会变得更坏更邪恶。尽管大部分关于种族灭绝的文献都集中在犯罪者的动机、性格和行为上，但他们行为背后的驱动力是对受害者的负面意象。

危害性形象的演变可以从感知到的威胁上看出来。起初，外来者的威胁会引发民众的蔑视和厌恶。然后，害怕被控制、支配，崇尚的价值观被破坏的恐惧成为民众意识的主导。最后，生存威胁和对内部背叛的恐惧渗透到民众的思想中。

随着阶段性的进展，污名群体的形象不仅变得更加邪恶，而且越发凸显。例如，希特勒就痴迷于妖魔化犹太人的形象。每个阶段中，群体污名意象及其关联的负性信念都会导致政府采取对抗性的行动。在第一个阶段，污名少数族群与其他人群被划分开。而到了第二个阶段，在污名群体的遏制解除后，引发的一些措施让他们的形象再次倒退。最后的阶段里，意识形态不仅推动而且授权将污名群体摧毁殆尽。

第 11 章

战争中的形象和误解：
构建"致命的敌人"

战争是不可避免的吗？欣德和沃森在 1995 年的一本书中提出了这个对政府及其公民都至关重要的问题。目前主流的刻板观点和历史上持续发生的战争事实似乎表明战争的确是不可避免的。谁能抗拒阅兵游行的诱惑，看着军装整齐的士兵在微风中挥舞着他们的军旗，耳中听着军号响起、鼓声阵阵？谁能不为国旗的出现和欢呼的人群而激动？

战争能鼓舞人们将个人利益服从于集体利益，这样人们就愿意为更高尚的事业做出最大的牺牲，也会在公益事业中与他人合作。他们的团队精神要强于过去所有的集体企业团队。充满自豪感的民众会心甘情愿地响应从军的号召，并且做好了准备随时服从命令而动。士兵们会因他们的部队作战勇猛受到嘉奖而感到自豪。战争调动了社会基层的所有能量、技能和动力。

就机构而言，所有参与者在不同的部门都匹配了适合的岗位：工厂、运输和战区。平民百姓加班加点地生产装备和物资，往往展现出惊人的工业生产效率。一旦战争胜利，所有人欣喜若狂且难以抑制。凯旋的军官、战争英雄和受伤的退伍军人，都获得了相应的荣誉，并且成为战争结束后国家高层政治位置的主要人选。

人们怀着战争的期待而涌上街头，憧憬着战胜敌人的欢欣雀跃。对光荣胜利的期待就像一针强力兴奋剂刺激着人们陷入欣快的亢奋，就像那些运动员的支持者一样，他们期盼着支持的运动员获得世界冠军，并为此而狂热。民众对一场迫在眉睫的战争的大幅支持确实有可能会推动军事和政治领导层迈出跨越边缘的决定性一步。孩子们沉迷于战争游戏，在战争中他们摧毁塑料士兵的军队。战争题材的电影激起了人们对民族战士的强烈认同感——爱国勇士们穿越敌人的防线，炸毁桥梁，击落敌机。

几乎每个社会都承认战争的必然性，除了那些分散居住的人群，他们之间缺乏实际条件来发动战争。按照主流观点，人类自史前时代就有战争。不过，战争作为一种有组织的战斗形式出现在比较晚近的时期，也就大约在1.3万年前。以征服为目的的战争可以追溯到6000~7000年前，那时农业的发展和谷物的存储引来了劫掠团伙的侵犯。然而，绝大部分近代的战争都不是由经济因素引起的。刘易斯·F.理查森的一项研究表明，1850—1950年的大部分战争都与宗教意识形态或民族自豪感有关，而不是经济或安全问题引发的。

在解决决定性的争端、确定边界和原材料渠道、阻止邻近部落或国家的侵略、收复失地或重建国家荣誉等方面，战争似乎是一种最有效的手段。寻求战争可能是为了实现像废除奴隶制度、推翻暴君统治或"让世界民主安全"等崇高理想。战争经常服务于一个国家的特殊政治利益以及政治精英的个人利益。

总之，战争似乎是达成目的最具决定性的手段。心理因素如为过去的冤屈报仇、提高民族自尊，或巩固政治统治集团的权力等，常常会影响到开启战争的决策。当然，随后受到攻击的国家会为了生存而被迫自卫。有时，一个国家如果担心自身安全受到威胁，可能会对假想敌采取先发制人的攻击。一些学者认为，正是这个原因促使德国在第一次世界大战中在东西两条战线同时作战，也正是这个原因促使日本在第二次世界大战中轰炸了美国的珍珠港。当然，这两个案例中，突袭战都未能为他们赢得最终的胜利。

尽管用克劳塞维茨的话来说，发起战争似乎"只是政治在以其他方式延续"，但其中的利弊、损益衡量却常常是反常的。无论所谓的好处是什么，生命和痛苦的战争代价是如此高昂。即便是对胜利者而言，绝大多数战争也都是一场灾难。整个20世纪有超过一亿人在战争中丧生。令人奇怪的是，在此期间，通常都是那些战争发起国损失更多。

一些学者提出，战争的欲望是天生的，源于人类心灵的深层缺陷，这种缺陷可能是从远古祖先的基因遗传下来的。在19世纪六七十年代曾盛行的一个理论认为，战争是人类掠食者的行为表现。这一理论认为，在战争中，人类只是在执行一项对史前环境中猎食行为有利的基因依赖程序。最近一个叫"人类猎物"的概念则聚焦于我们原始祖先相对于大型掠食动物的脆弱性。这些学者把儿童对动物和怪物的恐惧，以及在梦和神话中出现的异兽列为这种原始恐惧的证据。有可能的是，我们的祖先发展出一系列生存策略代偿了人类对狮子、豹子和其他陆生野兽的脆弱性，也发展出了如何捕捉猎物的策略。

不同的战争观

鉴于特定条件下的战斗甚至杀戮的欲望很普遍，那这是否意味着战争有特定的动机？正如许多学者所指出的那样，不是敌意攻击导致了战争，而是战争导致了敌意攻击——杀戮，折磨，摧毁家园、工厂和农场。一旦领导人宣布国家即将进入战争状态，就会激起民众的好战之心。尽管政治领导人们自己可能仍保持客观或有着深谋远虑，或者因对战争后果的恐惧而逡巡不前，但战争思想在民众中会像病毒一样快速蔓延播散开来。在19世纪和20世纪的欧洲战争开始时，大量人群在街上骚乱，高喊着"去柏林"（或巴黎，抑或任何一个被认为是敌国的首都）。

杀戮和发动战争并非必然依赖于遗传方式。现代观点排除了煽动战争行为源自战争的遗传本能的提法。自然选择为敌意攻击提供了硬件基础——身体和大脑，而文化选择为群体之间暴力模式提供了内核。对于一个个体而言，在混乱无序的世界里消灭其他族群或加入一个群体是有非常现实的好处的。一个没有法制的社会，像19世纪美国野蛮的西部地区，会自发形成地方武装民兵来抓捕那些抢银行的劫匪。牛仔会通过决斗来解决争端，牧场主会追捕并杀死窃贼。这些杀人行径作为一种手段是要达到一种目的：攫取、报复或惩罚。法律和秩序的引入则遏制了这种行为。

在联合国成立之前，地球上没有实质性的超越国家的手段来对抗国家之间的武装冲突。冲突的解决都是通过消灭敌方足够多的人和损耗对方的资源来威慑阻止对方的进一步军事行动而实现的。如果在军事力量竞争中某个部落或国家一骑绝尘，处于领先地位，其邻近部族或邻国就必须努力赶上才能保护自己。"安全困境"让国家领导人倾向于把重整军备的邻国行为过度解释为对己方国家有侵略恶意，从而开始做准备来保护自己。如果不这样做，将会置己方于被动挨打的境地。如果一个国家以秋毫无犯的方式应对威胁或实际侵略，这样的国家必不能久存。另外，对邻国行为的过度反应也可能会引发武装冲突。

邻国之间的历史关系会影响其中一个国家先发制人的可能性（就像德国在二战中所做的那样）。然而，曾对邻国发动过战争的国家有可能会制定一个和平共处的政策。斯堪的纳维亚国家就是这种民族态度转变的例证。一个多世纪以前，它们放弃了将战争作为外交政策工具的做法。基于这些文化和社会的变革以及调解机制在预防战争方面偶尔的成功，战争似乎不太可能是必然会发生的。

认知维度

战争起因是多层次的，包括系统性因素、"无序系统"（国家间的关系缺乏规则）等抽象概念，以及王室成员遇刺等具体事件。历史学家、政治学家、经济学家和人类学家对这些层次的原因进行了研究。系统层面的排除性分析表明，工业进程、民族主义和经济竞争等因素的动态相互作用的影响超过了战争主要参与者的特定动机的影响。这种类型的分析通常会形成战争的发动是以理性决策为基础的观点。

更全面的分析会涉及各个层面的相互作用。心理层面的分析侧重于单个领导人及其追随者的思想、感受和动机。而外部因素——军备竞赛、历史冲突、联盟——会对战争参与者的心理运行有直接影响。此外，战争的因果关系因素可能具有双向影响作用。可能无法确定哪个因素先出现——是敌方的负面刺激在先，还是国家间的冲突在前。很明显，这些因素是相互影响的。例如，有证据表明，把国家推向第一次世界大战边缘的，不仅是国家政治和军事领导人的决策，还包括发生在柏林、维也纳、圣彼得堡、巴黎和伦敦的"沙文主义民众游行"对他们的推动作用。

战争起因的分析也需要区分开战争的基础因素和促发因素。军备竞赛、不友好国家的威胁行动、奥匈帝国的解体和德国新兴力量的崛起等基础性因素，对第一次世界大战中交战各方的态度和信念有塑造作用。通过组建联盟来恢复各方力量平衡的尝试又会进一步破坏各方关系的稳定。随着备战的火热进行，战争已经到了一触即发的地步。奥地利对塞尔维亚的对抗行动触发了俄国的军事动员，也成了德国军事总动员和正式宣战的最后一根稻草。

在这方面，群体之间敌意的发生机制和个体是类似的。这些实体之间的冲突会激活原始思维和意象，从而反过来加剧冲突。战争的源头始于国家之间的互动，继而是国家领导人及其追随者对自己国家和敌对国家的意象。这些认知表征和由此产生的两极化思维激活了战斗和杀戮的动机。如果缺少这种动机，不惜一切代价冒险开战的必要动机和意愿就很难发动起来。

对国家尊严的连续侮辱会将人们对冒犯国的仇恨形象转变为敌人形象。这些意象会扭曲敌方行动的真实意图并决定他们的后续行动。因此，集体的脆弱易感性、受损的尊严感或宏大的梦想可能会让对方采取敌意攻击行动。这种攻击行动反过来又会让对方形成更加敌意的形象，导致对方可能会采取报复行动，从而加剧恶性循环，最终导致战争的爆发。

1914年奥匈帝国大公斐迪南的遇刺事件就是一个例子。斐迪南遇刺事件引发了一系列心理的、政治的和军事的行动，而这些行动相互影响，最终开启了第一次世界大战。外交斡旋、部队调动和社会动员让国家的集体脆弱感加剧，让敌对国的形象更加邪恶，这些反过来又加速推进了致命战争的进程。

战争的分析中很重要的是要把打仗的人和发动战争的领导人的

思想、情感和动机区分开。宣布国家进入战争状态后，街头的人们兴奋雀跃，这说明战争激发了群体成员的爱国主义态度和动机：归属感、慷慨和利他主义。然而，领导人并不一定热衷于发动战争。事实上，当欧洲处于第一次世界大战边缘时，德国、俄国、法国和英国的许多国家领导人都极其担忧一场全面欧洲战争所带来的严重后果。

国家领导人通常都是基于他们对国家利益的权衡来决定是否发动战争的，包括给国家开疆拓土，获得自然资源，或试图遏制其他激进国家的扩张。领导人在考虑国家利益时，不可避免地会受到自身对自我膨胀、权力和声望等的欲望影响，或者会被其扭曲。偶尔，复仇的愿望也会掺杂到决策制定过程中。19世纪中叶的普鲁士领导人，第一次世界大战的塞尔维亚和奥匈帝国，第二次世界大战的希特勒，以及萨达姆·侯赛因对伊朗和后来对科威特的侵略，显然都受到复仇渴望强烈驱动。

回顾历史，我们可以看到在那些需要被攻击的敌人的意象激活过程中有一些影响递增的事件或一个重大事件起到了催化作用。其中有许多相互作用的因素，有些是不可估量或未知的，因此很难判断任何具体刺激性事件会导致何种结果。在第一次世界大战之前的十年中，有几次对抗性事件看起来要比奥匈帝国大公遇刺事件更会引爆战争，而实际则不然。

不过，有些军事行动是可以通过推理预测到的，例如当一个大国判断其核心利益受到威胁时就很可能会采取军事行动。美国在20世纪采取的军事干预目的是挫败韩国政权、南越政权和科威特遭受的攻击。英国派兵前往马尔维纳斯群岛试图击败阿根廷的进攻。同样，苏联政府干预阿富汗以培植其傀儡政府，而俄罗斯出兵车臣则是为了维护国家统一。

尽管领导人可能会为他们的战争决定担忧，但民众心理已陷入了战争状态。他们的国家意象和敌人形象已深入人心。战争状态激发了民众的爱国主义热情、忠诚和服从精神，他们被拉扯着进入战争机器的相应位置上。对于那些在战斗中的人来说，他们必须杀戮的信念增强了他们的杀戮欲望。他们的破坏者形象、观念和意愿受到其他群体成员以及领导人的强化和放大而变得强大。

敌人意象

战争是一种心理状态，也是一种政治状态，它渗透侵入每个参与者的思维。在他们的精神世界中敌人表征占据中心位置。那些贬义称呼反映出他们心目中敌人的恶毒、下等人形象。当然，值得注意的是，领导人在这期间会动用他们可调动的所有宣传资源来创造和强化这些形象。

可能是内在因素促进了将外来者视为敌人观念的发生。童年早期对陌生人的恐惧可能是后来仇外心理的初步基础。然而，许多孩子并没有经历过仇外心理，也并没有直接证据表明陌生人或外族人危险的观点将会导致孩子把这些陌生人或外族人当作威胁来消灭。最近对人类的灵长类表亲黑猩猩的观察提示，那些外族者，包括以前是而现在不属于这个群体的黑猩猩，都会被标记为攻击对象，仅仅是因为它们属于不同的阵营。

一个国家民众的集体自我意象和投射到敌人身上的集体意象生动体现了人们的二元思维，一旦涉及人们的切身利益时，这种二元思维就占据了人们思维的主导。这时人们对他人那种由好到坏的广泛谱系式的正常判断趋向就会被取代，这将会唤醒人们进行"绝对善良的我们"与"坏透了的他们"的极端绝对化思维推断。

- "我们的事业是神圣的;他们的事业是卑劣的。"
- "我们是正义的;他们是邪恶的。"
- "我们是无辜的;他们是有罪的。"
- "我们是受害者;他们是施害者。"

将敌人妖魔化,会容易激起人们将他人的破坏行为归因于他们的"不好人格"而非当时具体的情况或特定的环境。因此,我们必须杀死敌方士兵,因为他们是坏的,而不是因为他们碰巧和我们一样被征召入伍。敌人应该被消灭,因为他是一个邪恶的刽子手,而不是因为军事形势要求他杀人或被杀。越南、波斯尼亚和卢旺达的平民大屠杀例子都展示了士兵如何轻易地看出对方每个人身上的邪恶。我们的对手必须受到惩罚,因为他们威胁到我们的国家安全、政治制度或意识形态。

偏见思维的一个显著特征是,人们对"我们是正义的",而且"我们的善良和正义将战胜黑暗势力"的信心。这种绝对化的二分思维在平常的冲突中会造成很多问题,但在士兵正与真正的敌人进行殊死搏斗的情况下往往是具有适应性的。

敌人的邪恶形象与女巫、恶魔和邪灵等幻想形象一样,都是想象的产物。敌对方的个人在想象中被抹去了个性和人性,他们是这个世界上所有坏的事物的视觉象征。国家宣传机器则强化敌人在人们心中的邪恶形象。海报、漫画和杂志插图描绘着这一邪恶形象:疯狂的刽子手、残虐成性的刑讯拷打者、强奸犯、野蛮人、大猩猩、剑齿怪兽、爬行动物、老鼠或恶魔。

当然,士兵个人并不一定热衷于毁灭另外一方的单个对手。在实际战斗时,士兵们经常会失去杀人的兴趣。各种研究表明,在许多战斗中,只有一小部分士兵会真正开枪射击。雇佣军或职业士兵很可能只是把杀人当成他们工作的一部分，并不见得比围捕猎物的猎人敌意更强。他们对受害者没有同情心，受害者在他们眼里不是某种象征，而只是目标。同样，那些仔细研究战争地图、指挥部队调动和计算士兵伤亡的将军可能只是机械地思考战役如何进行，如何削减敌方部队数量，而不是把他们看成恶魔的象征。

集体自我意象

敌人的形象是与集体或国家的自我意象联系在一起的，而集体自我意象则是一个国家的强弱、目标和脆弱性、历史与政治的综合形象。一个国家的民众会认为他们的国家是无辜的受害者，而其他国家或集体则是邪恶者。从人们对他们自己的集体或国家的认同来说，是这个更大的实体在他们心中的精神表征塑造了他们的个人自我意象。因此，他们国家的失败和胜利就如同他们自己经历了失败和胜利一样。

个人的自我意象是一个人的人格特质的集合——吸引力、效率、智慧，人们认为这些特质在实现他们的生活目标中极其重要。他们评价自己的依据是，他们的人格特点能多大程度上让他们达到他们给自己设定的目标和多大程度上让他们更靠近实现他们的理想。他们对自己成就的评价反映在对自己的看法上。根据他们对自己的经历以及成功达成目标方面的解释，他们可能会判断自己是成功还是不成功的、是受欢迎还是不受欢迎的、是胜利还是失败的等。

在和平时期，对于人们的个人自尊来说，他们的国家意象通常无关紧要。尽管公民意识或政治比较活跃的公民会关心国家现状与他们报效国家的自身目标之间的矛盾，但大多数人都只关心自己的个人困难和愿望。不过，在国家危机中，每个人都会热情地投身于国家危难应对。当事件开始对国家形象产生影响,当国家受到威胁或卷入对抗时,国家形象就会活跃起来并开始控制人们的想法和感受。

在战争时期,国家形象成了每个公民世界观的中心。他们团结在国旗四周,他们的思维模式从自我中心转变为集体中心模式。他们每个人的自我形象都依附于国家形象。国家的政策变成了他们自己的政策;国家的脆弱性也变成了他们个人的脆弱性;对国家的攻击也就成了对他们个人的攻击。他们被邪恶敌人的幽灵唤醒,时刻准备着为了祖国、信仰或政治运动献出自己的生命。

以美国为主导的国家的自我意象是"慈善的、热爱自由的、民主的"国家形象,它乐于不惜代价来保护其他国家脱离暴政及不公正,主动救助那些陷于绝境中的人,并且一度为此广受欢迎。作为不同移民群体的大熔炉,美国的国家角色强化了平等的形象。它的这种对弱者的关心是 1898 年美国干预古巴的部分动机,当时美国干预古巴的名义是驱逐"暴虐"的西班牙统治者。当时美国对古巴人民困境的深切同情反映了美国的道德自我意象,正是这种自我意象驱使着美国政府去尝试调解西班牙统治者与被殖民者之间的冲突。西班牙政府对此并不让步,这在很大程度上是基于西班牙人的自尊以及在国内国际维持强势形象的需要。

与此同时,各种政治团体施压,赫斯特和普利策等人创办的报纸在美国民众中煽动制造对外干涉主义的动机。在对哈瓦那港进行"礼节性访问"期间,缅因号战舰的沉没进一步激怒了民众和国会,他们试图让麦金利总统感到愧疚而向西班牙宣战。事实上,西奥多·罗斯福曾把麦金利没有及早出兵干预古巴的行为描绘成缺乏骨气。主流的沙文主义形象不断被充分强化直至能迫使总统着手发动美西战争。美国参加了好几场战争,例如越南战争,开始时都是出于遏制共产主义的目标，但到了后来都演变成捍卫美国荣誉和威望的战争。

在两次世界大战之后，美国向先前的敌人和盟国都提供了食物、物资和经济援助，展现了一个大方慷慨的自我意象。在冷战时期，苏联被视为对自由世界的主要威胁，美国的政策为那些被压迫的受害者提供了避风港。之后，索马里、波斯尼亚和扎伊尔［现名刚果（金）］难民的困境触动了这个国家的道德良知，驱动它采取干预措施来减少苦难。美国自诩作为全世界自由、民主、正义守护者的自我意象也影响着美国对其他国家的政策。

政治统治阶层可能会利用国家形象来为其目的辩护。例如，南斯拉夫的塞尔维亚领导人为了推进他们自己统一塞尔维亚的伟大理想而塑造了塞尔维亚人受到迫害的意象。而美国以反抗外国暴政的堡垒为其集体意象与共产主义主宰世界的意象并置，以此来证明它对朝鲜和越南出兵干预的正当性。冷战期间，苏联是帝国主义且对西欧地区和世界其他地区都有着颠覆破坏性威胁的观点塑造着美国的国家政策（在斯大林执政时期，这种对苏联及其外交政策的观点可能具有一定的真实性）。苏联的公民也持有对美国及其国际目标的类似观念：帝国主义、敌对、危险。双方的威胁性意象相互作用常常会强化这些意象。美国对共产主义的反感和对苏联统治世界的恐惧导致美国介入对越南和朝鲜的战争。有意思的是，随着冷战的结束，苏联的"邪恶帝国"形象（用里根总统的话）也逐渐消失了。

国家的自我意象和对手的形象，会受到政策制定者的操纵，同时也是解读对手信息的工具模板。国家对敌国的行动进行最邪恶的解读，而对自己国家的行动解读则不吝溢美之词。1982年，一架韩国客机在苏联上空被击落，当时美国社会普遍认为这是一种蓄意的不人道行为，而不是像苏联政府声称的那样，是目标身份识别错误的个案。那些与国家的自我意象相一致的事件会被作为积极肯定国家的崇高道德而接受和相信,而那些可能会玷污国家形象的事件则会被忽视或淡化处理。

在战争胶着时,象征着独立、自由和民主的美国国家自我意象被正义和道德的光芒照耀而强化,宣传媒体的沙文主义新闻报道、爱国主义歌曲和那些领导人的煽动人心的演讲持续不断地巩固加强这种刻板形象。对思想目标、国家良知本质的颂扬变成了民众的精神支撑力量来源。这种意识形态体系为美国参与第一次世界大战提供了正当性,美国向法国派兵要"为保卫世界民主而战"。第二次世界大战中,美国民众寻求的不仅是保卫国家,还要保护文明免受纳粹主义、法西斯主义和日本帝国主义的侵害。然而,美国发动的其他一些战争,例如征服菲律宾和入侵格林纳达等,却唤起了一种更缄默的美国形象。

越南战争期间,与其他战争形成鲜明对比的是,美国民众的国家自我意象有了好与坏的分化:一些美国人坚定地相信美国是正义的,而另一些人则认为对弱小国家的不断攻击背离了美国的国家基本原则。战争的初始思想动力——阻止共产主义在亚洲的传播("多米诺骨牌效应")——最终演变成了一种维护美国荣誉和尊严的孤注一掷的爱国冒险。战败的阴影掩盖了拯救南越没落政府的初衷。美国领导人及其追随者认为,国家的威望、荣誉和国际信誉受到了威胁。那些不同意这种观点的人则被视为懦夫或叛徒。然而,不同政见团体则认为他们的抗议是为了促使美国回归到它秉承的自由和弱小民族自主决策的基本国家价值准则的努力。

爱国主义和民族主义是把民众团结在一起集体服从领导人决策的主要意识形态。正如费什巴赫所说,尽管有相似和重叠,但爱国主义和民族主义应被视为两个独立的存在。民族主义以国家的荣耀形象为核心——它的权力、威望和财富。个人通过自己与这个形象的同化从而体验到他们自尊的提升；他们被国家光荣的过去和未来的前景鼓舞。当然，失败会降低自尊心并最终可能引发低落情绪。那些声称自己国家比其他国家优越的断言是一种自恋式的甚至是浮夸的民族主义表达，这种观念可能会进一步发展为己方族群是"优等种族"而"外来者"低贱的极端种族主义观念。

爱国主义的动力来自对更大集体的归属渴望。爱国主义者对国家有一种认同感和依恋感，愿意做出牺牲来保障国家的长治久安。与民族主义者的好战、追求权力的形象相对比，爱国主义者是仁慈的、富于同情心的统治管理。更支持民族主义的人们会对其他国家怀有强硬的、侵略性的态度，并且会认为他们的国家应该更愿意为了扩大核心利益而发动战争。然而，与爱国主义者相比，民族主义者更不愿意为自己的国家牺牲自己的生命。

当国家的存亡受到威胁时，这个国家的民众会自发地团结起来。历史上这样的例子屡见不鲜，国家集体自我意象的力量把不同政见的派系召集在一起来保卫国家的安全和荣誉。第一次世界大战期间，德国和英国的社会主义领导人最初将这场冲突仅仅视为帝国主义国家元首之间的斗争，他们联合起来相互支持。同样，1914年，一群激进的德国知识分子发表宣言，宣称德国发动战争是完全无辜的。他们将德国对法国和俄国的入侵描绘为保护其国家生存的防御性行动。这一宣言说明了国家意象如何有力地塑造接受过高等教育的精英们的思想。

就在美国加入第二次世界大战前，黑人社区和工会中就在参战时对国家的支持进行了大量辩论。当美国宣布参战时，他们就为支持战争提供自己的一份助力。同样，一些曾强烈反对战前美国政策的著名孤立主义者也成了第一批自愿采取支持行动的人。

正如政治心理学家拉尔夫·怀特所指出的，许多战争的推动力可能是男子气概、对敌对国家的恐惧，或者两者兼而有之。坚韧和勇气，以及国家将其霸权强加于其他国家的隐含权利等，这些信念一直是建立帝国、收复失地和保护附庸国或弱国的动力。相关的例子可以从古代波斯、希腊和罗马的帝国建设，历数到英国、法国、德国和俄国在19世纪的扩张行动和殖民主义。类似的男子气概形象，可以在1898年美国入侵菲律宾时，以及20世纪初日本对中国东北和朝鲜的侵略中看到。从成吉思汗到拿破仑，征服者们都受宏大的幻想所驱使，不断扩张其领地。

除了蓄意的征服战争外，当具有男子气概和脆弱国家形象的国家发生冲突时，可能会导致敌对侵略。过于强大而敏感的自豪感与摇摇欲坠的国家形象相结合，可能会引发他们做出激进的决定。由于国内相当不稳定，拿破仑三世于1870年向普鲁士宣战，此前普鲁士发表了一张他与法国民众的照片，他将其解读为对他本人的侮辱，最终提出要守护法国的荣誉和尊严。

意识形态——集体形象的基础设施——促成了20世纪的战争，包括两次世界大战。希特勒将德国的国家形象，从战败的民族、在第一次世界大战中缴械投降、受胜利列强的暴虐对待，转变为强大且足以惩罚任何企图反对自身的势力，并注定要走向世界的民族形象。印度和巴基斯坦之间的宗教斗争，以及俄国和中南半岛的革命，展示了宗教和政治信仰的巨大力量，可以煽动屠杀无数不同民族或种族的人。

国家形象的冲突：战争的前奏

对导致第一次世界大战的事件分析揭示了形象冲突的重要性：

国家的自我意象和对手的形象。这种对抗类似于两个人之间的冲突，每个人都认为自己容易受到对方的恶意伤害。不仅是个人或国家的行为，表现出攻击性行为的意图也会导致紧张局势升级。对攻击性行为的解释，无论是虚张声势、试探性的佯攻，还是给我们带来致命的威胁，都受到了这些意象的影响，反过来又会加强解释的合理性。根据行为所附带的含义，一个国家可以评估自己和对手的优势和弱点，作为采取行动的前奏。

经济和军事力量的增长，再加上对民族主义的崇拜，可能会诱使一个自我意象膨胀的国家超越国界，贪求更多的领土和资源。这种态度将被其邻国视作威胁，并导致紧张局势升级。受到威胁的邻国会寻找盟友来弥补自己的脆弱性。每个国家都会陷入军备竞赛，以免措手不及。具有大男子气概的国家，一旦察觉到军事力量天平的倾斜，就会在其他国家提出反对时体验到一种脆弱感。如果这个国家认为战争是不可避免的，可能会采取先发制人的攻击。

这样一系列情况为第一次世界大战提供了背景。一个扩张主义的德国，因被长期包围和被入侵而敏感，意识到自己的脆弱性在增加。其主要盟友奥匈帝国正在走下坡路，不友好的法国、俄国和后来的英国结成威胁联盟。塞尔维亚民族主义者暗杀奥匈帝国皇位继承人斐迪南大公，造成了灾难性的后果。一系列事件威胁到塞尔维亚和奥匈帝国的安全，进而威胁到德国、法国、俄国和英国的安全。

在第一次世界大战之前，塞尔维亚的民族自我意象是一个非常独立的王国，即使不再受仍然强大的奥匈帝国统治，也游走在毁灭的边缘。塞尔维亚虽然在近期的独立中感受到了不安全，但仍将自己定位为奥匈帝国几个相邻省份的集合，是更为强大的南斯拉夫王国的大男子主义领袖。随着泛斯拉夫民族主义浪潮席卷全国，像塞尔维亚黑手党这样致力于破坏奥地利帝国的分裂组织如雨后春笋般涌现。最终，这个恐怖组织实现了它的基础目标：刺杀斐迪南大公。

奥匈帝国的领导人一心想要在种族人口的压力下维护他们的帝国，这些压力已经威胁到其摇摇欲坠的破损形象。各个民族（塞尔维亚人、捷克人、斯洛文尼亚人、克罗地亚人、波兰人……）持续要求独立。为了防止奥匈帝国像土耳其帝国一样土崩瓦解，帝国政府试图镇压持不同政见的省份，据称是塞尔维亚煽动了分裂主义。故此，奥匈帝国将刺杀大公归咎于塞尔维亚政府，让奥地利政府趁此机会压制图谋颠覆自己权威的邻国。

1914年6月，在犹豫了一段时间后，奥地利政府决定进攻塞尔维亚，这一行动显然得到了德国皇帝威廉的支持。由于对斯拉夫塞尔维亚的侵略有可能招致斯拉夫俄罗斯帝国的干预，奥地利向德国寻求保证：如果俄国出面干预，德国将伸出援手。德国皇帝向奥地利发出了一份支持性的照会，即所谓的空白支票，似乎承诺支持奥地利的行动。震慑奥地利而动员俄军的行动，被德国视为一种重大威胁。德国脆弱的形象源于俄国可能摧毁其盟友奥地利的未来。奥地利军队入侵塞尔维亚引发了连锁反应，最终德国对俄国及其盟友法国宣战。

德国的历史背景在一定程度上说明了其发动"防御性"战争的倾向。易受外部攻击的普遍形象是在其历史中发展起来的。它缺乏抵御外来入侵的自然边界，使其成为许多欧洲战争的战场。三十年战争期间的大规模屠杀在德国世界观的许多方面都留下了印记，特别是一种对敌对和危险邻国的幽闭恐惧症。

在德皇威廉的领导下，德国欲求树立强大军事力量的形象，获取殖民地，并在权力、财富和声望上超越法国和英国。由于对被包围的恐惧加剧，它对法国、俄国和英国于 1907 年为维持欧洲力量平衡而成立的联盟过度反应。早在 1914 年 8 月对法国和俄国宣战之前，德国就已经预料到了至 1917 年，俄国武装部队日益强大的力量将构成最大威胁。此外，在 1905 年惨败于日本，以及 1908 年无奈默许奥地利的吞并行动后，俄国决心弥补其国家威望的下降。之前不断打击其民族自豪感的军事行动让俄国没有心情再继续作壁上观，当波斯尼亚和黑塞哥维那遭受重创之后，俄国的民族自豪感不再允许它袖手旁观。

德国的国家意象（脆弱的和扩张主义的）与俄国的国家意象（屈辱的却要复活的）之间的冲突为它们之间的军事对抗奠定了基础。俄国的自我意象是斯拉夫门徒的道德保护者，而德国的国家意象是其日耳曼门徒奥地利的保护者，这两者之间的冲突是这场战争爆发的关键因素。法国被德国迅速发展的工业和军事力量威胁，也由于 1871 年被德国割走了阿尔萨斯-洛林地区，以及在普法战争中的全面失败而复仇心切，因此成了德国的一个特殊威胁。由于战争似乎已不可避免，德国决定先发制人攻击俄国和法国来增加战胜两国的机会。

虽然在某些情况下推动战争的力量源自国家的某些派系，但国家领导人有责任计算战争成本和战胜的概率，并因此激发或抑制民众的热情。在这方面，领导人可能会像在热气球上敌意对峙的两个人摆好架势准备和对方战斗一样犯同一类型的错误。

敌对双方相互投射的意象往往会导致敌对的行为（威胁、谴责、经济制裁），这又反过来进一步加速敌意形象的具体化和更多的敌对行为。20 世纪 30 年代日本入侵中国，导致美国对日本的遏制力度加大。在美国意识中日本冷酷、自负和危险的意象和在日本意识中美国控制、侵略和敌意的意象之间存在直接碰撞冲突。最终，在日本，美国形象变得日益突出并为日本主战派的政策注入了动力。

在冷战期间，民众，可能还有苏联和美国的领导人，彼此有着相互的镜面意象。正如布朗芬布伦纳所说，双方都将对方视为渴望权力、善于操纵和欺骗的战争贩子，认为对方会永久地保持军事氛围，剥削公民，控制媒体和选举。这些意象的对立会将敌对方推向更极端的位置，而这反过来又验证了这些意象。幸运的是，这个世界有着足够多的威慑力量可以阻止一场热战的爆发。

领导人的想法

在我们与其他人的交往中，对他们的观点有所了解是很重要的，如他们的想法、期望和意图。我们还需要了解我们的配偶或其他家庭成员、朋友、员工或同事是如何看待我们的：友好的或不友好的、软弱的或坚强的。这些信息可能显而易见，也可能隐藏在他们的陈述和行为中。在危机中，了解他人的观点尤为重要。在我们的日常关系中，对他人受伤害感受的共情将有助于减轻对方的被冒犯感并恢复人际关系的平衡。

无论是参与家庭冲突还是国际对抗，人们都会运用复杂的"心智理论"来理解对手的思想——他的形象、误解和计划。心智理论是由一组相互关联的关于读心术的假设和规则组成的。在日常互动中，这些规则可能表现为条件式陈述的形式："如果有人瞪我，就表示他很生气"，"如果他们的声音颤抖，就说明他们害怕我"，"如果一个人沉默不语，说明他可能不同意我的观点"。

通过应用这样的规则，一个人可能会了解另一个人的观点。治疗师可以通过整合患者对各种事件的反应的描述深入了解他的基本信念。例如,了解了抑郁症患者的观点,治疗师可以通过他的眼睛看世界,然后帮助他评估自己思维中的偏见。

在民族国家领导人之间的冲突关系中,类似形式的读心术是关键,但也更加困难,尤其是双方存在不信任或对抗。领导人可能会释放模棱两可或故意歪曲的外交信息(虚假信息)以欺骗对方。想想在危急时刻把握反对者的观点是多么困难。在1962年古巴导弹危机期间,肯尼迪总统和他的顾问们因正面临的重要抉择高度紧张,他们不得不仔细揣测赫鲁晓夫相互矛盾的信息的意义,他们得做出他们认为将会影响整个世界未来的决定。

有许多并行因素会干扰我们掌握对手的想法,也因此会干扰我们做出适当的决策。我们处理大量模棱两可、不充分且经常相互矛盾的信息的能力也存在先天限制,这会让这项任务变得特别困难。来自间谍机构的虚假信息和对手的蓄意欺骗会让这个问题变得混乱不清。此外,另一方的意图会因应局势改变以及其政府中"鹰派"和"鸽派"等派系相对力量的改变波动起伏。在一方掌握了对方具体的心态后,领导人可能很难因应对方意图的变动而改变他们的评价结果。当我们不仅要尝试评价对方如何看待我们,还要评价他们认为我们是如何看待他们时,这种我们与他们对抗的猜疑游戏就会变得更加困难。

政府领导人会使用他们自己的心智理论来获取对手或盟友的想法印象,但他们显然在搜索有关联且可靠的情报方面经常是受限的。尽管他们尽了最大的努力,但他们仍然可能会得出错误的结论并且固执地坚持。这样一个致命的错误有可能会左右人类世界的战争与和平。

历史上这种不正确的读心术的例子比比皆是,通常都是"了却心愿"的性质。例如,就在第一次世界大战之前,奥地利和德国领导人认为俄国领导人不愿意动员战争来阻止奥地利对塞尔维亚的进攻，而且认为俄国人真的会同情奥地利皇储被暗杀。奥地利人错误地判断认为俄国不愿意打仗，就像在 1906 年因奥匈帝国吞并波斯尼亚而做的那样。后来，德国领导人错误地认为，如果德国军队入侵比利时这样一个小国，英国应该不会那么在意，会为了保护比利时而与德国开战。

德国和奥地利展开了毫无限制的潜艇作战，特别是豪华客船卢西塔尼亚号的沉没，激起了美国舆论的反对声，然而德国和奥地利的领导人却错误地理解了美国民众的想法。二战前在慕尼黑与希特勒对峙交锋时，英国首相内维尔·张伯伦以为自己准确把握了希特勒的想法，认为希特勒想要和平。而在朝鲜战争中，道格拉斯·麦克阿瑟将军对自己的"东方思想"理解充满了信心，认为美军向中国边境方向的移动不会引起中国对美军的反击。

尽管领导人在涉及启动战争的利弊问题上尝试进行理性决策，但错误仍然有可能发生。领导人可能缺乏对敌人军事意图和实力的信息，同时又对自己所做的宣传内容深信不疑。对立方的错误解读是决策失误的关键因素。尽管领导人可能对反对方的想法有些了解，但他们很难区分对方的真诚与狡猾。敌方的虚张声势和反虚张声势、假情报和欺骗策略可能会掩盖其真实意图。希特勒在慕尼黑就成功地掩盖了他的侵略目标。另外，在第一次世界大战的前奏中，欧洲列强则过度夸大了对手的敌对意图。

如果领导人承受了过大的压力，他们更容易对敌人做出误判。当在冲突中陷入僵局时，他们倾向于预判敌人会做出最坏的打算。德皇威廉对英格兰的意图已经有了怀疑，格雷勋爵试图调解德国及其同盟国与俄国之间的冲突，这被威廉曲解为蓄意陷害他的企图。和解读对手想法的负性思维偏见相对比的是，当领导人确定战争不可避免时，他们在对自己国家的能力评估时经常会有过度夸大的积极偏见。这种偏见思维导致法国人在发动普法战争之前高估了胜利的可能性而犯下了灾难性的错误。在两次世界大战中，德国都没有预料到美国的参战会危及德国胜利的机会。

冷战期间，当阿根廷军队奉命进攻马尔维纳斯群岛时，他们的将军不切实际地认为英国不会关心这些岛屿的防御工作。将军们错误地估计了英国干预的可能性，而他们的追随者则对自己的军队能摧毁英国人充满信心。1996年，俄罗斯军队进入车臣，他们高估了自己的力量，低估了抵抗者的力量。看来，当政府领导人和将军们动员起来要发动进攻时，他们对敌方的想法解读会因乐观偏见而扭曲。在国际危机的研究中，斯奈德和迪辛发现，来自对手的情报信息中有60%在传递过程中会被错误解读或扭曲。

领导人自身对外交成败的反应，可能对他们发动战争的决定起了重要作用。外交上的胜利或失败会提高或降低他们的自尊心。他们个人的兴奋或痛苦会影响国家的情绪并且会蔓延全国。政治精英对权力和声望的个人渴望，常常会让他们在做出集体或国家最大利益决策时受到偏见的影响。他们对战争成本、收益和风险的主观分析，可能会凌驾于他们对追随者生命的关注。

当领导人根据"范式"来看待对手时，他会抽象或忽略涉及对手意图的信息，这会影响他在战争与和解之间的选择。这个思维范式往往会扭曲关于对手的信息，并从根本上限制领导人的选择。领导人关于敌人的意象和观念是他们的历史关系、权力平衡、当前的政治和经济冲突，以及他们的个人反应相互作用的产物。这些因素汇聚在一起形成了一条终极共有政治－军事决策路径。这些观念和解读的结果，无论是现实的还是扭曲的，理性的还是非理性的，可能就是战争。

动员公众舆论支持战争

鉴于国家利益、目标和自我形象的冲突能为战争创造条件，领导人是如何塑造关于敌人的最终观念并发动战争的？他们是如何引导民众做出必要牺牲的承诺？领导人的战争决策可能建立在对复杂政治问题进行评估、对相对军事能力进行计算，以及对敌方观点和意图进行评价基础上的。但他们必须以民族自豪感和对邪恶敌人的愤怒为基础来呼吁公众的支持。他们可能会宣传自己国家受到了外国的虐待侵害的扭曲形象，以便为他们自己的政治议程争取支持。民众会做出与他们自己被另一个人伤害时一样的反应：不得不惩罚冒犯者。这种复仇的渴望实际上是某种意义上被贬低的一种反射性反应：丢面子、失去安全或损失资产。国家的荣耀在这里与个人的荣誉一样神圣不可侵犯。

即使领导人是致力于建立或维护他们在一个国家的霸权等政治目标，他们发现投射敌对外国势力和危及国家荣耀的意象也会是一种有利的手段。在历史上，作为一种外交政策手段，对另一个国家发动战争可以实现扩大领土或响应权力改变等政治目标。对一个据信已做好攻击准备的敌对国家采取先发制人的打击对于巩固已有的支持来说也是非常必要的。

俾斯麦在促成1870年普法战争中所起的作用就是一个例子，它形象地展示了一个领导人是如何用其膨胀的野心动员他的人民参与战争的。他的目标是将德国各个州、大公国和公国合并为统一的德意志王国，而要实现这个目标在很大程度上取决于他必须成功地挑起法国对德宣战。他准确地推断认为德国南部各州将会被"防御性战争"拖着倒向以普鲁士为首的北方联邦。因此，军事的统一将导致政治的统一。俾斯麦的自我形象融合了与其他欧洲势力关系起伏不定的普鲁士民族自我形象。受日益高涨的德国民族主义和普鲁士军国主义的威胁，法国的民族自我形象则为战争决策提供了背景。

俾斯麦认识到，法国政局不稳且害怕德国统一，因此倾向于发动战争来遏制普鲁士。俾斯麦将法国描绘成反对德国拥有民族自决权的敌人，策划让德国变成受害者而法国变成侵略者。正被国内纷争困扰的拿破仑三世则急于通过冒险对外发动战争来宣泄日益高涨的民怨。

俾斯麦发起了最后的蓄意挑衅，普鲁士国王向法国发送了埃姆斯密电。这封来自德国度假城市埃姆斯的电报，其实是事先由俾斯麦以极具挑衅性的措辞编辑过的，这被法国民众视为对法兰西的侮辱。据信普鲁士国王企图将自己的亲戚推上西班牙王位，这一阴谋点燃了法国人的怒火，法国人对自己超级强大的军队极为自信，相信他们可以粉碎普鲁士国王的军队。普鲁士随后战胜了法国，这场胜利不仅达到了俾斯麦统一德意志民族的政治目的，也巩固了德国强大的新国家形象。

俾斯麦有能力动员德国人对抗法国的例子很形象地说明了民族意识形态是如何成为战争的工具的。德国的历史为俾斯麦以其公开报告和实际控制的媒体播下的宣传种子提供了肥沃的土壤。主要是保守派，即民众——人民——感受到了法国革命强大意识形态的威胁。其中关于平等和自由的"颠覆性"信息让已存在数百年的普鲁士贵族阶级系统和威权家庭感到不安。1806年，拿破仑对普鲁士的肢解和随之而来的经济崩溃，进一步提升了普鲁士虽受伤害却更为高傲的国家形象。此外，18世纪阿尔萨斯－洛林并入法国对德国人来说是一种持续的恶性刺激。俾斯麦借此煽动普鲁士民众反抗法国。

法国在文化、政治和军事方面的优越性假设也助长了反对法国的偏见。正如法国在政治和地理上的接壤对德国安全构成了威胁一样，法国的文化对德国人的基本价值观也是一种刺激。此外，法国文化"颓废"的观点受德国天主教的宗教差异影响而变得更加复杂，德国的天主教宗教分化在三十年战争后从德国北部各州开始出现。令人反感的法国形象在俾斯麦的宣传下开始成形。

对民众武装的动员需要煽动性的思想。必须教育志愿者和应征入伍者如何看待他们的国家或者至少是国家的荣誉，让他们意识到如果他们不参加战斗，国家荣誉就会受损，而参加战斗就会为国争光。俾斯麦认识到自由和平等的革命口号在拿破仑战争中对法国军队精神上有着强大的影响力。他试图通过在自己的军队中鼓励宣传类似的权力意识、社会优越性意识形态和美德思想来复制同样的战争狂热。

加尼翁的例子则向我们展示了政治精英们是如何煽动追随者潜在的偏见挑起种族冲突的。例如，他将 1992 年发生的南斯拉夫冲突归因于塞尔维亚势力的阴谋，他声称他们的政治目标是转移选民对经济衰退的注意力，并建立一个由塞尔维亚主导的新斯拉夫国家。卫队老兵试图通过利用非塞尔维亚人（阿尔巴尼亚人、克罗地亚人和穆斯林）的邪恶形象来动员塞尔维亚人采取行动。由民族主义者和保守派军事分子等组成了一个联盟，他们旨在控制权力的缰绳，通过指控科索沃省的阿尔巴尼亚人和克罗地亚人迫害塞尔维亚人，从而获得塞尔维亚人的支持。该联盟随后在该地区煽动塞族人进行大规模抗议，并利用他们所创造的意象煽动塞族人对非塞族人的暴力行为。同时，他们的宣传机器则成功地将非塞尔维亚人描绘成了恶棍元凶。

尽管外界认为这场战争在很大程度上是古老而持续的仇恨故事

的重新上演，但根据加尼翁的说法，似乎是塞尔维亚领导人有意激起了这些过去迫害的"记忆"。实际上，尽管过往几个世纪塞尔维亚人受土耳其政权压迫的故事有历史基础，但在这一时期的绝大部分时间里，塞尔维亚人和穆斯林都是睦邻友好的，甚至经常是同盟。但是，古老的刻板印象顽固存在，塞尔维亚领导人编造了一个当今穆斯林的传说，认为穆斯林的祖先曾压迫过塞尔维亚人，今天的穆斯林是他们的化身。塞尔维亚人在意识形态上被一个更大的塞尔维亚国家的梦想束缚着，他们担心他们以前的"压迫者"会再次统治他们。"种族清洗"是解决这个问题的办法。

1938年，德国同样以捏造的指控，即捷克斯洛伐克苏台德地区的德国人遭受迫害为借口，吞并了苏台德地区，这是德国侵略欧洲大多数国家的第一步。在这里，德国领导人又一次故意制造了一种自己遭受到迫害的形象，以此来为其政策争取支持。作为战争人口和物质损失的辩护，领导人们会以胜利的光荣和英雄主义意象来鼓舞人们。人们一旦卷入战争，这种卷入本身就会激起人们的国家尊严感和必须打倒的敌人邪恶意象。

杀人许可证

一旦政治精英认为实施进攻性战争有利可图，他们通常认为让那些愿意参加战斗、愿意流血和承担经济负担的人觉得自己参战是正义合理的做法是很有必要的。有时，一个有魅力且被信赖的领导人的宣言就足以唤起民众的战斗意愿。各种各样的神圣事业都可以为战争提供合法的外衣：夺回失去的圣地或被占领省份的十字军东征，拯救陷入困境的同族国家，或建立一个种族群体的民族自决权。人们也会为建立或推翻共产主义国家、解散或保留工会等相互矛盾的理想而战。保卫祖国来维护政治或社会制度的防御性战争同样能动员民众追随者。

随着敌人形象的固化，对集体或国家的全部承诺也会逐渐固定。追随者会受两种强烈的情感激发，即对国家的热爱和对敌方的仇恨。对可能被敌人打败和统治的恐惧与焦虑感会增加战斗动力。在内战、革命和起义的人群中也有着同样明显的情绪与动机。对帝国统治阶级或主导地位政治派系的仇恨为法国和俄国的革命以及美国、西班牙和柬埔寨的内战提供了战争动力。俄国革命期间的白军和红军，美国内战期间的南方人和北方人，以及法国的保皇党和共和党人，这些人都被锁死在他们意识中的敌人意象和他们要消灭敌人的承诺枷锁之中。

领导人不仅激发了人们杀戮的冲动，而且给杀戮做出了明确的指引。他们大肆渲染国家的目标和有威胁的敌人意象，并且利用人们对政府权威的服从倾向来操纵民众。在早期，统治者的地位所传递的他们永远正确的心理光环让他们几乎完全控制了民众的情感和理智。

领导人在激荡起人们对敌人羞辱的狂热的同时，也取消了对暴力的禁止。反谋杀、反掠夺和反破坏财物的道德规范在战斗中被进一步破坏，这种道德准则明显更倾向于自己的同类。士兵将会在军队纪律、不服从就要受惩罚的预期，以及要求必须忠诚于战斗部队等压力的联合驱使下准备好完成他们的主要任务——歼灭敌人，或至少使敌人丧失战斗力。在杀或被杀的模式下，士兵没有余地来考虑那些可能妨碍行动效率的人道主义关注。

敌人意象会消除人们在关于夺人生命问题上的同情和任何担忧或禁忌。一旦邪恶意象成形，人们对组织成员的团结和对事业的忠诚就会增加。敌人将不会再被看成"和我们一样的人"，而是被视为彻底的异类，或是次等人或非人。集体共同作战将会融合士兵间的纽带，加剧对敌人的仇恨。一旦战士们投入战斗，他们就会越来越确信他们的事业是正义的。战士对祖国和家乡人民的忠诚会在部队战斗单元的军官和伙伴中传播开来。有些研究者认为战士之间的亲密性和牺牲精神可能源自石器时代血缘关系群体的原始纽带。

越南战争的美莱屠杀案中，威廉·卡利中尉率领着一队美国士兵在越南村庄里横冲直撞，生动地说明了杀戮的团体性质。驱动他们杀人的是这样一种观念：因为敌人杀死了他们的战友（包括一名受欢迎的中士，前一天他被饵雷炸死了），这些平民——老人、妇女和儿童——都应该被消灭。对复仇的渴望抹去了士兵对这些手无寸铁的受害者的任何同情。尽管受害者明显绝望无助，哭喊着求饶，但屠杀持续进行，或一个个被杀死，或成群被屠杀。在审判中，卡利中尉为自己的行为辩护，称他只是"服从命令"。他回忆说："我拍摄了美莱村民的照片。他们的尸体，他们并没有打扰到我……我想，这不可能是错的，否则我会后悔的。"正如政治学家罗伯特·杰维斯所说的那样，如果罪恶已经发生，绝不可能是他作的恶，如果事情是他做的，那他所做的就不可能是罪恶的。

虽然士兵受自我正义意象的强化，被"邪恶敌人"的意象刺激而犯下了无法形容的战争关联暴行，但当一个敌方士兵被当成人看待时，他往往不容易受到伤害。当直接的威胁减少并且另一方士兵的人性凸显时，士兵们的敌意就会被慈善的人性取代。例如，1914年，军官们就注意到英国和德国的两国前线部队联合庆祝圣诞节——一起唱歌、交换礼物，甚至踢足球——这样做很危险，随后这样的做法就被禁止了。

乔治·奥威尔讲述了一个有趣但颇具启发性的故事。他讲述了在西班牙内战期间，一位共和党战线的狙击手是如何面对正要被射杀的一名敌方士兵的。

  一个士兵,大概是要给长官送一份情报,从壕沟里跳出来,沿着防护矮墙在众目睽睽之下奔跑着。他衣衫褴褛,一边跑一边用双手撑着裤子。我忍住没有向他开枪。确实,我的枪法太差,不太可能在一百码①的距离外射中一个奔跑的人。不过我没有开枪,部分原因是裤子的那个细节。我来这里是为了向"法西斯"开枪;但是一个撑着裤子的人不是"法西斯",他显然是我们的同类,和你一样的家伙,你不会想向他开枪的。

  这个战场逸事捕捉到了士兵在战争中的一种共有经验。当士兵实际能近距离看到敌军士兵时,他们更可能对扣动扳机或将刺刀刺进对方身体产生内在抵抗。在世界大战期间,很大一部分美国步兵在和敌人交战时根本就没有开过火。与受害者的物理距离越近,从炮击、轰炸到投掷手榴弹和肉搏战,对杀人的抵抗就越大。

  当士兵觉得敌人是一个真人(特别是和他有些相像的人)的时候,如果他决定开枪,杀人欲望会受到遏制并会被内疚感取代。格罗斯曼曾报道,在越南战争期间和之后经历的大部分创伤后应激障碍与杀人内疚有关。同情和内疚的体验能力显然并没有完全消失。

  军事行动是以尽量减少对敌人的人道主义情感的唤起的方式组织的。爱国主义形象、对指挥官的服从、对部队其他成员的忠诚、杀戮的奖励,都是为战争恐怖提供宽宥。某个敌军士兵是匿名的话往往也会降低杀人者对另一个人死亡的责任感。

  莎士比亚戏剧《亨利五世》中一位英国士兵的陈述就具体说明

---

① 1码约等于0.9144米。——编者注

了士兵是如何在犯下不人道和杀人的罪行后感到自我宽恕的:"如果我们知道我们是国王的臣民,我们知道这些就足够了。如果国王的理由是错的,那我们对国王的服从将会抹去我们的罪行。"一个人将责任置换转移到领导人身上有助于消除对杀人的禁忌。

刻意宣传是努力诋毁敌方军队的文化,强调敌方领导人的"犯罪行为",然后把犯罪行为的责任归咎于敌军。在诸如"记住阿拉莫"、"毋忘缅因"和"勿忘珍珠港"等口号和歌曲中,人们的复仇被合法化了。

美军意识到在以往战争中士兵的低开枪率问题,于是美军在越南战争期间启动了一项正式的"去条件反射化"的计划。除了军士教官大声标准地喊"杀、杀、杀"的口号,该程序还要求士兵反复练习攻击以具体图像呈现的敌人,例如,在靶场使用逼真的人形目标。身体上、道德上和意识形态上的距离,以及对战斗集体、指挥官和连队忠诚的活化,都削弱了敌军士兵的人类形象,并认可士兵把邪恶形象在敌军士兵身上的投射。

军事作战中去道德标准化的心理作用机制和个人犯罪、群体暴力、恐怖主义和种族灭绝等中的机制是类似的。把敌人塑造成次等人或非人形象,敌人应受惩罚的观念,杀人责任向领导人或集体的转嫁,道德观念的扭曲,以及杀人高尚的信念,这些都在不同程度上起着作用。可以想象,如果人们对这些形象或观念的正确性有所质疑,他们杀害他人的意愿可能就不会这么强了。如果政策制定者能够站在顶层的超国家机构如联合国机构的层面工作,以及能够站在底层的战斗一线加强反杀戮道德规范和质疑有关敌人观念的正确性层面工作,他们有可能会对本章的开放性问题给出一个答案:战争不是不可避免的。

第三部分

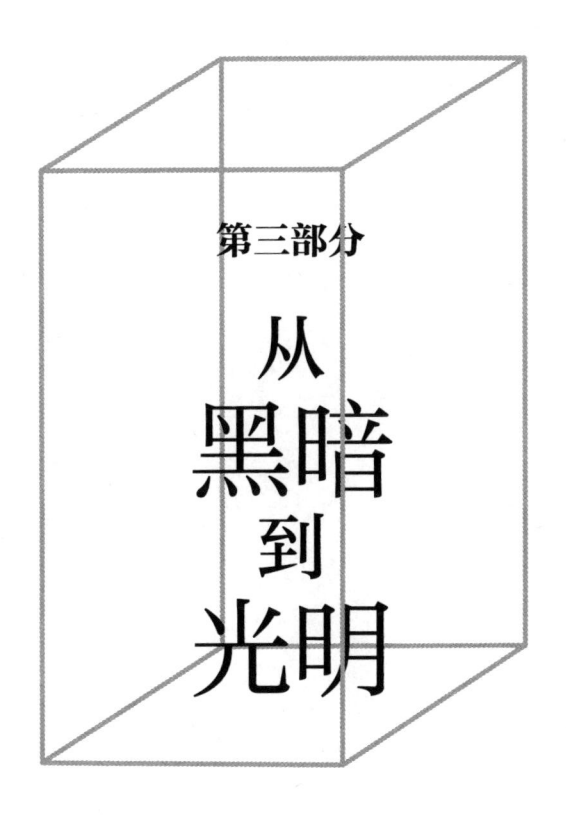

从黑暗到光明

第 12 章

人类天性中光明的一面：依恋、利他主义和合作

媒体报道会夸大人性的阴暗面（谋杀、抢劫、强奸、骚乱、种族灭绝）。然而，这些故事并不能公正地反映人类天性中光明的一面。来自统计调查、逸事报道、儿童观察、实验研究和课堂实践应用的证据表明，一般来说，人们天生具有利他行为能力，可以平衡或克服敌意倾向。此外，我们都具有强大的理性思考能力，可以纠正我们的偏见和思维扭曲。

通过深入了解攻击者的大脑，我们可以更好地了解其思维和行为方式，并找到如何改变它们的规律。愤怒和敌意会在僵化的自我中心信念和偏见视角的土壤中肆意生长，但对于驱动这些情绪的意象和信念进行重塑，从而削弱人们暴力的倾向是有可能的。通过类似的方法，那些让群体分裂、促使他们彼此不信任和敌对的价值观与意识形态也可以得到弥合。

改变的潜力

1975—1982 年阿根廷敢死队制造的迫害、酷刑和杀戮，向人

们展示了一个威权国家中的极端二分观念和扭曲道德准则的例子。正如欧文·斯托布描述的,这个国家左右派势力之间的严重分裂导致双方都将对方视为恶魔化身。20世纪70年代,左翼分子搞恐怖运动,处决高级官员,轰炸广播电台和军事哨所。从1975年开始,军方则以毁灭、酷刑和杀戮进行报复。对双方来说,他们的绝对化分类思维都是一样的:我方是绝对好的,对方完全是坏的。

右翼军事领导人会受到他们的意识形态指引,也出于保护他们特权地位的需要,这已经成了他们"不可剥夺的权利"。游击队被他们妖魔化,被他们视为"新型战争中的新型敌人"。他们的意识形态变成了社会道德准则,是凌驾于个人之上的国家与宗教的超然存在。以上帝、国家和家乡等措辞为表述的维护传统道德的所有可能措施都是正义的。

根据这种新的道德准则秩序,那些绑匪、迫害者和杀人犯,都能得以免除罪责。更进一步讲,责任在于他们的指挥者。虽然他们最初的动机只是处于意识层面和在服从指令基础上的,但作恶者逐渐把自己当成了受害者生命的绝对统治者,然后靠着他们自身的动力继续进行邪恶的工作。他们的意识形态许可了他们执行残忍的毁灭行为。

不过,阿根廷军事独裁政权及其冷酷政策的最终倒塌说明了一件事——仁慈的力量无处不在。在这个案例中,恐怖统治被非暴力的民主取代。被处决者的母亲("五月广场母亲"①)的示威点燃了反对毁灭性军事独裁统治的对抗力量。这些勇敢的妇女利用阿根廷

---

① 20世纪70年代,在阿根廷军政府统治下,许多反政府人士遭到迫害或暗杀。为了寻找自己失散的孩子,阿根廷的母亲们组织起来,头戴白色头巾,每逢周四就在五月广场上围成一圈行走,以这种方式引起阿根廷民众和国际社会的关注,推动了这个南美国家的民权运动。——译者注

社会对母亲的尊重,每周在五月广场进行游行示威,从而引起阿根廷人民和其他国家人民对阿根廷政权残暴的关注。美国总统吉米·卡特向阿根廷政府施压,也缓和了军政府对示威的镇压措施。

  1982年4月,阿根廷军队袭击了当时由英格兰占领的近海岛屿马尔维纳斯群岛,增加民众支持率是原因之一。然而,英国人反而击败了阿根廷军队,从而颠覆了其酷政。政治文化发生了彻底的变化:阿根廷组建民选政府,达成了相对的和平与和谐。

  就像阿根廷戏剧化的政治反转一样,把其他国家二分为友好或不友好的二元化思维,随时都可能会迎来局势的逆转。顺应环境的变化,对手形象可以从无情的敌人转变为盟友,从邪恶的变成善意的,从危险的变成安全的。二战期间当德国进攻苏联时,斯大林和苏联在美国心目中就由负面形象转变为正面形象。实际上,二战中我们的敌人——德国、日本和意大利——在战争结束后变成了坚定的同盟。而相比之下,在数十年的冷战时期,苏联的形象又重回负面消极的形象。在苏联解体后,它的形象再度变为正面。在世界的其他地方,长期不和的邻国已经学会了克制分歧,而着力发展建设性的互惠睦邻关系。

  如果关于他人、其他团体或国家的意象和信念可塑性足够大且能因应环境变化而改变,那是否可以通过制定预防或干预策略来影响这些意象和信念?总的来说,对个体心理学的认识可以为制定有益人类的规划奠定基础。特别是,政治和社会规划的制定需要考虑有害意识形态的运作方式,它会利用偏见观念、歪曲思维和邪恶意象的偏好,把其追随者团结在一起,把外来者和持不同政见者树立为敌人。应当考虑到宣传可以有效激发人们的恐惧、偏执和自负。我们在个体心理治疗中有很多纠正这些异常的手段,但必须找到一种能更广泛地应用这些知识的途径。

拓宽看待问题的视角

了解如何激发人性中善良的一面，可以为抵制有害行为提供额外的支持。视"外来者"为像我们自己一样的人，扩大我们的视角可以唤起我们对外来者脆弱和痛苦的同情。例如，20世纪80年代中期，美国电视节目播放的埃塞俄比亚人饥饿灾荒的画面激起了人们对苦难的埃塞俄比亚人的同情，这种同情随后转化成了对他们的大批粮食供应。很显然，教育是促使人们参与减缓人类痛苦的慈善活动的有效因素。那么是否可以通过教育唤起类似的同理心来缓冲人们对他人的敌意呢？对敌对群体的偏见会抑制人们唤起自己对他们的同情。

重要的是，人们要弄清楚对立派的观点，并能意识到双方都存在偏见。如果我们的对手已经将我们视为敌人，他很可能会在原始认知水平上对我们的行为做出反应。如果我们没意识到这一点，我们就会更加容易受到伤害。

当然，像联合国这样的国际组织可以提供干预方案来预防并缓和冲突。不过，如果他们能意识到协商的各方都带有偏见思维和意象，干预方案会起到更有效的调停作用。中介调停者可以采取能顾及对立阵营双方狭隘观点的广域视角。此外，通过设法解决那些导致偏见思维发展和加剧的社会与经济因素，国际组织或许能够消退那些导致冲突的尖锐敌意。中介调停者需要有预测未来各种行动方案可能后果的能力。

我们应该根据我们对人性光明一面——仁慈和理性的部分——的理解来制订计划。因此，我们可以创建或强化能抵制敌意和暴力的亲社会组织。同情、合作和理性等先天品质，就像敌意、愤怒和暴力一样，是人的固有本性，可以为亲社会组织提供基础构件。相比于外来者，理解和同情更容易扩展到己方群体成员，但将其扩展到全人类并没有不可逾越的障碍。

对他人印象和意图的误读，可能会让一个人体验到大量的痛苦和愤怒。当然，他有时也可能正确地推断出他人有敌意，然后据此制定策略应对它。然而，第一步是培养他对自己建构他人的审视能力。我们需要培养自己以合理准确的方式预测我们在他人心目中的意象的能力。

小孩子是意识不到其他人对当时情况的看法可能和他不一样。就像一部戏的导演，他以为自己知道其他参演者的动机，他也会假定，那些参演者看待他的作为会有着和他看待他们一样的观点。所以，当孩子受到惩罚时，他认为自己是无辜的受害者，而他的父母则是刻薄的和不公的。孩子也相信他的父母是知道自己很刻薄的。当然，随着孩子的成长，他会意识到不同的人对同一种情况会有不同的理解。随着进一步社会化，他越来越能够吸收家庭和文化中的道德规则信息，例如，因为弟弟弄乱了他的玩具而暴打弟弟是不对的。

当人们处于被激活状态时，例如，敌对模式下，他们的思维会退到幼儿的水平。如果有人看起来践踏了他们的需要，他们就会重演古老的剧本：他人有错而且是坏人，故意虐待我。作为群体中的一员，个体在其所在群体受到挑战时会产生类似的观念。己方群体是无辜的受害者，挑战者是错误的、坏的和不道德的。就像中世纪的伦理剧演的那样，罪人必须受到惩罚。

当一个国家被战争的狂热传染时，类似的思维会在整个国家弥漫。例如，在第一次世界大战开始时，即使是受过最高等教育的人，双方的知识精英，也都被这样的思想控制了，即自己的国家完全是无辜的和全然正确的，而敌对者是侵略者，是彻底的坏人。他们变得就像小孩子一样，不能或不愿承认对方的人也以同样的方式在看他们。

个人通常将自己视为友善之人。这个身份是以"我是一个好人"为主题构建的。他的良知会提醒他要保持这种自我形象。当他被迫做一些涉及伤害他人的事情时，他必须让这一行动与他的良知要求保持一致。在这个地方，群体意识形态为个体从"禁止杀人"的规则下提供了豁免。个体要获得更大的好处就需要转变这种规则。通过发动战争或参与种族灭绝，他正在消灭邪恶，因而是在行善。

这种变化的一个重要前奏是对手主流形象的转变。诚然，一个人，无论是作为个人还是作为群体的成员，我们都很难把他狭隘、高度专注的视野转变为更广阔的视角。一个人脱离以自我为中心的视角，关键取决于能否接受这样一个原则：尽管一个人的观点感觉是真实的和合理的，但也可能存在偏见甚至完全是错误的。在承认他的观点可能存在错误后，一个人可以后退一步对自己观点的有效性提出质疑：

- 是否有可能我曲解了另一个人（或团体）貌似冒犯的行为？
- 我的解释是基于真实的证据，还是基于我先入为主的观念？
- 还有其他可能的替代解释吗？
- 我是否因为自己的脆弱或恐惧扭曲了对其他人或群体的印象？

即使个人坚信自我中心的观点是正确的，类似这样的批判性问题也能对自我中心的思维方式提出挑战。例如，雷蒙德能够改变他的想法,不再认为妻子的批评是对他男子气概的攻击,也能够理解妻子在批评他时并没有恶意。

与成功地脱离冲突情境的自我中心性建构密切相关的是去中心化:用公正观察者的客观性重新构建情境的意义。去中心化还可以促成对对手观点的共情理解的形成。

另外一个临床案例则说明了理解"对手"的观点可能会有助于解决冲突及随后的有害行为。一位父亲和他 18 岁的女儿陷入了一场持续的冲突,冲突的核心问题是父亲严格的纪律要求和女儿对他的反抗。两人都愤怒到了要动手的地步。在一次联合访谈中,他俩都气愤地解释自己对这个问题的看法。在讨论了扮演"对手"的意义后,父亲扮演了女儿的角色,而女儿则扮演了父亲的角色。他们要演的典型冲突,是关于女儿宵禁和她使用家庭汽车的问题。

在这次争吵戏剧性上演之后,治疗师询问了父亲和女儿的感受。这位父亲评论说,扮演女儿让他想起了他十几岁时与自己父亲的冲突;他承认他现在可以理解女儿的感受了。他观察到,在扮演女儿的角色时,"我觉得我被触痛了——他[扮演的父亲角色]不尊重我的感受,他只关心自己"。

女儿在扮演父亲后描述了她的感悟:"我看得出来,他确实很关心我。他真的很担心如果我很晚了还没回家可能会发生什么不好的事情。他之所以对我很严厉,是因为他在乎我,而不是因为他想控制我。"在角色扮演中,她能展现出同理心的主要特点,因为她实际上能够体验到父亲的焦虑。

在反向角色扮演过程中进入对方世界的经历,是结束双方相互对抗的关键因素。每一个案例中的开放及更客观的视角都包含这样的理解,即两者之间有冲突,不是因为任何一方有恶意,而是因为双方都担心对方的反对行为伤害自己。以新的更和谐的方式来理解他人的观点，可以根除愤怒，增加解决冲突的机会。而理智的理解和重构也将为真正同理心的发展奠定基础。

同理心

你有没有注意到足球比赛中观众是如何模仿球员动作的？当一名球员开定位球准备将球踢向球门时，他的球迷会振奋起来并且双脚不停摆动，好像要帮助球员在球被挡住前把球高高托起来一样。我们也可以观察到当人们看到另外一个人痛苦时会出现类似畏缩或扭曲的自动反应。

亚当·斯密早在1759年就捕捉到了这一现象并记录下来：

> 当看到某人蓄意击打另一个人的腿或胳膊时，我们会自然地收缩我们的腿或胳膊；当那个人被击中时，我们或多或少会感觉到它，会像受害者一样受到伤害……身体娇弱和身体不适的人看到街头乞丐暴露在外的褥疮和溃疡时，很容易就感到自己身体相应部位发痒或不舒服。

这些反应给人的感觉是不自主的或无意识的，就像用橡胶锤敲打膝腱时的膝跳一样。然而，真正的同理心体验能力可能是这些替代式反射反应的后期发育结果，这同人与人之间的基本联结有关。儿童和成人都会下意识地模仿他人的面部表情和姿势。婴儿室里蔓延的啼哭可能是模仿而来的，并不涉及发起啼哭婴儿的情绪问题。尽管如此，强有力的证据显示幼儿最早可以在一岁就能体验到他人的悲伤。

理查德·拉扎勒斯让受试者观看播放工业事故的电影能引发受

试者的焦虑反应。或者是肢体动作，或者是情绪痛苦，人类似乎天生就能对他人的痛苦体验做出响应。同情可能涉及的是因未能体验到他人痛苦而感到歉疚，相比之下，真正的同理心则包含对他人观点及其具体痛苦的共享成分。

要体验真正的同理心，仅仅想象他人的观点是不够的。精神病患者可能非常擅长以"读心"术的策略来操纵他人。真正的同理心需要我们关注处于痛苦中的人。共情的视角还涉及对一个人的行为可能对他人造成的有害影响的预测和关注。

《辛德勒的名单》和《断锁怒潮》等电影则证明了形形色色的观众都有与生俱来的气质倾向，这种倾向会让他们把自己置于纳粹统治下欧洲的犹太人或奴隶运输船上的非洲人的困苦境地。电影可以引起共情的事实表明，即使面对离我们很遥远的人和事件，我们也有这种社会情感的体验能力。在电影之外的个人体验中，我们可能不得不竭尽全力来超越自我中心的视角，从而在情感上进入那些在种族、宗教或地理上迥异于我们的人的痛苦。

而在某些情况下，人们需要抑制这种同理心。外科医生和其他医务人员必须对病人进行手术切割、注射和麻醉而不能陷入共情。医生和护士通常会让自己和他们必须施加给病人身上的疼痛与痛苦保持距离，这样他们才能有效地履行他们的职责。不幸的是，在那些接触或参与折磨杀害他人者的身上也会出现同样类型的情感脱敏化。攻击过程中对受害者缺乏同理心，这在安全部队殴打持不同政见者、丈夫暴力攻击妻子和母亲虐待孩子的案例中同样发挥作用。无论冲突是小到家庭成员冲突，还是大到国际社会的冲突，都存在这种同理心的失效。

由于发现在朝鲜战争期间美国步兵不愿向敌人开枪，美军启动了一项专门训练越南战争参战士兵的计划，目的是让他们对杀死敌方士兵脱敏。训练项目达到了目的：在战斗中，受过训练的士兵在向北越军队开火时表现出更一致的攻击行为。传闻记载也提示，那些最初反感折磨囚犯的下属后来会变得习惯于此，并且最终甚至会喜欢上这种活儿。

当我们与我们关心的人或与我们有共同事业的人互动时，同理心会自动发生，但对于那些看上去与我们截然不同的人来说，我们就很难体验这种反应。当我们对另一个人或群体感到不屑或愤怒时，要产生同理心会尤其困难。举一个在冰上滑倒并受伤的小女孩的例子。我们看到后可能会感到由衷不忍而立即去救她。但是我们对一个显然是喝醉酒的滑倒的成年人有什么感觉呢？通常，我们会感到饶有兴致甚至反感。小女孩的事故引起了我们的共鸣：我们可能对她的脆弱和痛苦产生了认同。

当我们将某人的痛苦归因于不可控因素时，我们可能会同情那个人。然而，如果我们认为一个人应该对有害事件负责，特别是如果我们将其归咎于这个人的道德或性格缺陷时，我们很容易贬低这个受害者：那个醉汉活该，他是咎由自取。同样，污名群体成员通常会被认为不值得我们关心，这是他们罪有应得。当一个群体成员对另一个群体成员感到憎恶时，例如在骚乱或战争期间，他们可以在不感到内疚或同情的情况下向对方施加痛苦。事实上，他们觉得自己是在做对的事情。

尽管如此，即使是对那些我们贬低的人，我们也有可能产生同理心。当我们能够正确地推定出遭贬低受害者的观点时，我们是可以体验到他的感受的，尽管很微弱。如果我们能想象自己处于他人的境遇而经历被歧视或压迫，我们也许能够分享受虐外来者的观点，并感受到他们的痛苦。对受害者的认同过程有助于文明道德观的培养。

道德版图的颠覆

成年人和群体经常像小孩子一样做出自私的解读,并唤起自我中心式的正义和道德。当经历了事实的或者假想中的冒犯时,人们经常会有一种条件反射式的冲动,想要惩罚这一切的始作俑者,即使后者可能并没有意识到自己已经冒犯了他们。正义信条——对与错、善与恶——为无数激进组织的意识形态、政治野心和复仇动机提供了容纳之所。主题是这样运作的:"他们(政府、资本家、犹太人)不公正地对待我们。因此,我们被迫以正义的名义打破他们对我们的控制并惩罚他们。"在前文的例子中,只要有合适的时机和挑衅事件,那些极端主义分子就会诉诸暴力来达成目的。"复仇即正义"的信条已经把其他道德信条,例如"禁止杀人"等排挤掉了。

法国和俄国革命期间,革命者辩称大规模屠杀是正义合理的,理由是贵族阶级是堕落的,应该受到惩罚,即使受害者没有做错任何事。他们被杀是因为在革命者意识形态构建的意象中他们被看成是人民敌人的代表。

在他们蛮不讲理的侵袭下,保卫者会对持不同政见者的邪恶形象做出反应,而这种意象则是他们的政治或军事领导人植入他们的意识的。虽然他们不怕个人受到伤害,但他们认为他们的国家是脆弱的,因此他们感觉自己攻击甚至折磨那些制度破坏者是在做好事。

尽管儿童对痛苦的人有同理心和公平分享的能力,但当涉及自身利益时,他们往往会以一种自我中心的正义准则做出回应。一个6岁的男孩打了他的妹妹,因为她弄坏了他精心搭建的一座摩天大楼模型,他的理由是她应该为自己的冒犯行为接受惩罚。当他认为自己的权利受到侵犯时,他关于犯罪和惩罚的观念就会倒退到原始水平。因为他被惹恼了，他为了强制推行自己的正义规则而轻松放弃不伤害妹妹的原则。然而，在另一种情况下，如果妹妹摔倒受伤了，他会为妹妹感到难过。当帮助他人能提升他的自尊时，他会竭尽全力公平处事。

通常，如果儿童的愿望没有比其他孩子优先被对待，他们就会抱怨受到苛待。如果父母的决定对他们不利，他们就会指责裁决程序不公正和惩罚不公平。尽管儿童和成人可能在意识层面上相信他们是公正的，但他们的行为往往会受到自我中心信念的驱动。惩恶扬善的愿望会为个人提供权力感、自我正义感和不受约束的自由感。因此，个人倾向于主动承担惩罚他人的所谓不当行为的责任。

他们不是试图澄清可能的冲突来源，而是有意合理化他们对自己愤怒和报复权利的维护。事实上，他们对正义的诉求源于一种原始的反射模式：他们受到伤害的感觉会自动触发报复的冲动。他们的辩护是对受伤害感和惩罚冲动的桥接观念："因为我被伤害了，我有权惩罚伤人者。"更进一步地，他们会尝试控制甚至消灭他人以减轻他们自己的挫败感或无能感。

因为另一个人有所谓的罪行而做出伤害他的决定，这或多或少在效仿刑事司法系统用于确定一个人的行为是否构成犯罪以及是否应受到惩罚的裁定法则。尽管这些标准在评估法律上有罪或无罪时很有用，但这些标准经常被偏见性使用。当这些标准用于评估日常互动中另一个人的侵犯行为时，它们也常常是被偏见性使用的。

- 他知道或应该知道他的所作所为会伤害我。
- 因此，他的行为不得不说是故意的。
- 他就是想要以某种方式伤害我。

- 既然他有错而且是坏人，就应该让他吃苦头。
- 这样的惩罚是公正的。

社会对犯罪和惩罚的概念反映了个人的伤害和报复图式。此外，刑事司法系统的原则可能会影响个人对侵犯行为和适当惩罚概念的内容，反之亦然。正如当局认为他们监禁小偷是在执行法律一样，一个人在纸牌游戏中被骗或遭伴侣欺瞒，他会激活报复的准则来减轻他对被侵犯的压力。

我们会把这个世界划分成不同领域。我们的个人私有领域包含那些我们生命中特别投入的部分。我们赋予我们自己、我们的亲密关系和我们集体的目标有意义的组织结构，而这些都包含在我们的自我概念当中。我们和那些我们个人领域中的他人都被保护在一个复杂的规则、信仰和禁忌系统中。这个系统就是集体道德的内核：公平、互惠和合作。随着我们长大，我们的个人领域会随时间推移而扩张囊括我们所拥戴的：种族、宗教、社会阶层、政治派别和国家。保护的披风会蔓延覆盖那些与我们同处一个集体的个人。我们普遍认可公平的集体道德规范，会担心并预料到，对公平规范的违反将受到我们普遍认可公平的集体道德规范，当有人违反这些既有的规范时，容易因受到集体的谴责而感到羞耻、内疚或焦虑。

因为我们对我们的个人领域做了如此重要的投资，所以我们会对外界的威胁和机遇始终保持警惕和敏感。那些贬低我们自我形象的事件会让我们感到愤怒，那些增益我们自我形象的事件会让我们感到快乐，而那些威胁我们自我形象的事物则会给我们带来焦虑。自尊、自己以及重要关系的安全至关重要，因此我们会倾向于对假定的敌人过度反应。

即使当人们看起来似乎是更以集体为中心，并且做好准备为集体利益牺牲自己时,他们也保留着部分利己心。当我们参与集体行动时,我们的利己主义是融合在我们所在集体的需求和评价之中的。我们人类天生就是自我中心取向的,所以我们对我们自己圈子里的人会持有积极偏见并且很看重,而对外人则倾向于持有相应的负面偏见,尤其是当他们与我们的群体竞争或对抗时。这时,个人利己主义膨胀成为集体利己主义或集体主义。取代了个体的"我与外来者"的排外,群体的成员是踏着"我们与外来者"的节奏前进的。群体的意识形态往往凌驾于人文主义和普世道德的基本原则之上。事实上,正如凯斯特勒所指出的,群体主义的潜在破坏性比个人主义更大,因为群体主义能导致种族冲突、迫害和战争。

个人服从于集体期望可以为个人带来太多好处,以至他们很难采取和集体意识形态相悖的理性立场。与其他集体成员合作、团结和互惠令人愉快。集体不仅会提升集体中个体的归属感,而且赋予个体成员一种力量感,这种力量感能够抵消许多人作为单独个体所体验到的空虚感。不幸的是,集体忠诚度越高,集体成员与外人之间的认知差距就越大。涉及宗教异端、阶级斗争或政治颠覆的公开宣判所激起的流行偏见,会在集体内部反弹激荡而被放大加剧。个体对于有威胁的敌对者进行控制,否则就将其消灭的要求变得越发强烈。敌人的发现会极大地促进集体团结并且让集体成员普遍地得到满足。邪恶意象可能引起迫害或屠杀。

行凶者会把受害者从道德义务世界中驱逐出去。这些反对者是错误的、坏的、邪恶的,因此他们没有资格享有人权,理应被伤害或杀害。"正义"的暴力直接满足了这些要求。事实上,正是这些伤害他人的行为本身往往会让人们丧失人性。这些行为会强化受害者无足轻重、毫无价值和劣等人的形象。从理论上讲,宗教以及其他意识形态所倡导的普世主义概念可以为人类提供防御宗教暴力、种族暴力或民族暴力的屏障。然而，随着敌意压力增加，人类的普世权利和生命神圣不可侵犯的哲学会趋于崩溃。

当人的行为动机或事业变得至高无上时，人们常常会完全无视人类的生命。即使是那些并未被视为危险敌人的人，也可能遭到不分青红皂白的屠杀。世界各地的平民屠杀事件，以及如纽约世贸中心和俄克拉何马城联邦办公大楼的爆炸事件，持续向世人宣示着一种政治宣言并且破坏着政府统治。那些无名的受害者被视为一种一次性消耗品：对恐怖分子而言，他们的唯一意义是他们的死亡有助于恐怖分子的事业。

行凶者因为相信他们遵守着更高尚的道德准则而泯灭了对受害者的同情，因此发生战争和屠杀的情况有多频繁？在个人之间和群体之间的关系中，道德感被转化成一种异化的正义概念，这种正义可能会排斥人道关怀。1994—1996年的波斯尼亚大屠杀中，塞尔维亚行凶者认为他们是在履行正义法则，因为据称在二战期间穆斯林曾支持克罗地亚人大规模屠杀塞尔维亚人。这些指控不是真实的，塞尔维亚领导人也知道，但他们的士兵相信这些指控。苏联和柬埔寨的阶级斗争是以特权阶级剥夺和剥削工人阶级为正义理由发动的。所以，大量死刑都是基于惩罚人们恶行的正义原则基础做出的。

正义和关爱的道德观念

人本主义准则，是人类的普世性概念，也是对人类部落主义、民族主义和自私主义品德的僵化观点的一剂解药。如果一个人的生命价值观压倒了他的政治或社会意识形态，他就更不容易做出伤害性的行为。

人们会有多种不同的道德观点。想象一下，一位父亲因为女儿在她班里学习成绩名列前茅而感到骄傲，他想表扬女儿。维护公平的道德观念会让他判定女儿应该比学习差的弟弟获得更高的奖励。但是，如果弟弟竭尽全力才能勉强及格，而且非常敏感与姐姐比较时，父亲对弟弟的同情就会减弱他对女儿优异表现的热忱。以统一标准评价人的表现可能是公平的，但如果这种评判无缘无故伤害到其他人，那就显然是没有爱心了。

发展心理学家关于道德的著作最初侧重于探讨儿童在成长中对正义的理解日益复杂。劳伦斯·科尔伯格概述了道德发育的六个阶段并最终形成最人本主义的正义概念。卡洛·吉利根则补充提出关爱是一个同样重要的道德概念。

平常传统的道德正义概念侧重于保护人们的分隔。这种个人主义取向的概念强调个人的权利和权益：生命、自由和对幸福的追求，平等的机会，公平的待遇和公正。这种取向的核心假设是，人们的正义主张相互矛盾，并且为了可及资源或为了增强个人会相互冲突。相比之下，关爱取向的道德正义概念则是持有一种连通性视角。源自这种取向的道德准则是以对他人需求的敏感性、对他人福祉的责任和为他人需要牺牲自身需求为中心的。当面对复杂局面时，人们不得不决定是要维护自己的权利还是对他人表达关爱，抑或单纯地追求自身利益。

研究表明，即使是学龄前儿童，也有能力做出道德判断。他们能够区分道德违背与其他形式不当行为的差别，特别是社会习俗的违背行为。他们知道让他们羞耻或尴尬的社交失误与可能伤害他人的有意违背道德行为之间的区别。即使在没有权威，也没有禁止这些违犯行为的具体规则的时候，儿童也能够将道德偏离视为错误的。他们还能够区分正义和关爱。他们可以明确指出何时发生了侵犯权利、公平和正义的行为，何时发生了与关系、责任和情感有关的违约行为。

即使在很小的时候，儿童在帮助同学时也会感到高兴，而当他伤害了同学时会感到内疚。儿童会给自私的决定贴上"错误"的标签，比如去看电影而不是去看生病的朋友。他会给亲社会的行为贴上"正确"的标签，比如帮走失的小狗找到主人。当然，即使儿童知道该做正确的事情，他们的自私动机也常常会成功掌控他们的行为。他们经常很善于为自己道德规范的例外情况给出合乎逻辑的理由。

道德准则的实践通常是需要成本的，至少要花费精力来控制有危害的冲动或是要牺牲个人目标来帮助他人。社会化的一个主要内容就是要教育孩子明白刻意努力控制"自发、自然"的冲动或渴望有远期价值意义。个体会及时地发展出自我抑制力，自动地阻止他打其他儿童或抢走其他儿童糖果的冲动。他对敌意或自私冲动控制的基础是他从他人那里学到的适当信念。直接惩罚或奖励通常可以有效地影响关于哪些行为可接受、哪些行为不可接受的具体观念。对重要他人（如父母）的观察学习也会提供参考框架助力社会动机的增强和有危害冲动的控制。最后，人们通过了解规则来学习行为准则。对公开社交失误感到羞耻和对有危害的行为感到内疚的经历会补充人们的精神结构规则框架。

人们对亲社会行为或助人行为的学习会受到他不自觉体验到的同理心的推动。在缺乏同理心时，外部认可或自我认可的预期则会激励人们的亲社会行为。在每个案例中，当事者的一个有价值的人的自我形象都被强化了。

合作可以减少群体间彼此可能的负面看法。谢里夫开展了一项实验研究，他将参加夏令营的11岁男孩分成两组进行激烈竞赛。

实验中，两组男孩都展开了对另一组男孩的贬低，最终他们付诸破坏行动，例如搞坏另一组男孩的床铺。随后，失败组的男孩士气变得低落，他们相互之间开始争吵起来。

后来，实验者设置了一个需要两组合作行动的环境。他们的卡车抛锚了，男孩们不得不一起使劲推车。他们还必须合作修好一个坏了的水管。通过共同努力解决问题，男孩们对另一组人产生了积极的态度。还有其他一些研究结果表明，只是简单地加入一群人本身并不能减少偏见，但加入后一起朝着共同目标努力却可以。

利他主义

许多社会元素交织共同形成了利他主义：同理心、关爱、对弱者的认同，以及仁慈的自我形象。当一个人明显地处于困境或危险时，就会激发人群中那些潜在的助人者向受害者伸出援手。利他性是一个连续谱，从举手之劳的服务到为挽救他人生命做出重大牺牲或承担严重风险都是利他主义的行为。一般来说，牺牲自我和承担风险远远超出助人者的切实利益，是利他行为的标志。有时，挽救一个生命的唯一回报仅仅是助人者觉得自己做的是对的，因而心里感到愉悦。利他行为的关键成分是救助者对生命的尊重和对受害者恐惧或痛苦的一种替代性体验。受害者和救助者在展露人类的共同人性方面紧密联系在一起。某个市中心帮派成员违反帮规救助了敌对帮派的一个受伤的成员，他将冒着被他自己帮派的人反对——要不然就是惩罚——的风险，甚至他帮助的那个人可能不会感谢他。他不求回报的行为就是纯粹的利他主义。

有些人只在自己的集体范围内表现出利他行为。一名士兵自愿在敌后执行危险任务。一名异教信徒在市场引爆自杀式炸弹来抗议他所属教派受到的不公对待。此类事件是狭隘利他主义的表征。个人将奉献限定于其特定集体的目标上。这种对集体使命和福祉的投入通常是集体自恋主义和利他主义的表现。集体成员会对集体事业做出承诺，对集体其他成员保持忠诚，愿意为集体冒险甚至放弃生命，但在另一面，他们几乎不关心人们的生命。

大多数激进组织，无论是政治组织还是宗教组织，都有优越甚或是至高无上的集体自我意象。他们相信自己掌握着通往真理的途径，并且鄙视不信仰本教者。极端分子，无论是像光头党这样的激进组织，还是像希特勒这样的政治精英，通常都有一个愿景，这个愿景中他们的团体或国家控制着一个完美的世界。在这个"宏伟梦想"的驱动下，他们通过征服或革命来扩大他们的权力。他们根本不会怜悯，他们的目的是消灭受害者。他们的追随者会把自己对权力和荣耀的渴望与其领导人的愿望融为一体，并不断通过扩张和征服来实现。

主流沙文主义和帝国主义可能会打着解放战争的旗号。美国军队显然是出于善意动机在1898年将残暴的西班牙人赶出了菲律宾，但美国后来在菲律宾则是试图通过武力来控制菲律宾。旷日持久的美菲战争导致反抗的菲律宾人大屠杀。在世界各地传教士牺牲自己的生命努力让异教徒皈依"真正的信仰"。这种宗教帝国主义看起来似乎是无私的，但其中部分原因是受宗教传教者的群体自恋驱动的。

群体自恋在很多方面都是和利他主义对立的。军国主义者和革命团体都重视如宗教、国家和家庭等无形的制度化价值观，会诉诸暴力手段来执行他们的预设。他们奉行"为达目的不择手段"的理念，会向集体内外的敌对者宣战。集体内部的异见者被当成异端或叛徒受到迫害，而集体之外的反对者则被视为敌人。追随者的认同要服从于领导者制定的集体目标。在这种语境下，追随者的自我牺牲是一种幼稚的、局限性的利他主义。

开明的利他主义

人道的利他主义是人类的普遍现象，它是集体自恋的一剂解药。这种开明的利他主义可以规避或削弱暴君统治。回到前面的例子，五月广场母亲游行，她们戴着白围巾，上面写着他们儿子和女儿的名字和失踪日期，他们被阿根廷军政独裁政府逮捕并处决。这一勇气之举动摇了独裁政权的根基。人道利他主义的核心是一个涉及全人类的问题：每个人都是人类的一分子，而不是千篇一律的某群体分子。集体利他主义常常被调动起来大规模拯救人，例如，在20世纪80年代中期全世界都筹集粮食救援埃塞俄比亚饥荒。埃塞俄比亚饥饿儿童膨胀的肚子影像触动了全世界的集体良知。同样，许多国家的人动员起来，为洪水和地震的受灾者提供援助。

总的来说，自恋和利他在二元人格组织中代表对立的模式。自恋利于自我，利他则利于他人。自恋模式下，人会投入到那些提升自身利益和扩大私有领域的活动中。他会与他人竞争，主张和捍卫自身的权利和权势，并为维护自身个性和身份而奋斗。在利他模式下，人们会关心他人的福祉，会在屈从自身利益于满足他人需要当中获得满足感，并且会警惕地维护失势群体、弱势群体和贫困群体的权利。

在不同的环境下，人们可以在自恋和利他模式之间转换。那些有自我提升机会或对私有领域有挑战的情况将会激活人的自恋模式。那些有人处于危险或痛苦中（"求救"）的情况则可以激活人的利他模式。尽管开明的信念系统可能控制身处团体或国家内的人的思想和行为，但原始的偏见思维模式很容易加剧这些团体或国家实体之间的问题。

自恋—膨胀模式和利他—人道主义模式在群体或国家之间的关系中具有特别重要的意义。每种模式所渗入的信念类型都提示哪些信念应该被削弱，哪些信念需要加强。尽管导致冲突的原因众多而且复杂，但更多地关注冲突双方领导人及其追随者的心理则可以有助于找到解决办法。如前所述，联合国等超国家组织在试图解决争端时需要考虑到冲突各方的偏见和两极分化思维。调解者应该了解二元观念体系，着眼于促进双方从自恋—膨胀取向到利他—人道主义取向的转变。

自恋—膨胀	利他—人道主义
我们的团体（国家等）是优越的，是天选之人，是精英。	所有人都是平等的和有价值的。
局外人都是潜在的敌人。	局外人是潜在的朋友。
我们的权利和主张应当取代他人的权利。	没有任何团体有优先权。
他们的生命是可以牺牲的。	所有的生命都是神圣的。
如果我帮助同集体的人，这会让我变成一个更好的人。	如果我帮助集体外的人，这会让我变成一个更好的人。

平民生活中那些对他人安全或生命的紧急救助会被戏剧化成英雄主义行为。自1904年以来，卡内基英雄基金委员会每年都会奖励那些因拯救陌生人生命而表现出非凡勇气的人。常见的冒险救助行为包括营救被比特犬攻击的人，爬进燃烧的皮卡去救被卡住的司机，冒着生命危险阻止强奸。

研究人员一直无法确定这些英雄人物的具体人格特征。一名男子跳上地铁轨道救下一个孩子避免了他被列车碾轧,事后他仅简单地说如果他当时不这么做,"我可能会自责而死"。类似的言辞也会出现在其他的英雄主义利他行为者口中。在许多案例中,这些引人注目的行为所依赖的不仅仅是拯救生命的自发冲动。通常一个很重要的因素是救人者得有足够能力或足够强壮来执行救人任务。在许多情况下,救人者其实是一个"冒险者",他会对自己的营救能力和逃生能力很自信。

那些"正义的基督徒"在大屠杀期间冒着生命危险拯救犹太人,也是纯粹利他主义的典范。塞缪尔和珀尔·奥林娜对406位犹太人救助者展开了一项严格控制的对照研究,他们用无救助犹太人行为的个体做匹配对照,以研究哪些个性特征可以把两组人区分开来,研究的确发现了一些特征。该项研究对两组都进行了访谈和问卷调查,结果表明,与非救助者相比,犹太人救助者更具同理心,更容易感受到他人的痛苦。很大比例的救助者会回忆起他们对他们曾经帮助过的第一个犹太人的同情。他们也有着更强的责任感和更多的共性。

研究者认为救助者的利他倾向应归因于他们的许多家庭教养方式:表扬良好行为、更依赖推理和解释而非严厉管教、慈爱父母角色方式呈现、慷慨对待异己者的态度教育。救助者父母的人文价值观会融入他们对有关"外族"问题的回答。在那些陈述为土耳其人、吉卜赛人和犹太人和他们自己非常相像的条目上,救助者要比非救助者更有可能会选择认同。

该研究有一个颇为惊喜的发现,就是救助者的人口统计学特征正好能代表当时德国的人口横断面现状:有农民和工厂工人,有教师和企业家,有富人和穷人,有单身汉和已婚者,有天主教徒和新教徒。正如塞缪尔和奥林娜所指出的,救助者的主要突出特征是他们与他人的关联、他们的承诺和关爱。他们的利他行为反映了他们日常的认知和行为模式：他们对生命神圣不可侵犯的观念以及他们对权威和过失以及判断是非的规则的真实态度。

当今的志愿者精神日益高涨，有近一半的美国成年人会献血，大多数美国人会为了慈善事业筹集资金，在医院做志愿服务，赞助青年群体或为其他的社区事业做贡献。更重要的是，我们的社会每天都会有数不尽的善意行为。尽管这些行为在利他尺度上的评价远不及媒体报道的英雄行为，但它们展现了人类的关心、慷慨和同理心的品质。人们做出众多不同的助人和慷慨行为并不期望得到表扬或赞扬。利他行为本身就是回报。例如，几乎每个人都会帮助一个迷路的孩子并尝试联系他的家人。大多数人都会很乐意为盲人提供引导穿过十字路口。很大一部分人都会捐款帮助一个生病需要高昂治疗费用的孩子。

在动物界也可以追寻到这种自我牺牲模式的痕迹。尽管这是一种本能行为，但利他行为和这种动物本能行为之间的某些共同点表明这种动物本能行为可能是人类利他主义的演化前身。例如，动物行为学家报告称社会性昆虫、某些种类的鸟和某些黑长尾猴中就存在天生的、自发的、自我牺牲的行为。人们经常能观察到大猩猩、黑猩猩和倭黑猩猩等高等灵长类动物间的帮助行为。动物行为学家珍妮·古道尔曾报道了一只成年猿救下了溺水黑猩猩幼崽的案例。最近，有一篇报道被广为流传，称一个小孩掉进了动物笼子而后被一只大猩猩救了起来。

社会心理学研究为同情感受和慈善方式行为的基本趋向观点提供了强有力的支持。有大量实验证据表明，利他模式可以通过适当的干预来"调谐演奏"。有趣的是，如果没有旁人在场，人们在紧急情况下更乐意施救。其他旁观者的存在显然对助人动机有抑制作用。然而，通过训练人们是有可能克服这种动机抑制影响的。这种抑制作用的原因首先需要考虑的是责任分散，尽管这不能完全解释这种抑制反应。相比于在陌生人面前，紧急情况下一个人在朋友面前更容易表现出利他行为。

研究中，当受试者被要求想象他自己身处他人痛苦的处境或想象那个人是如何经历他的困境时，受试者会出现显著的生理反应。此外，与没有进行想象练习的对照组相比，实验组更容易出于纯粹的利他原因而表达同情和提供帮助。大量实验表明，如果有利他行为的主题演讲"铺垫蓄势"，学生们更有可能停下来帮助一个病人，即使可能会面临上课迟到的风险。

社会应用

这种亲社会训练已被证明具有实际的应用价值。一项换位思考的幼儿教育项目可以促进儿童的亲社会行为。然而，更加引人注目的是一项15名男性少年犯实验。实验中，这些男孩接受了观察他人和从他人角度看自己的训练。与未接受干预的对照组相比，这种训练干预对他们以后的行为产生了积极影响。

洛杉矶公立学校三、四年级学生的共情训练是这一模型的更实际的应用。共情训练的核心是识别实验照片中所描绘的情感，区分真实生活情境中不同的情绪强度，并提高换位思考技巧。实验结果表明，学生的自我概念、社会敏感性和攻击性行为都有了显著改善。

还有证据表明，价值观教育是可以融入学校的常规课程的。加利福尼亚州圣拉蒙谷的儿童发展项目采用了包含鼓励换位思考和亲社会行为内容的文本。包含有道德教育故事的阅读练习会用如友谊和感情等社会意义的措辞展开讨论。团队工作则旨在渗透灌输合作的价值观。校园环境的设计也鼓励孩子们以建设性和亲社会的方式参与进来。年龄较大的孩子应该承担社区服务项目。初步的结果表明，相比于没有参与该计划的学校，参加该计划的学校中的亲社会行为和社会敏感性有了增加。

  决策制定者、教育者和父母可以利用大量尚未开发的心理资源来改变个人和群体中的利己主义信念。莱斯莉·布拉泽斯博士用她自己和其他人的科学研究证明了我们的大脑是如何进化出了与其他大脑"交换信息"的特殊能力的。她认为，即使是单个神经元，也会对社会事件做出响应。她认为，我们的大脑共同创造了一个有秩序的社会世界。人类大脑的容量是其他灵长类动物的两倍，可以产生理性思维和仁慈行为。人类下一个千年的挑战将会是如何利用这些资源创造一个更加充满善意的人类社会。

第 13 章

走出愤怒：
心理干预策略

格洛里亚问雷蒙德："你打算什么时候修水龙头？"雷蒙德怒视着她，大喊："滚开！"格洛里亚回应道："如果你表现得像个家里的男人做好你的工作，我会滚开的！"雷蒙德咆哮着回道："我会让你知道什么是男人！"随即一拳打在她的嘴上。

在第 8 章中，我介绍了典型的家暴者雷蒙德，并讨论了他在很小的时候就形成了敌对世界观。这种负面世界观影响了他在成年后的思维，进而影响了他的行为。雷蒙德在攻击格洛里亚前的思维过程与愤怒可能得以"释放"的方式，为理解和处理敌意提供了参考模型。

尽管评论者可能会将格洛里亚的抱怨和雷蒙德对她的攻击视为一个简单的因果事件，但雷蒙德的伤害行为可以根据他的基本信念来做出最合理的解释。这些信念组织在一起形成了一种规则，这种规则决定着他在感知到威胁或挑战时的反应。这种规则呈现为一系列决策法则，用于对侵犯的识别、性质评估和行为响应。他对即时情境的综合评价中整合了对侵犯行为关联特征的解读——谁应对此行为负责、对方是否有伤害意图，以及对其报复的利弊等。雷蒙德在经过这一全面评估后确定了他在这种情况下要做出的反应性质是人身攻击。

可以把敌意是如何发展的心理原理应用于问题情境中来减少伤害行为的发生。治疗师可以聚焦于敌意的关键心理和行为成分并针对其中部分或全部来设计具体干预方案。埃里克·达伦和杰里·德芬巴赫最近的一项研究证明了这种方法是有效的。与对照组相比，认知疗法可以显著降低个体的愤怒水平并强化更为积极自我表达的适应类型。图13-1展示了这些心理和行为成分。以他们的这些心理成分为基础可以讨论那些可使用的具体心理干预策略。

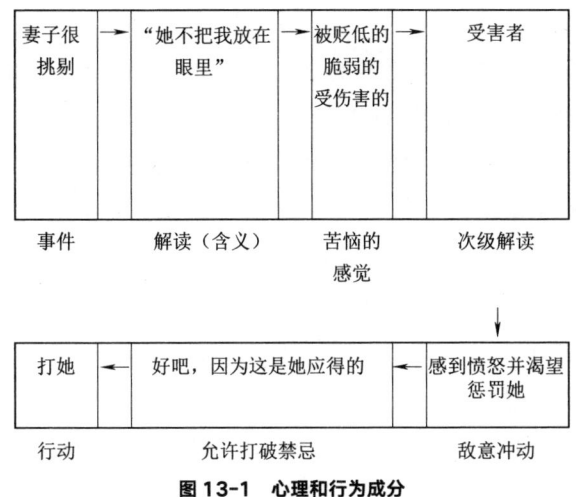

妻子很挑剔	→	"她不把我放在眼里"	→	被贬低的脆弱的受伤害的	→	受害者
事件		解读（含义）		苦恼的感觉		次级解读

打她	←	好吧，因为这是她应得的	←	感到愤怒并渴望惩罚她
行动		允许打破禁忌		敌意冲动

图 13-1　心理和行为成分

识别事件的意义

很明显，生气并不是受责骂时的必然反应。是否会产生敌意反应，取决于他如何处理所有与事件关联的因素的：当前关系的性质、以前冲突的记忆，以及伴侣的特定弱点和行为模式。当外部事件（比如格洛里亚的批评）击中伴侣的特定弱点时，如雷蒙德这样的过度反应就会发生。刺激意义的揭示可以阐释伴侣的不相称或过度反应。

治疗师有很多策略可以引出事件的意义。我最早从做认知治疗开始，就专注于教授患者识别先于明确情绪或冲动的自动化思维。这些想法是自动发生的，未经过反思或思考，实际上是瞬间出现的。最初时，我会指导患者在他们经历刺激情境而体验到悲伤、愤怒、焦虑或高兴时，试着去捕捉那些先于情绪或冲动出现的想法。那些想法的内容揭示着热点事件的意义，通常是独特的，并使情绪反应有了意义。

通常抑郁的自动化思维的内容是以失败、悲观、自我批评主题为核心的；而焦虑的核心主题则是危险，愤怒则是被冤枉。最终，我注意到敌意情结中的自动化思维可能会出现在几个时间点上：情绪或躯体不适发生之前，愤怒体验前后，最后是在攻击对方冲动之后。这种令人苦恼的想法开始可能是这样的内容："她羞辱了我"或"他不关心我"。这种痛苦的感觉可能是情绪上的，比如一闪而过的焦虑或悲伤，也可能是身体上的感觉，比如胸闷、喉咙哽咽或腹部不适。

通常我会要求患者去专注于扫描在他们感到愤怒和意图报复之前经历的每个想法和感觉，在这之前，他们通常意识不到他们有痛苦的自动化思维或令其苦恼的感觉。如果在治疗会谈中患者表现出有任何恼怒的迹象，例如一脸苦相或急躁的语调，我就会询问："你刚刚脑子里想到了什么？"他们可能会说："我想，你不理解我。"当我推着他们去回忆跟在这个想法之后的感觉时，他们通常能够指出在他感到愤怒之前有被伤害的感觉。这种对伤害感的观察最终为具体干预提供了富有成效的指南。

人们赋予触发敌意情结事件的原始意义可以根据其内容进行分类。一类意义是围绕人际丧失主题的：关怀、爱、支持或帮助的失去。另一类主题与贬低有关：被否定、被贬低、被嘲笑。在正常情况下，这些意义可以等同于另一个人行为的合理解释。然而，有时人们会对那些影响他们所珍视的关系或他们的自尊的情况，赋予夸张的含义，从而反应过度。愤怒的激发取决于患者的推断，即他人以某种方式冤屈了他因而应受到谴责。随后，患者产生了惩罚冒犯者的冲动，并对报复的方式和手段做出了快速评估。

在应对威胁或伤害时，原始思维也会被激活来对问题事件赋予绝对化的意义。因此，雷蒙德很容易产生这样的想法："格洛里亚总是批评我"，或者"格洛里亚从不尊重我"(过度概括)。他还夸大了格洛里亚批评的程度和意义(夸大)，他对此解释为她对他的伤害攻击。最后，在他心目中她就成了一个敌意对头的邪恶形象。

雷蒙德的夸张反应不能简单视为一种单方面的行为模式。这种反应只是众多（否则就是大多数）亲密关系中矛盾心理的一面。大多数时候，雷蒙德对格洛里亚是持有积极看法的，只有当他们的互动触及他的特殊弱点时，他对她的负面意象及其敌对后果才产生影响。

心理干预策略的应用

针对性的干预要从处理挑衅事件在患者那里的含义开始。治疗师向患者展示，如何重新构建他对他人所谓有害行为的推论，借此治疗师可以帮助患者减少过度强烈和不恰当的愤怒，以及他的报复冲动。

可以用以下技巧来帮助雷蒙德思考他对格洛里亚的批评所赋予的含义。

- 应用证据规则：鼓励患者思考所有与他的解释相关的证据——支持的和反对的。我问雷蒙德，格洛里亚在其他场合是否表现出对他的关心或尊重。当他仔细考虑这个问题时，他回忆起格洛里亚很多时候都是很尊重他的。她尊重他在非常广泛的话题上的看法，并在社交场合会支持他。对矛盾证据的聚焦观察可以破坏他对格洛里亚的概括，会软化他对她的负面形象。

- 考虑替代解释：一个人有明显粗暴的行为有很多可能的原因。像雷蒙德这样具有特殊脆弱性的人会倾向于做出偏见性的解释。我可以通过一系列提问，促使雷蒙德重新考虑他的结论："格洛里亚批评你可能还有其他原因吗？例如，你的拖延使她很沮丧，这样的解释是否更合适呢？"经过反思，雷蒙德可能会认识到格洛里亚是心急多过批评。他之所以能想到这一点，是因为他在工作中也有过类似的经历：当他的助手没有按时完成工作时，他感到很失望。

- 解决问题：一个人对另一个人的陈述可能会做出多种不同的解释。他可以接收信息的字面含义，也可以忽略其陈述的内容而主要对他附加其上的主观"剩余意义"做出反应。在一段痛苦关系的背景下，一个人的解释可能会聚焦在非语言方面，例如伴侣的语气和面部表情，而忽略了那些明显的信息。先前那些负性的互动经历和伴侣的负面形象都会影响他的解释构建。

在高速公路上行驶时，格洛里亚对雷蒙德大喊："你开得太快了。"他生气地回答："如果你不喜欢我开车的方式，你可以下车。"她回答说："你让我要发疯了。"然后他们沉默地度过了剩下的行程。这里发生了什么呢？答案在于雷蒙德所赋予的他们之间情感交流的意义："她对我没有信心""她试图控制我""她喜欢批评我"。任何解释都可能是正确的，但这与格洛里亚试图传达的信息无关：她很担心。他没有处理核心问题：他是不是开得太快了（为了安全起见）？他是不是让格洛里亚感到不适了？

人们如果只专注于他们自己的主观想法，问题只会恶化，而不是得到解决。在心理治疗中，我向雷蒙德指出，如果他将关注点放在格洛里亚的担忧或抱怨上，并尝试解决真正的问题，他就不太可能感到受伤害。他抗议说这样做是"让步"。我的建议是，只有当他将自己的伴侣关系视为一种竞争或权力斗争时，才会觉得是在让步。

我建议他尝试用"合作"的想法代替"控制"的概念：从谁对谁错、谁赢谁输的焦点中脱离出来。这个问题方向的改变很有帮助。他不再那么担心格洛里亚"我行我素"，而是更多地去解决问题。他还能够认识到这样一种观念，即妥协并不意味着失去自我或让自己服从他人，而他会获得更好的伴侣关系。

人们通常是善于解决问题的，但是当受到被伤害感、愤怒、怀疑和不信任干扰时，就会陷入困境。当事者，无论是配偶还是国家领导人，都需要尝试撇开他们赋予双方沟通的主观意义而专注于沟通的客观内容。他们对客观问题做出回应就是迈出了解决问题的第一步。

检查和修正信念：对具体情况所赋予的含义是由特定信念塑造而成的。这些嵌入在认知架构（图式）中的信念被刺激情境触发激活。它们通常以"如果……那么……"条件句形式出现。"如果"标定的条件与刺激中观察到的信息相匹配制造了意义（"那么"）。

导致痛苦的信念是敌意运算法则的重要组成部分，但抑郁状态中也可以发现这些信念的存在。一个人对冒犯者行为的解释决定了他是否会继而感到愤怒或沮丧。如果他将痛苦的原因归于另一个人或多个人，他很可能会生气；如果他将其归于自己的缺点，就很容易感到沮丧。

产生痛苦的条件化信念①的例子：

- 如果有人批评我，那么说明他不尊重我。
- 如果我没有得到尊重，那么我就会很容易受到进一步的攻击。
- 如果我的伴侣不遵从我的意愿，就说明对方不在乎我。
- 如果一个人做事拖拖拉拉，就意味着我不能依赖他。

当信念触及重要议题时，人们的解释往往过于笼统或极端。因此，当雷蒙德将他关于不尊重的信念应用于具体的批评性言论时，他将他的结论泛化到他对格洛里亚如何看待他的整体概念（"她认为我是一文不值的人"）。同样，格洛里亚从雷蒙德的拖延推论出："他从不会为这个家承担责任。"随着不断重复，这些泛化概括会导

---

① 认知疗法术语，也译为中间信念，是介于自动化思维和核心信念的认知观念层级。它是核心信念在具体心理领域的表现，是自动化思维产生的心理基础。通常以"如果……就……"的形式呈现。——译者注

引出更多的分类信念，例如，"他是不负责任的"，"他总是很懒惰"。随着时间的推移，这些口头标签会固化成对方的负面形象。当这种情况发生时，负面形象就会成为解释对方行为的基本框架。随后每一次与那个人的经历信息都要经过这个负面意象的过滤。

修改规则和强制性标准：规则是另一类型的信念，比有条件化的信念更具强制性，因为这些会直接推动或阻止行为的发生。这种强制和禁止系统会把更为被动式的愿望，如"我希望我的妻子能对我更加恭敬"，转变成为一种绝对化的规则："我的妻子应该更加恭敬我。"在正常情况下，"应该"有助于调动我们自己或他人积极去做那些我们认为重要的事情。同样，"不应该"有助于阻止人们那些可能导致不良行为的愿望。然而，像雷蒙德这样自尊心不稳的人，会过度应用"应该"和"不应该"作为保护自己免受伤害的一种方式。当其他人不遵守这些强制令或禁止令时，他们通常会被引发挫败感和批评。

强制令与禁令相互抵触，如下表所示。

人们应该……	人们不应该……
慈怀济世	见死不救
与人为善	刻薄寡恩
善解人意	麻木不仁
从善如流	固执己见
敬上爱下	欺上瞒下
宽容大度	恶言厉色

"应该"可能表现为非常具体的形式，例如，"我的配偶应该更热情一些"。当他下班回家时，雷蒙德会想："格洛里亚应该更有爱（因为我工作很辛苦）。"而当她做得"专横"而不是有爱的样子，

雷蒙德就会感到失望，然后生气。她违反了一条重要的规则："欣赏我和喜爱我。"人们通常意识不到自己是有多频繁出现这种自动的"应该"想法以及自己有多么以自我为中心。当我要求我的一些长期有愤怒情绪的患者用我提供的手腕计数器检查他们的自动化思维时，他们惊讶地发现在一天中他们检查了100~200次计数器。他们注意到，在许多情况下，他们会出现各种想法，比如，"他不应该打扰我"，"当我和她说话时，她应该微笑"，以及"当我和他说话时，他不应该打断我"。只要他们意识到了这些想法，就会产生治疗作用：强制性标准对患者情绪的大部分影响会消失。

对自动化解释和强制标准的评估和纠正不仅可以帮助一个人重新构建敌对性的推断，还可以修改潜在的信念结构。人们一旦明确自己的负面解释不正确，就可以对内在信念系统做出有意义的反馈。"我的配偶不尊重我"，当这一判断多次地被检验失验，他所认为的自己在配偶心中的意象就会发生改变。

我们可以以逻辑推断和实证评价的推理方式来评估观念本身，这也可以对潜在信念系统形成持久的影响。例如，治疗师可能会建议丈夫对他认为妻子不尊重他的观念进行实证检验，建议他及时关注妻子的请求、观察她是否做出赞赏的回应。丈夫的积极发现会削弱他消极观念的力量。

处理功能失调信念的另一种策略是采用实用主义标准来衡量。例如，治疗师可以提出这样的问题：把批评等同于不尊重会有什么好处？有什么弊端？我发现，患者对强制性信念的认识越深，他们就越能意识到强制性信念的不合理。我会尝试通过询问来提供更多的视角："你认为期望着人们一直按照你的意愿行事是不是合理的呢？如果他们对你提出同样的要求，你会有什么感觉呢？"雷蒙德开始意识到他内心希望格洛里亚永远对他"温柔地说话"的期待会一直让他自己很容易受伤。

雷蒙德年轻时给人的印象是一个窝囊废。他的哥哥和其他邻居家的男孩子都欺负他。为了弥补这一点，他会摆出一副强硬的姿态，即使长大了，他也非常敏感。当有人批评他时，那些藏在记忆深处的哥哥和同龄人欺负他的痛苦画面就会被激活。因此，在他对格洛里亚做出过度敏感反应时，她扮演的是迫害者，而他是受害者。

在敌对过程中被夸大的自我意象是可以被分析和改进的。我让雷蒙德想象自己被格洛里亚批评后的样子。他看到自己变小了，而且一脸恐惧。在他眼中格洛里亚的意象变得强大而且更加有威胁性。可以用一个更温和的格洛里亚意象来代替这个强大而具威胁性的形象，这样雷蒙德就能够从他们的对抗中脱离出来，并反思认识到格洛里亚并不是与他为敌，只是被他的拖延搞得心烦意乱而已。

处理困境：是恶意还是偶然？

紧跟在事件经历的负面解读后的即时不愉快情绪通常会被患者忽略，他们更容易觉察到后面的愤怒情绪。详细探查患者以前的创伤、焦虑或其他痛苦的情绪，给治疗师理解患者的敌意情结提供了宝贵的机会，这也是治疗干预的重要工具。可以通过对患者进行系统性的询问来梳理出这些主观体验。患者对刺激事件赋予的意义会大致地导引出他们会经历哪种痛苦。

例如，如果病人分辨出刺激情况对他构成了威胁，他可能随即会感到焦虑。如果他感到失望，他可能会明确表述出自己的悲伤或受伤害感。也或者，他可能会主观体验到一种躯体不适感。对自己被压制或阻挠的解读常常与胸部压迫感（一种窒息感）有关。意外的失望可能与喉咙异物感或腹部坠胀感有关。

治疗中聚焦于受伤害感往往会压缩对自己被冤枉的过度关注，也会削弱要采取报复的必要性。抛开悲伤、焦虑或窒息感可以让患者能够更充分地认识到自己的脆弱性，以及那些致使他容易感到自己被人威胁或贬低的信念系统。

雷蒙德与格洛里亚互动的过程说明了这一点。

治疗师：当格洛里亚因为你没修水龙头而叫你下来时，你有什么感觉？

雷蒙德：我真想揍她。

治疗师：在那之前你有什么感觉？

雷蒙德：要疯了。

治疗师：让我们往回倒一点。请你想象一下格洛里亚正在责骂你，你会有什么想法？

雷蒙德：她肯定觉得我一文不值，净胡扯。

治疗师：当她胡扯的时候，你有什么感觉？

雷蒙德：我想我应该很受伤。

治疗师：你在哪里感觉到？

雷蒙德：直觉。

治疗师：下次你和格洛里亚吵架的时候，你觉得你能像现在一样在生气之前停下来看看自己的感受吗？

雷蒙德：我想我可以试试。

通过在与格洛里亚的对峙中设置这样的停顿，雷蒙德可以打断其敌对程序的进程，同时能觉察到自己的敏感。这就为检验他被贬值的信念提供了基础。我们接着讨论了这样一种观点：他不高兴，不仅是因为他觉得格洛里亚在贬低他，还因为他觉得她不关心他。由此我们建立了一个额外的观念："如果格洛里亚真的关心我，她就不会批评我。"她不关心他的想法会引发短暂的沮丧感。很显然，随后雷蒙德也会害怕格洛里亚离开他。这一发现为讨论和进一步评价开辟了一条全新的途径：他对被拒绝的担忧。雷蒙德意识到了他的反应中存在的矛盾：他殴打虐待格洛里亚，而这很可能会导致他最担心的事情——被她拒绝。

大多数情况下，将自己痛苦的责任归于他人，就足以让一个易怒者将对方的行为当成冒犯行为并且会愤怒。我们常常可以看到某个司机在堵车的时候，摇下他的车窗，对着前面的司机大喊大叫——即使另一个司机和他一样堵在这里。当人们陷入这种方式中时会引发人的无助感，而责备他人会有助于减少一个人的无力感。

他人不当行为是偶然的还是故意的，这是敌意反应的另一个重要特征。即使是偶然的行为，也会引起被冒犯者的强烈怒意。特别是，不当行为是由于粗心、疏忽或无知造成的，就可能会激发被冒犯者对冒犯者的惩罚。面对严重的伤害时，这种激发就会更加强烈。另外，如果冒犯行为看起来相对无害且貌似合理，那么被冒犯者就有可能不会对冒犯者产生敌意。

易于生气者要比不易生气者更容易从他人讨嫌行为中解读出敌意意图来，不易生气的人会乐于将模糊恶意的事件解释为偶然事件。同样，处于痛苦婚姻中的伴侣更倾向于将令人不愉快的行为归咎于配偶的本性不好，而和谐的夫妻则会将同样的事件归因于当时的情境。一个人解读他人行为时的偏见思维可能就藏在他通常处理信息的方式中，或是仅仅发生在冲突关系中。无论如何，当人们被激怒并责备他人时，他们也更可能对那个人做出"性格"诊断：恶意的、操纵的、欺骗的。

管理预期系统:"你没有权利这样对我"

我们不知道有多少次听到有人愤愤不平地抱怨:"你没有权利这样对待我!"我们所有人都有一个预期系统,它是防范他人的侵犯或抛弃的一种防御形式。当我们确定自己的某项权利受到侵犯时,通常我们所体验到的愤怒程度大大超出了实际损失比例,例如,有人不尊重我们意愿的想法引发的愤怒。

易怒的人非常重视对自己权利的保护。我注意到,当人们在剧院或超市排队而有人插队到某人前面时,他会表现得很愤怒。同样,即使"损失"的时间微不足道,不得不等待服务也会激怒一些人。人们对其权利的"保护"显然是处理问题的核心方式之一。许多人活在一种奇特权利法案中,好像他们的权利如此显而易见和总是被认可的一样。他们显然没有注意到这样一个事实,即这只会导致他们与那些对他们的权利有不同看法的人发生冲突。

易怒者主张的权利包括:

- 我有权做自己想做的事。
- 如果我生气了,就有权表达我的愤怒。
- 如果我认为别人错了,我有权批评他们。
- 我希望人们做我认为合理的事情。
- 人们没有权利告诉我该做什么。

对于如此执着于自己权利的人,我会提出以下问题:

- 别人知道你有这些权利吗?
- 如果对方不符合你的期望,实际上你会损失些什么呢?

- 你是真正经历了损失吗？或者你生气的是原则问题？
- 报复能让你得到什么，又会让你失去什么？

我发现，帮助患者认识和表达他们的主张、要求和期望，是他们获得自我客观性的重要第一步。只要他们意识到那些所谓权利的自我中心性，就可以使他们更客观地对待这些权利。此外，他们开始意识到自私取向的权利会如何不可避免地导致与他人的冲突。尽管每个人都需要建立与他人之间的个人边界，但对个人权利的过于僵化的主张实际上会导致更频繁的个人痛苦和无用的愤怒。

责备他人、将消极意图归咎于他人、对"冒犯者"性格做出消极概括的这些复合做法，是强烈愤怒和惩罚冒犯者的冲动的诱发因素。如果能意识到这些因素，人们就更容易意识到冒犯行为可能是个偶然，而不是由于冒犯者的不良品格，因此不应该受到指责。

处理愤怒与冲突的技巧

愤怒的主观感觉可以有着从轻微激惹到暴怒等不同的程度。许多学者认为，愤怒不仅是一种情绪在主观上被体验到，还通过面部表情、肌肉紧绷和脉搏加快等在身体上表达出来。也可以说，愤怒体验和躯体反应是战斗反应中独立而又整合性的部分。当个体被激活报复冒犯者时，就会产生愤怒感和身体反应的主观感受。

在更严格的意义上，愤怒具有信号功能价值，就像疼痛一样，它作为一种信号或刺激来提醒人们警惕威胁。愤怒体验可以迫使个人辨识出人际关系问题的根源，从而采取一些措施。通常，愤怒会逼迫个人采取纠正措施并持续直到刺激被中和或消除。愤怒的功能可以比作烟雾探测器：引起人们的注意，把人们引至有害事物上。由于该机制的启动门槛普遍较低，难免会出现误报。从进化的角度来看，对威胁反应过度总比反应不足要好。只要有一次未能对威胁生命的情境做出反应，个体及其对基因库的进一步贡献就会遭到淘汰。

尽管愤怒作为对错误事件的警告有用，但日常生活中的潜在伤害并非来自刺激因素，而是来自愤怒本身。除了愤怒的负面生理影响外，愤怒造成的强有力干扰会分散人对问题的具体性质的注意力。它还会制造压力对抗刺激代理人，而不是参与到有建设意义的问题解决上来。在这种情况下，愤怒本身成了问题，需要运用务实的原则来应对愤怒。

在处理可能会迅速升级为身体虐待的人际冲突时，治疗师可以把愤怒重新构建为进行警告而不采取行动。在我对雷蒙德的治疗中，我用"分区"来标示愤怒强度。黄灯区表示轻微愤怒，作为他要退后的信号。红灯区表示更强烈的愤怒：这是他要撤离当时情境的标志。我与雷蒙德一开始的工作是让雷蒙德学会当他觉得自己正在进入危险区域时，他有必要为做出适应性反应做好准备。显然有必要在我们能找到以更理性的认知为主导的策略之前要终止他的破坏性行为。在接下来的咨询晤谈中，他报告了一次他与格洛里亚的争吵，那次争吵越来越激烈，一直到他意识到自己已经处于红灯区了才停下来。他离开房间，到了隔壁，来回踱步，然后上了楼。他发现自己还是太生气了，所以他走了近一个小时的路，等到自己冷静下来了才回家。他愤怒的持续时间反映了他准备攻击行为而被激活的程度有多强烈。

处理愤怒的另一个对症的辅助措施是转移讨论话题，从热门话题转移到中性话题，并推迟对情绪反应激烈话题的进一步讨论。放松技巧的使用是另一种减少愤怒的潜在有用方法。治疗师可以使用雅各布森渐进式放松法训练患者，或引导患者在家中使用为此目的设计的众多可用磁带练习放松。

如果患者已经学会了一些方法阻止他的破坏性行为形成，他可以利用自己的愤怒情绪作为标记来识别和解除自己的敌意自动化思维。雷蒙德报告说在他生气时，他经历了一系列这样的自动化思维。"她喜欢对我吹毛求疵……她不把我当一回事……她总是逼迫我。"然后我引导雷蒙德对其中的每个想法都进行思考并做出合理的回应：（1）"我不知道她是否喜欢对我吹毛求疵，她说她讨厌生气。"（2）"她的批评并不是真的那么令人难以接受，只是我不喜欢被批评。"（3）"她并不总是逼迫我。"

雷蒙德发现，当他对格洛里亚生气时，花点时间写下他的自动想法，并在当时或稍后冷静一些的时候对这些想法进行回应，这会让他能够更客观地看待他对格洛里亚的过度反应。随之而来的是，他的怒火也变小了。在治疗的这个阶段，对雷蒙德来说，重要的是他要认识到在自己生气之前他觉得自己被伤害了。他能够捕捉到自己心里那些对他有伤害的想法，比如，"她认为我是一个讨厌的人……她不尊重我"。当然格洛里亚对他的看法可能是负面的，尤其是考虑到他曾殴打过她。因此，检查他的解释是否准确是很重要的。

我们要适应他人确实需要我们能够"读懂他们的想法"，就像雷蒙德试图对格洛里亚所做的那样。人们从幼年时就发展出了"心智理论"，这可以帮助人们对他人的想法和意图做出合理的推测。然而，在强烈冲突的情景中，人们的心智理论会负性扭曲，推测就变成了偏见。通过检验自己的自动化思维，雷蒙德会得出结论——格洛里亚总是认为他不值一提或对他不尊重的想法缺乏证据。然后我们继续探讨了一个观点，即雷蒙德被伤害的感觉也是源自他所谓格洛里亚不关心他，她拒绝他的个人解释。他再次运用证据原则来检验自己的解释后，认为他的这些解释站不住脚。这一干预的结果就是，他剔除了格洛里亚批评中的许多刺痛。

当然，一个人的负性读心术有可能是准确的。一位妻子可能确实认为她的丈夫有毛病并且不尊重他。因此，治疗措施必须瞄准丈夫所赋予这些特性描述的含义来展开工作。例如，即使他的妻子认为他讨厌，这就可以推断他是一个令人讨厌的人吗？如果她不尊重他，这就意味着他是不值得尊重的吗？我向另一位病人解释了这个想法："假设你妻子确实这么想。你知道她可能是错的，就像你对她的看法也是错的一样……她认为你是个失败者，并不意味着你就是个失败者。这只是她的想法，并非就是事实。但是你不可能打她就能把这个想法从她脑子里剔除出去。你必须自己判断你是什么样的人。如果你认为自己不是一个失败者，这才是真正重要的。如果你能记住这一点，我们就可以开始调查一下看看你是做了什么才让你妻子对你产生了这样的第一印象。"

我发现，治疗焦点导向于患者的被伤害感及其背后的意义，这会有助于防止患者把配偶视为敌人。他对自己的底层信念越理解，就越不会主动攻击妻子。他开始接纳这样的观念，即他所感受到的伤害来自他对妻子行为所赋予的意义，而不是妻子的行为本身。

夫妻治疗常常可以帮助人们预防婚姻冲突，做出过激反应。对于像雷蒙德和格洛里亚这样的伴侣来说，沟通技巧的培训尤为重要。特别是，格洛里亚意识到了她对丈夫失误的责备会适得其反。她练习着用中性语气与丈夫说话，而丈夫则练习着以非防御性的方式回应。他们达成了一致意见，妻子可以在他们家的公告板上张贴一份他要做的事情的清单，他会标出做每项任务的日期。

当然，从丈夫被格洛里亚批评到扇她一个嘴巴，冲突升级并非凭空发生的。既往与格洛里亚口角的记忆会浮现出来，就像刚刚正在发生的一样，这会控制雷蒙德现在的思维。以前的冲突通常会以激烈口角而告终，格洛里亚会对雷蒙德的行为表示不满。雷蒙德的反应是批评她"欺负他"。格洛里亚则会为自己辩护，而争论则会变得更加激烈，直到其中一人愤怒地跺脚离开，或者雷蒙德打了她。

当然，格洛里亚是带着自己的一套期望、信念和脆弱性步入了这个婚姻。她最想拥有的是一个和谐的婚姻关系，但雷蒙德无数次地令她感到失望，当然，她也不能容忍他的愤怒反应。在我与他们一起的夫妻治疗中，我尝试让他们都相互理解对方的困难和敏感之处。一个典型的餐馆事件例子为我们描述了格洛里亚的敏感点和雷蒙德的冒失——两者一结合就导致了一次不愉快。

格洛里亚：你能让女服务员给我们换个位置吗？这里太吵了。
雷蒙德：不会有任何区别的。哪个位置都很吵。
格洛里亚：嗯，你可以问一下。
雷蒙德：没有用的。
格洛里亚（愤怒地）：我让你做什么，你都不做。

雷蒙德认为格洛里亚"让他很难受"，觉得这样的交流中贬低了自己。首先，她质疑他的判断。然后她又指责他从不满足她的愿望。在治疗中，他意识到了格洛里亚的观点。她生气的原因是她所赋予的他的拒绝行为的意义："他不在乎我。"她对于他不积极做家务也赋予了同样的意义。他回答说，他最终会去考虑做这些事情，但这种"实用主义"的回答并不能改变她的基本信念:"如果他真的在乎,他就会按我说的做。"她会感到很受伤,然后对他的不关心感到生气。而丈夫的愤怒反应则加剧了她的心烦,最终两人以口头谩骂结束了沟通。她努力和丈夫的威胁感对抗,并要回撑他,每次交流她都变得越来越爱批评。这些既往批评性记忆控制了雷蒙德的思维,导致他最后选择动手打她。这些冲突是他们决定寻求治疗的原因。

控制暴力冲动

一个人伤害或杀死另一个人的冲动可能会在他受到挑衅后突然表现出来,这可能看起来像是一种反射。此外,从破坏冲动的激发到行为实施之间可能会间隔相当长的一段时间。对于即时暴力行为和延迟性暴力行为的暴力预防治疗策略本质上可能是相同的。

雷蒙德在格洛里亚批评后的突然攻击行为意味着他的全部敌意网络的激活。通过剖析这个系统,我们有可能看到信念、脆弱性、强制性和意象的潜在易爆组合,而这种组合会促使雷蒙德倾向于惩罚伤害格洛里亚。雷蒙德关于以前两人争吵的记忆整合到敌意网络之中,这也促成了他的决定,"我必须让她闭嘴"(通过打她一嘴巴)。他的冲动强度与整个敌意网络的激活程度是成正比的,而每一次的敌对互动都会让这个敌意网络变得更加强烈。

控制雷蒙德行为的敌意网络特征可以和比利的案例(见第8章)进行比较,比利在酒吧受到侮辱,当他在找手枪以便能回去射杀侮辱者时,他心里为要报复那个折磨他的人已经纠结了一小时。雷蒙德和比利都是"反应性犯罪者"。挑衅的情况所激活的心理网络系统是类似的。

1. 脆弱、不稳定的自我意象。
2. 明显被贬低后的自尊下降。
3. 自尊下降后的痛苦和无助。
4. 攻击者的敌人意象。
5. 惩罚或消灭敌人以缓和痛苦和无助的这种倾向。

鉴于雷蒙德和比利的人际敏感性，他们的暴力行为是绝望的表现。只有暴力行动才能抵消他们深深的屈辱感。暴打和杀戮是强大的赋权激励形式，也是对被贬低的自我意象的有力解药。暴力行为是在挑衅后立即还是延迟实施，取决于现实的考虑。雷蒙德不必等拿到武器——他的拳头。此外，私密环境没有旁观者的干预反而更容易发生暴力。

要让雷蒙德控制他的冲动爆发，需要降低他潜在心理网络的活动强度。这当中很重要的一步是要深入地了解他不稳定自尊的特点以及是如何影响他的感受的。如果他审视过去几天或几周内自己的情绪波动，他就可以看到情绪是如何响应他对自己的看法——他的自尊而变化的。他注意到，当得到他人支持和赞赏时，他的自我感觉会变好。当受到批评或漠视时，他对自己的感觉变得糟糕。

他也意识到，当情绪低落时，他会感到虚弱和无助。在这样的时候，他会有一种强烈的冲动去做一些有攻击性的事情，比如往墙上钉钉子、打沙袋，或者打上一架。攻击性行动对他的情绪低落是一种"代偿"。在这方面，冒犯者和药物滥用者是类似的：他们诉诸一种适应不良的行为来减少烦躁不安。

雷蒙德认识到，他因格洛里亚批评他而对她攻击，其动机不仅是惩罚她伤害他的愿望，还是通过提升他的自尊来改善情绪。随后我们讨论了暴力的情绪正常化作用。尽管他意识到了暴力行为的负面后果，但仍然需要进一步了解为什么这可以缓解他的直接痛苦。他一开始的反应是，格洛里亚批评他让他觉得自己"不像个男人"。然后我提出了以下问题：是殴打一个弱者会让他更像男人，还是沉着冷静让他更像男人，这样的男人忍辱负重、不退缩，并且保持对自我和困难情况的控制？

雷蒙德对这个问题很感兴趣，他能想象自己沉着冷静、泰然自若的样子，想象自己理智地回应格洛里亚的批评。随后他可能会改变他的潜在规则，从"一个男人不能忍受妻子的任何不敬"到"一个男人可以忍受委屈而不受影响"。因此，治疗的目的不仅在于破坏他的功能失调的信念，还在于替代成更具适应性的信念。当然，要巩固新的态度，就必须将其应用到现实情境中。最初，我设置了练习课程——格洛里亚和雷蒙德将在其中重现典型的冲突情况的家庭场景。无须更高明的沟通技巧，雷蒙德发现，他可以倾听格洛里亚的抱怨，而仅有轻微的情绪低潮或让她闭嘴的渴望。他后来告诉我，他能够在心中激活一个心烦意乱但毫无威胁的格洛里亚的女人形象。

然后，我们就可以复习冲动控制的办法，在他冲动过强时他可以用。第一个安全措施是抽出一点时间让自己冷静下来，然后离开房间。第二个措施是重塑格洛里亚的意象，将其变为脆弱的和烦恼的形象，而非充满敌意和威胁的形象。第三个措施是提醒自己，更具男子气概的做法是冷静和成熟。

"打她没关系"：抑制辩解借口

即使当一个人被强烈激活实施反社会行为时，他常常也不得不面对自己内在的反社会行为遏制力量。大多数人偶尔会冒出来攻击甚至杀死某人的欲望，但通常会自动抑制住这种想法。然而，用班杜拉的话来说，在某些情况下，他们能够脱离道德规范。当有社会压力或仅是赞同反社会行为时，许多人就可以打破道德禁忌约束。这种现象在战斗步兵、街头帮派和私刑暴徒中很明显。确实，一旦一个人从事了破坏行为，下次通常会更容易再次实施同样的行为。最初不服从命令而对受害者实施酷刑的安全警察，最终发现他们可以自愿执行相同或更可怕的行为。

当人们以个人而不是群体成员的身份从事反社会行为时，他们会不得不为这种伤害行为想出特殊的合理理由。他们必须凌驾于道德准则，减少对社会反对的关注，抑制对受害者的同情，并忽略他们可能被逮捕的负面后果。

在之前与格洛里亚的激烈争吵中，雷蒙德会有很多想法宽恕他伤害格洛里亚的行为。其中包括：

- "她活该"：这符合所谓的"正义世界哲学"——人们得到他们应得的，无论好坏。
- "她自找的"：这翻译成"她不会那样做，除非出于某些反常的自虐需求，她就是想被打"。
- "这是让她闭嘴的唯一方法。"这是雷蒙德对问题的"实用主义"的解决方案。
- "可能会有不好的后果，但我能应付。"

在他愤怒时，雷蒙德会忘记以前他想控制自己的那些决心。雷蒙德的这些合理化借口，在之前曾发生过，会浓缩成一句具体的辩护："打她没关系。"因此，当他感觉到打她的冲动时，对行为授予宽容的辩护早就准备好了。

第 14 章

前景与展望：
运用理性，创造美好生活

在前面的章节中，我尝试描绘了敌意的发展概念模型、敌意模型如何在各个领域发挥作用，以及用什么办法可以减少敌意。如果这一理论能得到证实，它就可以为进一步澄清提供基础，并为各种敌意的干预和预防策略提供理论框架。

在这一点上，对敌意认知理论和它的支持证据进行反思，并考虑展开进一步的研究对它进行测试，然后将其应用于第 1 章所列出的那些紧迫问题中，这将是有价值的。

在探索对愤怒、仇恨、迫害和战争等复杂现象的各种应对方法时，采用广泛的参照框架是很必要的。一般系统理论为不同概念维度的现象分析提供了一个框架。而确切的分析水平通常根据研究者的学科和特殊兴趣而有变化。概念系统或层次可以像 DNA（脱氧核糖核酸）片段一样微小和具体，也可以像民族国家之间的权力平衡一样广泛而抽象。尽管分析级别之间存在概念差异，但这些系统彼此相关，并且直接或间接地相互影响。在试图理解像敌意这样的现象时要考虑的层面包括生物学层面、心理层面、人际层面、文化层面（或社会层面）、经济层面和国际层面。用于这些系统中的每一个的调查方法差异很大。这种做法规避了如"基因决定一切"或"社会（或经济条件等）因素造成这一切"等主张体现出来的还原论。

以第 8 章中描述的比利为例，他在酒吧与另一个人发生争吵，然后回家拿枪打伤了他。例如，为了在生物学层面理解这种反应性暴力，研究人员可能会分析有攻击性的老鼠大脑中的神经递质，分析有攻击性的猿类或人类脑脊髓液中的神经化学物质或激素水平，或者获取个体在暴力过程中过度活跃区域或结构的影像。

神经病理学家会检查暴力犯罪者的大脑，以确定可能导致暴力的特定大脑病变。药理学家会研究酒精对大脑抑制系统的影响。遗传学家则会寻找家系模式和特殊染色体异常来确定遗传因素的作用。在心理学层面上，研究者则会关注比利独特的信息加工过程、他关于个人冒犯理由的基本信念、他对受害者行为的偏见解释等。

社会心理学家关注的是人际层面：比利和酒友之间的口头交流互动最终升级为了暴力，它的本质是什么？在社会层面，社会学家着眼于那些特定文化或亚文化的价值观和规范、那些吹捧或谴责暴力的社会机构。他们研究影响违法者社会角色的经济和社会压力源，并考察强化饮酒行为的社会仪式。

人类学家的跨文化比较研究则强调文明社会和未开化社会之间的共同点与差异，以此说明观念态度对暴力的塑造影响。最后，进化心理学家和生物学家则在动物界寻找类似现象的线索，这些线索会涉及人类在原始环境中寻求报复的适应性价值。而要理解如种族灭绝或战争等的其他现象则还需要研究另外的概念系统。

对群体或个人行为的理解，系统分析通常至关重要。一个突出的例子是，美国经济恶化与仇恨犯罪之间相关性的变化。1882—

1930年，美国社会经济恶化时，仇恨犯罪的发生率就会增加。学者们普遍将这种相关关系归因于如下机制，即经济困难会增加个人的挫败感和攻击性，而后者则转而向如弱势少数群体等替罪羊表达。这一理论解释与大萧条前美国南方经济下滑与黑人私刑数量之间的相关分析的数据是一致的。然而，大萧条之后经济波动则与私刑不相关。要解释这种变化，需要在系统分析中另一个"较低"维度上进行研究。

对有偏见的政治精英和组织的行为分析表明，他们在经济萎缩期指责黑人及其他少数族裔和煽动公众对他们的怨恨方面有着重要作用。他们会通过夸大黑人对经济的竞争影响煽动萧条地区的反黑人暴力。人们认为，关于黑人劳工的宣传助长了城市地区的种族骚乱。反黑人的社会偏见态度的发生最终导致了种族主义团体的大部分权力被剥夺。

系统分析方法还提出了传统的挫折－攻击理论的替代假设。当人们对经济（或其他压力）条件感到不安时，他们更容易响应那些对因果关系的简单解释。人们要花费相当大的努力才能以复杂、抽象且通常未知变量来看待经济困境。如果他们已经对弱势少数群体抱有偏见，就很容易认为该群体至少对他们的困境负有部分责任。

系统理论的一个实例是，应用系统理论对好战国家的战争发动进行解释。尽管这种规模的战争在很大程度上都是民族政治战争，但20世纪的经典欧洲战争仍然是系统分析方法的范例。分析中最"顶层"的维度是不稳定的国际体系。这一系统对下一个维度变量会产生影响，即统治势力的心理，统治势力会将国际体系的不稳定视为对其国家安全的威胁，或者欺负弱国的机会。实际上，在国家层面上他们认为其最大的利益在于建立军事机构，并与其他同类国家结成联盟。有扩张主义梦想的国家领导人可能会决定利用攻击邻国来干涉他国内政事务。

为了实现这一目标，他们需要获得政治精英、武装部队和公民的支持。通常，领导人利用新闻媒体来煽动获取民众的支持。在某些案例中，比如像希特勒，他们也可能会编造关于邻国处于少数群体的同种族族裔遭受迫害的故事。希特勒利用这一策略鼓动德国对捷克斯洛伐克的入侵来保护苏台德地区的少数德裔群体。

在下一层级水平上，民众被他们的领导人感召而将比邻的种族族裔视为他们的敌人。每个人都认同领导人的目标。

为了更全面地理解敌意和暴力的因果关系，学者应该研究不同系统之间的相互作用。例如，不仅要研究大脑缺陷和脑化学变化如何产生信息处理的变化，还要研究后者如何影响前者，例如，是否会由于错误归因导致过度冲突而加重组织的缺陷，这将是很有趣的事情。

脑组织的缺陷可能会以多种方式影响心理系统——信息处理。小时候患有特定脑损伤的人倾向于使用最省事的方式来解释问题情境。因此，和正常人相比，他更有可能只接收那些突出的情境信息而忽略了事件的整体背景。他也更可能会执着于自我中心视角、二元思维（是/否）推理。把人际关系问题归因于另一个人的敌对意图要比调查情况更复杂、更中性的原因更省事，因此他会倾向于做出导致其愤怒或暴力的个人归因。在更极端的情况下，他基础的组织缺陷的心理反应可能表现为偏执狂。

信息加工偏见与如婚姻纠纷或酒吧吵架等人际逐步升级的冲突之间相互作用也起着重要的作用。心理系统和社会系统变得越来越脱节。对这一环节进行分析时，人们可能会提出一个问题：社区价值观是如何影响个人对人际暴力的态度以及容忍暴力的宽容信仰体系的呢？关于亚文化对暴力态度的影响我曾在第9章最后两节中进行了阐述。简而言之，为维护个人在群体中的地位而倚重暴力威胁的信念往往会导致人身攻击和谋杀。我提出的互动模型也可以应用于其他重大问题，例如偏见、迫害和民族政治暴力。

暴力认知具有连续性

如下表所示，那些主动发起或支持暴力的人——无论是针对个人，还是针对种族或民族群体——都表现出类似的态度。像雷蒙德（见第13章）这样的暴虐丈夫会认为自己受到妻子的无端批评，自己是无辜受害者。由于在极端愤怒时的认知闭塞，他无法理解她的批评除了是"折磨"他，还有其他原因。他还会认为，殴打妻子不仅是应被允许的，而且对于维护他的自尊更是必要的。

	虐待伴侣/儿童	被动性犯罪者	迫害群体	好斗民族的民众
自我意象	无可指责的受害者	受害者	受害者	受害者
受害者意象	施害者	施害者	施害者	施害者
认知取向	以自我为中心	以自我为中心	群体利己主义	群体利己主义
对自身暴力的态度	宽容的	宽容的	宽容的	宽容的
思维	二元论	二元论	二元论	二元论

以比利为代表的被动性犯罪者（见本章前文和第8章）会认为，在口头争执中侮辱他的人应该受到惩罚，并且用人身暴力攻击甚至是杀人手段惩罚对方都是正当的。自我中心的视角蒙蔽了他

的双眼，他没有意识到对方可能已经因他的攻击而受到伤害。此外，像雷蒙德一样，他会将对手视为敌人。

正如上表所指出的，敌意攻击者在广泛的情境中看待自己和受害者的方式有着相似之处。与客观观察者的解释相反，他们会倾向于将自己视为无辜的受害者，而将真正的受害者视为害人者，即敌人。他们的信息处理仍处于原始的自我中心水平，因此他们对事物的认知是二元论分类思维（朋友或敌人，善或恶）。此外，由于他对（自己）暴力的宽容态度，他的破坏性冲动并没有受到通常的社会约束的限制。

暴力认知特征在各个领域具有连续性：家庭虐待、街头犯罪、迫害、种族灭绝、战争。无论是个人暴力还是集体暴力，暴力者往往对自己和他人有相同的二元论观点。对配偶人身虐待者往往认为自己是受害者而配偶是错的和不好的；他们甚至可能会用"敌人"这个词来形容对方。同样，暴力犯罪者将自己视为对方敌意行为的无辜受害者。大屠杀、私刑和种族屠杀的迫害者认为他们是在用攻击敌人的方式来保护自己。迫害参与者会被种族主义偏见或民族主义偏见牢牢掌控而对任何程度的身体或心理虐待行为放任。同样，大多数战争中的民众会认为他们或他们的同胞受到邻国的威胁或虐待。

集体的敌人就是"我的敌人"，就应当遭受歧视、羞辱和隔离区别对待，并最终被清除。发动战争国家的民众会认为他们的国家是完全正义的。由于对领导人可靠性的绝对信赖，他们会被灌输给他们的虚假信息和夸大言论打动。集体中心主义，就像自我中心主义一样，会把他们的领导人和国家营造成一种仁慈的和被威胁的意象，因此"反击"是正当的。从世界大战到波斯尼亚和卢旺达的大规模屠杀，无数的例子都支持这一论点。例如，第一次世界大战中德国的参战就受到了德国民众极大的支持，他们接受了这样一种观点：他们的军队只是在保护自己的国家免受入侵。这一观念为各阶层所接受。在《春之祭》一书中，埃克斯坦斯记述甚至连知识分子都接受了这一观点："在战争期间，德国大学 43 位教授中有 35 位断言，德国卷入战争只是因为它遭到了攻击。"希腊裔和土耳其裔塞浦路斯人用同样严苛的语言来形容对方。从报纸报道来看，塞尔维亚人和克罗地亚人、以色列人和巴勒斯坦人、印度人和穆斯林也是如此。

愤怒和敌意的层次及演化

至此，我已经回顾了在各个层面研究特定现象的方法，并讨论了多个不同系统之间的相互作用。我还阐述了在不同领域（家庭冲突、政治暴力等）的认知共性。而对每个层次敌意次第演化及关联研究的讨论也很有意义。愤怒和敌意的演化可以看作一个从先天易激惹的体质，到后天环境的催化促发，再到对外界刺激形成过度的条件反射等一连串环节构成的发展循环。这些环节的发生取决于特定心理结构和过程的激活。

易激惹

我们可以观察到，有些人很容易会对某些情况做出敌意反应（至少一开始是这样），尤其是对那些需要防御或反击的情况。这种易感倾向深植于特定信念，例如，"如果一个人向我举拳，这意味着他可能随时准备攻击我"。这些导致易激惹的信念中有一些与真正的威胁有明确关联，因此会针对刺激情境形成可预测的反应。另外的信念则更为特殊，例如，"如果我的妻子不回应我，那就意味着她不接受我","如果有人反驳我,那就意味着他不喜欢我",或者"如果人们让我久等,那说明他们不尊重我"。如果这种信念被僵化地和不加区分地应用,就会构成一种特定的脆弱性,从而会导致过度或不恰当的愤怒反应。

当一个事件击中了这个脆弱点,就会激活这个信念,然后这个信念就会形成对这个事件的解释(或误解):"因为她让我等了很久,所以她不在乎我。"这种以自动化思维形式呈现出来的含义或解释就会带来痛苦。如果受伤害一方指责另一方给他造成了痛苦,他就会感到愤怒,并激发惩罚她的冲动。如果他贬低自己,他更可能会感到悲伤。

更具有临床意义的是更持久存在的敌意思维模式发育。这种心理状态可以表现为一个人在家庭内或与外界持久的敌对互动。让我们举一个常见的例子,一对夫妻,他们最初对对方有着正面的意象,后来逐渐演变成相互的负面意象。这些负面意象最初源于婚姻冲突,然后由于对对方行为的持续负面解释而逐渐强化。这些负面意象想当然地将伴侣刻画为敌人。当他们在吵架后"和好"时,这种负面意象会暂时失去效力,他们会或多或少地如实看待对方。

现在我们假设某特定事件或一系列事件使伴侣脆弱的自我意象受到了直接打击,比如争吵加剧恶化成为人身虐待。然后,对方的敌人意象会被激活活跃起来并对对方后续行为的相互解读造成影响。负面意象因此变得更加强烈,并且会被越来越琐碎的互动引发。终于这种敌人意象固化下来并控制了伴侣彼此的反应。最后,这些固化的意象导致离婚、严重人身虐待,或在极少数情况下,导致杀人。

实验表明,处于痛苦婚姻中的伴侣倾向于将问题的原因归于配偶，反之则是，他们把不同婚姻中的同一问题解释归因于情境。"性格信念"是"因果观念"的一种变体。出现问题的时候，痛苦的配偶不仅将问题归于伴侣，还将问题归于伴侣的坏性格：控制欲强、狡诈、邪恶。而其情绪则由厌恶变为愤怒——以至于憎恨。

　　这一领域的下一步工作包括驱动敌意反应倾向的信念清单的编制。当然，有些信念可能会被受试者有意识地否认，或者他可能根本没有意识到它们。然而，通过激发程序，研究者可以推断出它们的存在。有许多不同的实验程序可以用来激发某个特定的信念。一种方法是意象引导。研究者可以提出一个具有煽动性的场景，例如，"请你想象你的朋友迟到了而且没有向你道歉"。如果受试者生气了，你就可以推断出他的潜在信念："如果有人让我无谓地等候，他就是错待我。"这些信念会得到自动化思维的进一步验证，比如"他一点也不尊重我"或者"她真的不在乎（我们的友谊）"。受试者一旦被指导进行想象，就可以引导出更独特的场景。这些场景可用于信念清单结果的确认或潜藏的信念和意象的识别。

　　类似的场景也可以制作成影像资料。肯尼思·道奇曾制作了一个孩子撞到另一个孩子的录像带，录像的含义模棱两可。那些后来违法的儿童看到这个录像后要比其他人更倾向于认为这种撞人行为是故意的，而不是意外的行为。有趣的是，这个测试的反应结果对数年后的敌意行为有预测作用。如果受试者持有特定的倾向性信念，认为此类行为是故意的，则此类情景就会激活他的敌意。在受试者观看了影片或录像带之后，研究可以把问题聚焦在事件含义及其引发的情绪上："冒犯者"的意图；这个行为是不是有意的，是恶意的还是在开玩笑；冒犯者是否应该受到惩罚；冒犯者应该受到多大的惩罚；意欲惩罚的目的（教育、报复等）；观看者是否会感到愤怒或某种变体（激惹、恼怒、暴怒）。

可以在婚姻治疗背景下开展测试这个方案的研究，并且研究可能有治疗效果。可以安排夫妻双方完成一份由一系列消极和积极形容词组成的调查问卷，然后分析他们的回答来确定他们对对方的意象。受试者也会被要求指出所选形容词的出现频率（从"有时"到"总是"）以及它的牢固程度（"可以改变吗？"）。也可以进行开放式问卷调查，问卷内容仅仅是夫妻一方对另一方的自发描述。通过这些数据，调查人员可以编制一份夫妻双方对对方的意象档案。

在确定了配偶彼此的形象后，研究人员可以着手调查敌意序列中的其他组成部分。下一阶段包括关于惩罚冒犯者的信念。调查问卷可以列出关于惩罚冒犯者的信念，例如：

- 如果有人（或"我的伴侣"）打扰我，那个人就应该受到惩罚。
- 我不应该让他那样对待我而逍遥法外。
- 他伤害了我，所以我应该伤害他。
- 我得给她一个教训。
- 如果她激怒了我，她活该被打。

敌意演化的下一阶段解决了这样一个问题：是什么样的认知加工过程把"我应该报复"这个概念转化为"我要报复"，然后转化为暴力行为？

可以用旨在评估宽容信念的问卷来确定那些能解除伤害他人人身行为道德禁制的因素。宽容信念问卷包含以下条目：

- 如果我真的对某人（我的配偶）生气了，可以让其感受一下我的怒气。
- 没有别的选择，我必须给对方一个教训。
- 如果我对她给予一定程度的批评，从长远来看，这对我们的关系会更好。
- 我无法忍受紧张的情绪。殴打对方会让我变得轻松。

利用心理意象、影像资料来激发这些信念会很有用。在受试者进行自我诱导意象刺激或播放婚姻冲突电影之前和之后分别进行问卷测试。这将会展示出受试者对暴力的宽容信念发生的变化。这些研究应在实验室控制的环境中进行。研究的目标还应当包括提升受试者对自身的觉察理解，从而加强他们对冲动行为的控制。

可以设计问卷来评估更多的普遍性宽容信念，例如，与群体暴力有关的宽容信念。示例条目可以如下：

- "我们的领导说我们应该这样做，所以没关系。"（责任分散）
- "团队中的其他所有人都这样做。"（集体同理心）
- "高尚事业中的暴力不是犯罪。"（意识形态推理）
- "如果我们现在不攻击他们，他们就会先攻击我们。"（对先发制人的恐惧）

可以通过仔细挑选的场景来激发类似这样的信念。详细地检查其他的敌意反应可以看到恐惧信念在其中发挥的重要作用。人们对挑衅的看似正常的反应背后实际上可能是隐藏于人们心底的恐惧或自我怀疑。对叛逆儿童有虐待行为的母亲可能持有一种倾向性信念:"如果我的孩子行为不端,就是我没有尽到职责。"像雷蒙德这样的虐待配偶者会有一种隐藏的恐惧,即如果允许对方批评,他们将会被对方毁掉。袭击狱警的罪犯会恐惧自己变得完全无助。最后,受宣传或神话传说的影响,参与迫害行动的人认为被迫害人群很危险。

促发

到目前为止,我已经讨论了敌意信念是如何被激活的、对即时刺激的快速决策是如何引起敌意反应的,以及如何利用自动化思维或其他探究策略来评估刺激的具体含义等。这些研究可以帮助我们发现典型愤怒和敌意发生的心理进程。

易感信念在未激活状态下通常不会对思维和感觉产生显著影响。符合特定信念的外部事件可能会激活它。路易丝(见第3章)注意到助手犯错时,她生气地认为:"他太粗心了,应该受惩罚。"她的信念是:"做错事代表着粗心大意。"不过,她有一些不显眼的信念是害怕"如果我的下属犯错,他们会威胁我的权威"。

有时,如果易感信念非常强大,一个相对微不足道的事件就足以引发强烈的愤怒。一个有着很高水平自尊的政治家通常能够对政治挫败和攻击不加理睬。但是,当一个无足轻重的支持者背叛,投靠他的对手时,他会变得非常愤怒,并且会冒出人身攻击背叛者的即时想法。他被触发的信念是:"如果有人对我不忠诚,那就是在我背后捅刀子。"因为这个信念,即使是一个小的叛变,也是一个大的威胁。

为了确定那些能导致伴随或不伴随暴力的过度愤怒的信念类型,可能需要避开一些陷阱。其中的一个问题是,人们可能不愿意承认自己持有某些被认为是不成熟的、偏见的或在其他方面不受社会欢迎的信念。此外，他们甚至可能都没有意识到自己持有这些信念，因为当这些信念被激活时，它们是以一种似乎是对情境能有效解读的形式被表达出来的。因此，这些信念不被视为想法，而是被当成了现实。人们对自己内心解释的觉察本身可能会被急骤的愤怒体验和行为冲动抢占替代。人们经常不自觉地贬低一个来自不同种族、团体的人——他们并没有意识到他们的思维是受"我们对他们"的集体归属感控制的。

有时人们很难精确地确定事物的实际促发事件。人们普遍认为引发第一次世界大战的导火索是塞尔维亚民族主义者刺杀斐迪南大公。然而，更广义视角上的冲突既包括后续事件，也包括之前的事件。这次暗杀事件引发了奥地利对贝尔格莱德的进攻，奥匈帝国感到来自斯拉夫人挑战的威胁。而对塞尔维亚的攻击则构成了对俄国泛斯拉夫帝国野心的威胁，并刺激了俄国武装力量的总动员。此外，俄国领导人也非常担心德国会向奥匈帝国投诚。俄国武装力量的动员则对德国构成了威胁，并且促发了德国的全面动员，令其试图在俄国变得强大之前对其先发制人进行打击。

一系列引发战争的挑衅，虽然表面上是出于敌意，但从国家对危险的感知角度上则能更好地理解。在导致第一次世界大战的事件中，每个国家都认为自己受到了直接或间接的威胁。它们的反应核心是其自身的脆弱性信念，而并非其扩张目标。然而，民众的信念则是以爱国主义、自我正义感和民族荣耀为主的。领导人担忧的是一系列事件连锁反应，而民众则不同，他们主要是对自己能有机会为民族屈辱复仇而兴奋，为享受胜利的荣耀和力量感而欣喜。

自动反应

人们对令人不安的事件做出的反应会向我们提供很多关于信息加

工过程的信息。根据认知理论，被激活的信念对促发事件会做出自动化的认知反应。信息加工过程包括若干个阶段。信息的初始加工发生得很快，以至于无法被人觉察到。巴奇及其同事采用了"微观"方法来激发受试者的敌意。他们发现人对任何刺激都是非常迅速地做出评估，通常都是在三分之一秒内。在他们的一个实验中，被受试者感知评估为"好"的实验刺激会加速他向着自己的方向拉动杠杆，而评估为"坏"的实验刺激则加速他将杠杆向远离自己的方向推动。从这项研究中可以得出一个看起来比较合理的推论是，受试者在他清楚地意识到威胁之前，就能非常快速地加工处理威胁信号并动员起来采取措施对抗威胁。

可以通过进一步的实验来检验一些其他类型的威胁刺激（例如，一张愤怒的面孔图片）是否也能促进这种推离动作反应。像这样的实验可以帮助我们从起点来追踪敌意反应的发展进程。在最初"无意识"反应后，受试者通常就会陷入"好"或"坏"的思维倾向。此时，可以向受试者呈现类似于道奇研究中使用的模棱两可的场景，并询问受试者的想法。如果引出了他的敌意思维倾向，我会预测他将可能会报告冒犯者有恶意企图的自动化思维。

这个实验随后从最早期信息加工阶段进行到下一个加工阶段，这个阶段涉及受试者有意识的评估。它将检验一个假设，即一个人对事件有意识的解释可能会基于预先存在的思维倾向而导致偏见。验证实验的阳性发现将会为信息加工过程的认知连续谱观点提供支持依据。

自动化思维存在早期意识或前意识阶段。通常，人们会对自己的自动化思维做出快速评估，而后，可能会摈弃它，也可能会搁置对它的解释，也或者对它进行详细说明。例如，雷蒙德对格洛里亚的"提醒"的反应最初是这样想的："她总是贬低我。"这个想法跟着一串详细说明:"她对我没有任何尊重。如果我放过她,她会把我毁掉的!"有许多研究都支持这些临床观察发现。

在任何这样的研究中,重要的是冒犯者的攻击性信念要被"激发"出来。如前文所述,可以使用各种方法"激发",适当的录像带或电影片段,对挑衅事件的诱导想象,甚或是受试者以第一人称的叙述。理想情况下,这种诱导程序应该可以激活敌意信念。

克里斯托弗·埃克哈德及其团队已经通过实验验证了自动化思维和认知偏差的激发。实际上,研究团队是让研究对象在愤怒诱导录音带播放过程中把他们心里的即时想法大声复述出来,录音带中录制描述的是他们与妻子想象的互动过程。埃克哈德工作的主要目的是看一看能否通过认知偏见把不同的男性受试者区分开来,一是处于痛苦婚姻中的暴力男性,二是痛苦婚姻中的非暴力男性,三是幸福婚姻中的男性。具体做法是,经过培训的评分员对受试者在给予愤怒激发场景刺激和非愤怒激发场景刺激时清晰讲述出来的想法进行记录编码。分析结果显示,婚姻暴力男性比非暴力男性更容易表现出各种类型的源自原始思维的认知歪曲(见第4章):夸大、二分思维和任意推理。

埃克哈德的方法可以用来检验各种与愤怒有关的假设。通过调换不同性质的场景,研究者就有可能搞清楚受试者在暴露于不同愤怒诱导情境时的确切心理活动。例如,研究人员可以向受试者呈现涉及与同事、家庭成员、朋友、熟人、陌生人等的人际冲突场景,然后对受试者的自动化思维进行记录和分类。

维克利斯和基尔希进行了一项情绪认知理论的研究。研究让7200名研究生记录他们每天在感到愤怒、焦虑或悲伤时的想法和情绪,持续三天。每天结束时通过结构化访谈收集数据,受试者被要求写下自己的想法和感受。然后研究者对访谈数据进行评分。研究分析数据强有力地证明了这一假设，即愤怒与侵犯的想法有关，焦虑与威胁的想法有关，悲伤与失去的想法有关。"受委屈"是与愤怒关联最常见的主题。

如果简单问卷可能无法揭示出受试者的基本偏见信念，还有许多"隐性"或间接的方法可以用。例如，经典实验中，研究者会用那些描绘特定污名化群体（例如，非裔美国人）的照片或文字以略低于有意识辨识阈值的速度展示给受试者。随后，研究者再测量个人对那些消极或积极偏见性词语识别和发音所需的时间。那些非污名化群体（高加索人）受试者对消极效价词语（例如，不友好的或攻击性的）的识别速度比他们对积极效价词语（例如，友好的和助人的）的识别速度要快。如此，污名化群体受试者在接触到同类人群后，其对积极词语的反应时间会更快。

干预和预防

当我们认真思考需要采取何种类型的干预或预防项目来干预敌意行为时，其中重要的是要考虑干预策略对如儿童虐待、暴力殴打或种族冲突等具体问题的适应性。

减少愤怒可能会挽救生命

作为一名临床医生，我发现对信息加工（或认知）和人际系统的研究是富有成效的。我已经在与患者合作，能纠正他们的各种认知歪曲并修改那些令他们易于愤怒和暴力的信念系统。同样，我在与一个家庭的成员或一对夫妻中的一方一起工作时，我可以引导他们聚焦于对个人自我中心参照框架的改变，引导他们对伴侣观点、感受和目标变得更加敏感，并引导他们发展彼此之间的更多共情。

我已经解释了德芬巴赫针对愤怒有效的认知疗法（见第 2 章）。贝克和费尔南德斯开展了一项荟萃分析来确定认知行为疗法对愤怒的疗效，其中纳入了 50 项研究共 1640 名受试者。他们发现，接受认知治疗者其愤怒的平均降低程度要优于 76% 的未经治疗者。被研究的个案涵盖了愤怒和敌意关联的广泛领域人群，包括监狱囚犯、施虐父母、虐待配偶者、少年犯、住院治疗的青少年、好斗儿童和报告遇到愤怒问题的大学生。

在许多情况下，减少愤怒可能会挽救生命。例如，施瓦茨和奥克利发现认知行为治疗项目在降低高血压（中风和心脏病发作的常见前兆）方面与降压药一样有效。

干预施虐的父母

显然，设计有效方案减少儿童虐待是很重要的事情，这不仅是帮助儿童本身，还要防止儿童虐待从一代传给下一代。施虐的父母通常在孩提时代就受到过虐待。

怀特曼、范谢尔和格伦迪设计了一项效果试验，用以检验认知行为干预在减少施虐父母愤怒方面的疗效。认知行为治疗工具包是由认知重构、解决问题和放松技术组成的，与对照组相比，认知行为治疗干预组的愤怒改善显著。认知干预针对的是父母对孩子"挑衅"含义的重构。当父母认为孩子的挑衅是故意的——大多数父母在大多数时候都会这么认为——他们的愤怒程度要比认为挑衅是无意的时候强烈得多。

父母还学会了为孩子的行为寻找解释，而不是说他"只是个坏孩子"。这项研究的一个有趣之处是研究者利用课程中的角色扮演方式来模拟孩子的挑衅行为。据推测，研究是以父母在煽动性挑战中的愤怒程度的减少来衡量疗效的。

干预失控的伴侣

施虐的丈夫对任何形式的自尊威胁都会展现出其独特的敏感性。有一项研究表明，与非施虐者相比，施虐者更容易将妻子轻微、模棱两可的行为视为对他们自尊的攻击。"浪漫的嫉妒"是过敏的另一个来源。配偶或约会对象之间的暴力往往是由女方一个非常微不足道的行为引发的：如果她以友好的方式对另一个男人简单微笑，她的伴侣可能会下结论认为她被那个男人吸引了，然后他将这解释为她对他自己性能力的抨击。当他被激活起来时，打她的冲动就成了首要的事情。当治疗师准确地查明了他打妻子冲动背后的信念后，治疗师调整了干预措施，转向去补救他特定的脆弱性（被拒绝感、被遗弃恐惧、不稳定的自尊）和教会丈夫发展更具适应性的应对机制。

一开始，治疗师会聚焦于丈夫对敌意表达的控制和保护妻子免受进一步攻击。然后其工作重点会转移到丈夫的易感倾向性信念，帮助患者更好地处理促发因素，帮助夫妻以理性的方式解决他们的问题（包括分手，如果需要）。

干预被判刑的罪犯

针对在押罪犯的预防性治疗研究已经获得了积极成果。研究人员比较了参加"自我改变认知项目"的 55 名男罪犯和关押在同一监狱的 141 名类似罪犯的再犯率。尽管再犯率仍然很高，但治疗组的再犯率（50%）明显低于未治疗组（70.8%）。

治疗组有 5~10 名罪犯，治疗师每周和他们会面 3~5 次。治疗的模式聚焦于"促犯罪性思维错误"。罪犯表现出了第 8 章所描述的典型思维问题。一名抢劫犯的典型认知是："我应该赚点钱，毕竟上次警察把我关起来过。"这个项目还利用了罗斯和法比亚诺1985年的手册《思考的时间》(*Time to Think*)中描述的技术。

预防青少年失足

道奇及其团队在阐明学龄前儿童失足的认知倾向方面做了大量的工作，他们在各种项目中使用认知策略开展了大规模的干预研究。

他们的快速通道项目是一项随机临床试验，旨在测试一项综合干预措施在预防高危儿童严重品行障碍方面的有效性。他们在对来自该国四个地区的严重贫困学校中10000名幼儿园男孩和女孩进行筛查后，确定了892人具有高度攻击性，随后这些孩子被随机分配为接受干预组或作为对照的未治疗组。干预计划从一年级持续到十年级，包括儿童社会认知技能培训、家长行为管理培训、儿童阅读技能学业辅导、改善同伴关系的同龄儿童配对、社会认知发育的课堂课程、成人志愿者指导和教师咨询。

在前四年的干预后，治疗组的孩子在干预的近端目标领域（包括社会认知技能和学业成绩）和他们对攻击性行为的控制方面比对照组孩子表现得更好。此外，值得注意的是，复杂性分析表明，攻击性行为的积极改善结果受到了社会认知技能的改变的调节。青少年品行障碍的长期变化结果有待进一步干预和评估。

预防民族政治暴力

随着冷战的结束，世界进入了一个新阶段。战争的模式已经从国家间的战争转变为了国家内部的战争——竞争性种族群体间的纷争。自冷战结束以来，每年大约发生30次类似这样的冲突。种族政治冲突研究者越来越意识到需要使用一种多学科模式开展研究，这涉及种族政治冲突的认知、社会和情感因素的整合。随着激烈的种族政治冲突不断增加，迫切需要训练有素的专业人员参与进来，他们要有能力在战争区域工作，并能理解当地的文化和习俗。这是一个至关重要的挑战，即要培养新一代心理学家参与这项重要的工作。

考虑到这些事实，宾夕法尼亚大学建立了种族政治战争研究所。其目的是促进学术和实践，以增进对种族政治战争过程的理解，提升预测、干预和预防的方法。该研究所的目标是培养心理学家和其他社会科学家，以解决社会心理问题、满足受武装冲突和政治暴力蹂躏国家的人的需求。

认知模型在理解种族或国家领导人功能失调性思维方面可以发挥有效作用。当然，调解者也需要注意到对立双方的原始思维（个人化、夸大、非黑即白的两极化思维等）。例如，当对立方的个人感受到威胁时，他更可能会还原回归到这些认知歪曲中去。当然，人们通常很难将那些为了胁迫或欺骗对方而表现出的夸张言辞与真正的认知歪曲区分开来。认知歪曲的线索可能会表现为对方防御性的增加或回避性的沉默。可以预料谈判者会把己方描绘成受害者，而把对方描绘成迫害者。调解者要把谈判焦点转移到他们达成协议能获得什么好处的问题上，这需要相当的技巧。

未来展望：听见理性的声音

我认为人们在对引发过度愤怒和暴力的各种因素的理解方面已经取得了相当大的进展。当我们抛弃"内心暴怒"和"恶魔男"的概念而转向认知模型时，我们可以找到许多有用的干预点。驱除这些虚构的内心恶魔是不可能的，但我们可以解决和纠正功能失调的态度和错误的思维。如果不加以纠正，自动化的解释和推断是有着潜在破坏性的。我们可以利用思想的巨大力量在它们损害到个人自身或他人之前对其进行修改。

显然，在精密的预防和干预方案实施之前，我们需要对许多系统进行彻底分析。我们已经对喜怒无常的雇主、暴虐配偶和父母的心理有了大量了解。我们需要进一步扩大对权力驱动的领导人及其铁杆追随者的反常行为的了解。我们非常了解偏见的本质，但我们还不能将这些信息转化为有效的方案来阻止大规模屠杀。迄今为止，最成功的干预形式是像联合国等的超国家组织从上层施加叠加控制。

人性中有许多积极的特征可以在未来的计划中使用。正如索伯和维尔松所说的那样，自然选择赋予了我们许多仁慈的能力：同理心、慷慨、利他主义。我们可以利用这些来激发"结果不能判定手段的正当性"之类的信念。无论如何，矫正计划需要针对那些为暴力辩护的信念类型：自我中心主义和群体利己主义，惩罚与报复，责任分散，暴力宽容态度。

尽管如杰维斯、斯奈德和迪辛、韦尔茨贝格尔、泰特洛克和怀特等学者都已经指出国家领导人思维中的错误，但这一点还没有被付诸实践。同样，人们也只是采取了一些最初级的步骤来改变参与战争的少数民族成员的思想。

归根结底，我们必须依靠丰富的理性资源来识别和修正我们的非理性。理性并非是寂静无声的，只要我们使用适当的方法放大它，就能听到"理性的声音"。我们会发现，最有利于我们自身的方法是运用理性。通过这种方式，我们可以为自己、他人以及世界未来的孩子们创造更美好的生活。